智能制造工程技术人员 中级

智能装备与产线开发

人力资源社会保障部专业技术人员管理司 组织编写

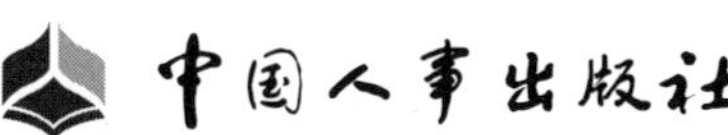

图书在版编目（CIP）数据

智能制造工程技术人员．中级：智能装备与产线开发 / 人力资源社会保障部专业技术人员管理司组织编写．-- 北京：中国人事出版社，2024

全国专业技术人员新职业培训教程

ISBN 978-7-5129-1951-8

Ⅰ．①智…　Ⅱ．①人…　Ⅲ．①智能制造系统 - 职业培训 - 教材　Ⅳ．①TH166

中国国家版本馆 CIP 数据核字（2023）第 239897 号

中国人事出版社出版发行

（北京市惠新东街 1 号　邮政编码：100029）

*

保定市中画美凯印刷有限公司印刷装订　　新华书店经销

787 毫米 ×1092 毫米　16 开本　16.25 印张　245 千字

2024 年 3 月第 1 版　　2024 年 3 月第 1 次印刷

定价：42.00 元

营销中心电话：400-606-6496

出版社网址：https://www.class.com.cn

本书编委会

指导委员会

主　　任：周　济

副 主 任：李培根　林忠钦　陆大明

委　　员：顾佩华　赵　继　陈　明　陈雪峰

编审委员会

总 编 审：陈　明

副总编审：陈雪峰　王振林　王　玲　罗　平

主　　编：陈　云

副 主 编：李国伟　蔡红霞

编写人员：应思红　田宇松　马登哲　刘海江　李泊锋　王家海　于晓飞

主审人员：范秀敏　李　明

出版说明

当今世界正经历百年未有之大变局，我国正处于实现中华民族伟大复兴关键时期。在全球经济低迷，我国加快形成以国内大循环为主体、国内国际双循环相互促进的新发展格局背景下，数字经济发挥着提振经济的重要作用。党的十九届五中全会提出，要发展战略性新兴产业，推动互联网、大数据、人工智能等同各产业深度融合，推动先进制造业集群发展，构建一批各具特色、优势互补、结构合理的战略性新兴产业增长引擎。党的二十大提出，加快发展数字经济，促进数字经济和实体经济深度融合，打造具有国际竞争力的数字产业集群。“十四五”期间，数字经济将继续快速发展、全面发力，成为我国推动高质量发展的核心动力。

近年来，人工智能、物联网、大数据、云计算、数字化管理、智能制造、工业互联网、虚拟现实、区块链、集成电路等数字技术领域新职业不断涌现，这些新职业从业人员通过不断学习与探索，将推动科技创新、释放巨大能量，推动人们生产生活方式智能化、智慧化、数字化，推动传统产业转型升级，为经济高质量发展注入强劲活力。我国在技术、消费与应用领域具备数字经济创新领先优势，但还存在数字技术人才供给缺口较大、关键核心技术领域自主创新能力不足、数字经济与实体经济融合的深度和广度不够等问题。发展数字经济，推进数字产业化和产业数字化，推动数字经济和实体经济深度融合，急需培育壮大数字技术工程师队伍。

人力资源社会保障部会同有关行业主管部门陆续制定颁布数字技术领域国家职业标准，坚持以职业活动为导向、以专业能力为核心，遵循人才成长规律，对从业人员的理论知识和专业能力提出综合性引导性培养标准，为加快培育数字技术人才提供基本依据。根据《人力资源社会保障部办公厅关于加强新职业培训工作的通知》（人社厅发〔2021〕28 号）要求，为提高新职业培训的针对性、有效性，进一步发挥新职业培训促进更好就业的作用，人力资源社会保障部专业技术人员管理司组织相关领域的专家学者编写了全国专业技术人员新职业培训教程，供相关领域开展新职业培训使用。

本系列教程依据相应国家职业标准和培训大纲编写，划分初级、中级、高级三个等级，有的职业划分若干职业方向。教程紧贴数字技术人员职业活动特点，定位于全国平均水平，且是相关数字技术人员经过继续教育或岗位实践能够达到的水平，突出该职业领域的核心理论知识、主流技术及未来发展要求，为教学活动和培训考核提供规范和引导，将帮助广大有意或正在从事数字技术职业的人员改善知识结构、掌握数字技术、提升创新能力。

希望本系列教程的出版，能够在加强数字技术人才队伍建设、推动数字经济快速发展中发挥支持作用。

目　录

第一章 产品全生命周期管理

产品全生命周期管理（PLM）系统可以有效支撑制造业产品研发体系的构建，提高企业竞争力。本章从制造业产品研发过程中的典型问题入手，讲述了基于 RDD（研究、开发和设计）的产品研发架构理念、产品研发体系中的技术系统、业务流程系统、组织结构和人员管理等。简要介绍了 PLM 的发展历程、软件架构和系统功能，并给出了 PLM 项目实施的典型过程和典型 PLM 解决方案。

- **职业功能：** 智能装备与产线开发。
- **工作内容：** 构建产品研发体系，并使用 PLM 系统进行产品数据管理。
- **专业能力要求：** 能利用 PLM 系统进行产品数据管理；能利用 PLM 系统规范产品研发流程；能实现 PLM 系统与企业相关信息系统的集成。
- **相关知识要求：** 产品全生命周期管理技术。

第一节　制造业产品研发中的典型问题

考核知识点及能力要求：

- 了解企业产品研发三层架构，掌握支持企业技术创新的 RDD 架构核心理念。
- 分析企业产品研发面临的典型问题。

制造企业要保持长期健康发展，关键是建立企业竞争优势。中国制造企业以低廉的劳动力和土地等资源价格的成本优势，迅速成为世界制造业中心。随着土地资源价格、劳动力成本不断上升，传统的成本竞争优势不断丧失，亟须构造新的竞争优势。差异化成为制造企业转型升级的重要战略，具体包括产品核心技术差异化、工艺核心技术差异化和细分市场差异化等，其中产品核心技术差异化是关键。

国内大多数制造企业采用按订单设计（engineering to order，ETO）模式进行交付。企业设立技术中心或设计部，核心工作是完成订单的设计工作，即使少数企业每年开发新产品，也是在订单设计有余力的情况下从事少量的创新开发工作，没有完整的产品创新体系支持。因此，企业要构建产品的核心技术领先优势，首先是要建立产品创新体系，建立企业技术创新的核心 RDD 架构，包括研究（research）、开发（development）和设计（design）。

研究是指企业研究产品核心技术、核心单元与零件、核心工艺，产出核心技术等。

开发是指企业构建以核心技术为底层的产品线和产品平台，通过模块化设计方法论、模块化工艺方法论重构产品线体系。

设计是围绕客户订单完成标准化部分的配置和个性化部分的非标设计。

通过长期的产品开发设计、制造实践，企业将逐步形成具有行业特点和企业自身特点的管理体系。产品研发过程中往往会遇到以下问题。

一、缺乏系统的研发理念

企业的研发理念因企业所处的市场地位、企业发展的阶段和所处行业的不同而有所差异。企业需要系统化的研发理念，否则企业的研发难以实现持续创新与发展，也会影响企业研发团队创造力的发挥，难以形成创新合力。

二、缺乏前瞻性的产品规划

我国一些制造企业只有设计，没有研发，更谈不上进行合理的产品规划。没有合理的产品规划，企业在市场激烈竞争中必然处于劣势地位。

三、研发与设计未分离，缺乏长远竞争力提升机制

研发与设计的分离是指研发的组织结构和设计的组织结构要分别属于不同部门，研发部门的工程师专注于核心技术提升和未来产品线的开发工作，设计部门的工程师完成现有订单的设计工作，专注于当前市场的快速反应。

四、不重视概念设计，在开发过程中缺乏业务决策评审

大多数企业的设计人员不重视概念设计，只专注详细设计，导致产品质量、制造成本和生产效率因人而异。水平高、经验丰富的工程师设计的产品，制造与交付过程产品质量好、生产效率高；缺乏经验的工程师设计的产品，在制造和交付过程中往往会暴露大量问题，从而导致产品质量不佳、制造成本高、生产效率低。

五、项目管理薄弱

虽然很多制造企业的新产品研发过程引入了项目管理方法，但绝大部分企业的项

目管理流于形式，即使成立了项目管理办公室，项目经理也只能起到收集信息和协调的作用，不能有效地管控项目进度、质量、成本、风险等，无法发挥其真正的管理效能。

六、缺乏知识积累及共享机制

企业之间的竞争，根本上是人才的竞争，是人才培养速度和知识传承与共享能力的竞争。随着企业的产品种类和产品规格越来越多，积累的图纸也越来越多，工程师的培养周期也越来越长。图纸和技术文件上的知识均为隐性知识，难以实现低成本和快速传承。很多企业开始建立显性知识库，但是成功实现知识积累的企业比较少，建立知识传播机制的企业则更少。

第二节　产品研发体系

考核知识点及能力要求：

- 掌握产品研发体系 RDD 模型。
- 掌握支持产品研发的技术系统、业务流程、组织结构与人员管理基本概念和相关模型。

针对研发中的典型问题，越来越多的制造企业不断探索构建企业的研发体系，这是因为企业在制造能力上的差距不断缩小，但在产品开发流程和管理体系上的鸿沟还在加深。企业如果仅仅在制造上下功夫，能获得的回报将越来越少。

开发产品要通过持续优化产品的研发流程，提高产品研发效率，缩短产品研发周期，提高产品开发成功率，从而降低产品的研发成本。

一、基于 RDD 研发架构的产品研发理念

RDD 三层研发架构是制造企业产品领先战略的技术支撑，其核心是基础研究前沿化、产品研发平台化、订单设计敏捷化。RDD 研发架构如图 1–1 所示，具体包括三层：第一层是根据技术预测和基础研究，构建企业的领先核心技术库，形成企业的研究成果，如专利等；第二层是从产品开发的层面，以核心技术为中心，通过市场分析和预测规划产品线，并采用模块化设计理念，通过平台化开发形成产品平台库；第三层是利用产品平台库支撑订单的设计，实现订单设计方案的快速交付。

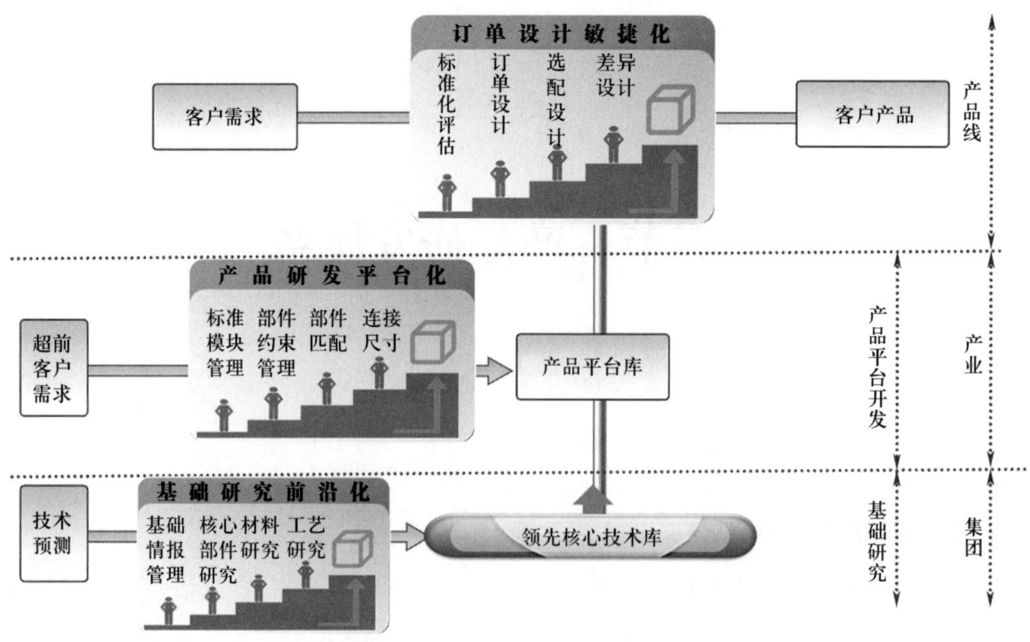

图 1–1　RDD 研发架构

二、技术系统

技术系统是研发输出物的管理标准、方法和工具的统称。技术系统的核心功能是实现产品配置管理，即在产品生命周期内，通过技术管理方法和手段，对产品（或其

构成部分）定义的过程与结果进行控制、记录、规范。其基本原则是保证数据一致性，即下游需求和上游需求保持一致、实物与文档保持一致。

产品配置管理需要针对物理项、文件、表单、记录进行标识、结构化，建立它们之间的关系并指定责任人。参照配置管理持续改进（CMII）的四个模型实现产品配置管理信息的一致性。

（一）需求传递模型

客户、制造企业、供应商三方在需求传递过程中存在着发生偏差的风险，需通过需求文件审核与发布，保证需求的一致性，如图 1–2 所示。

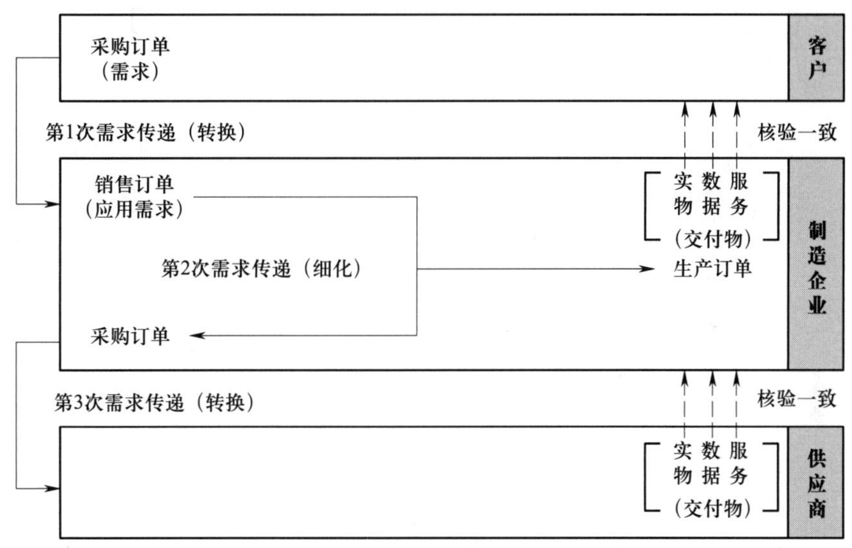

图 1–2　需求传递模型

（二）层次结构模型

层次结构模型是研发输出物标识、逻辑关系建立和管理的主要参考模型，在 PLM 领域可以称为产品数据模型，是记录一个产品过去、现在和未来的载体，如图 1–3 所示。因此，实施 PLM 过程的核心工作就是构造适合本企业长期发展的层次结构模型，以支持企业长期的数据积累。

（三）开发 V 模型

开发 V 模型如图 1–4 所示，产品研发的输出物是文档，物理样机是为了验证文档的正确性。如果发现物理样机与文档要求存在偏差，则需通过变更设计进行纠错。

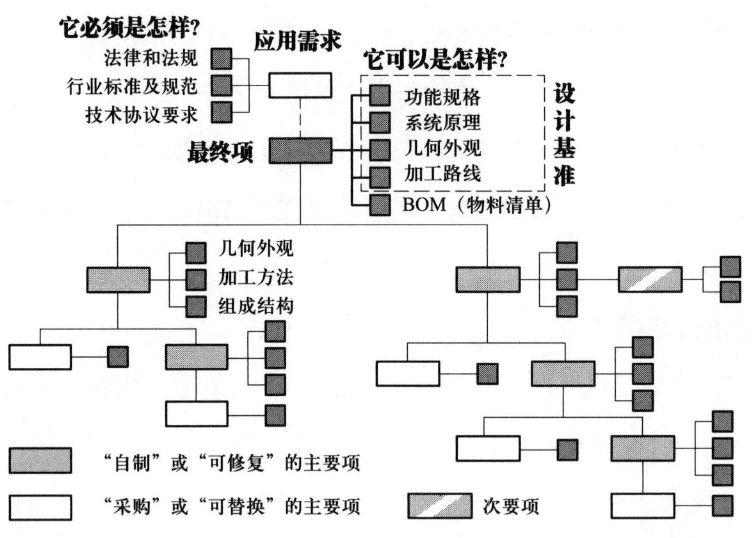

图 1–3　层次结构模型

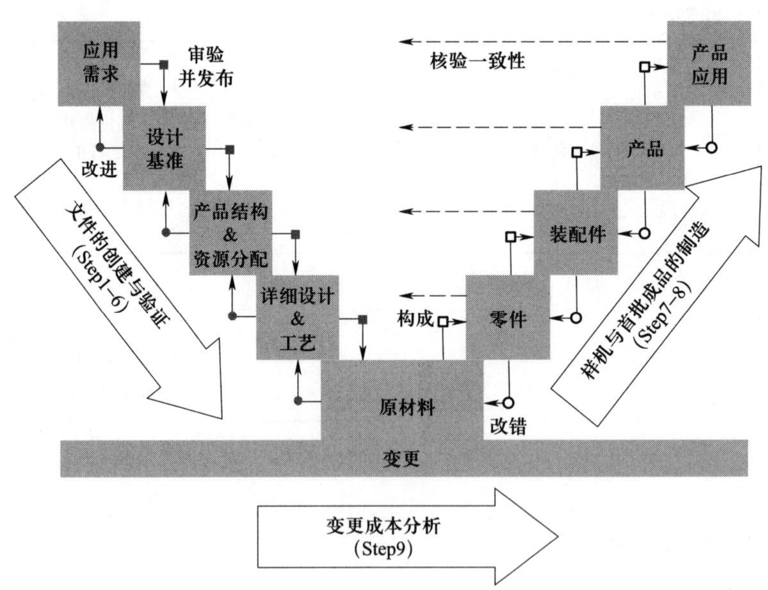

图 1–4　开发 V 模型

（四）闭环变更模型

一般来说变更可分为三个层次，如图 1–5 所示。变更专员Ⅰ的职责为将企业变更申请（ECR）传递给变更评审委员会（CRB）进行决策；变更专员Ⅱ的职责为根据审批通过的 ECR 来编制企业变更通知（ECN），ECN 是后续执行变更的内容，并将 ECN 传递给变更实施委员会（CIB）实施；变更专员Ⅲ的职责为确认、验证 ECN 的需求是否达成。

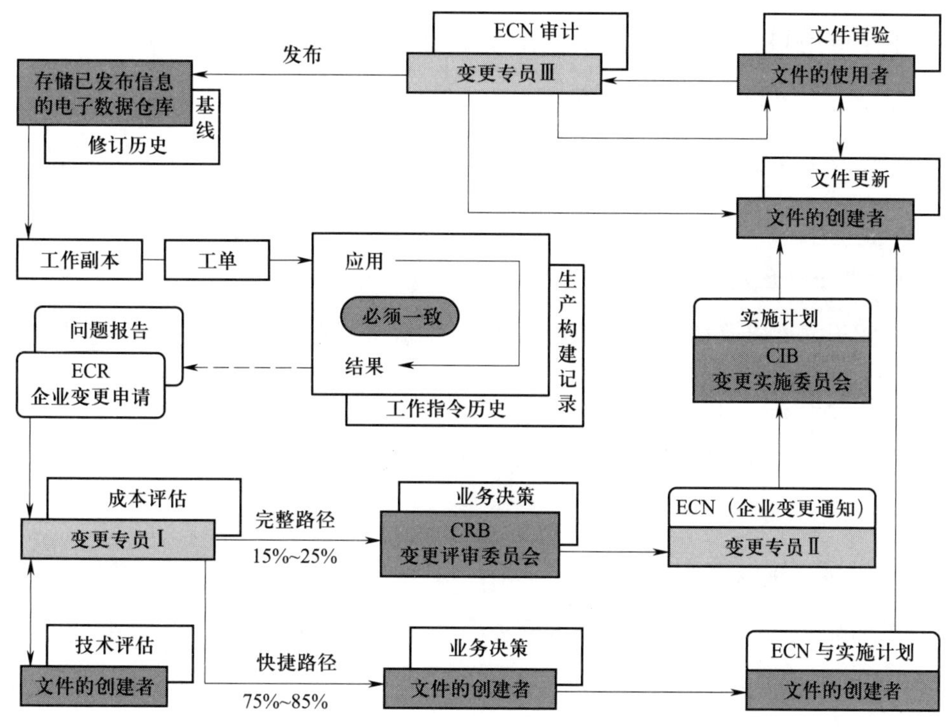

图 1–5　闭环变更模型

技术系统持续改善的目标是实现产品的标准化、模块化和系列化，从而提升订单响应速度、产品质量和生产效率，提高企业的市场竞争能力。产品标准化是衡量企业技术系统水平的关键依据，企业产品标准化程度可分解成五级，如图 1–6 所示，企业可以逐级提升产品的标准化水平。

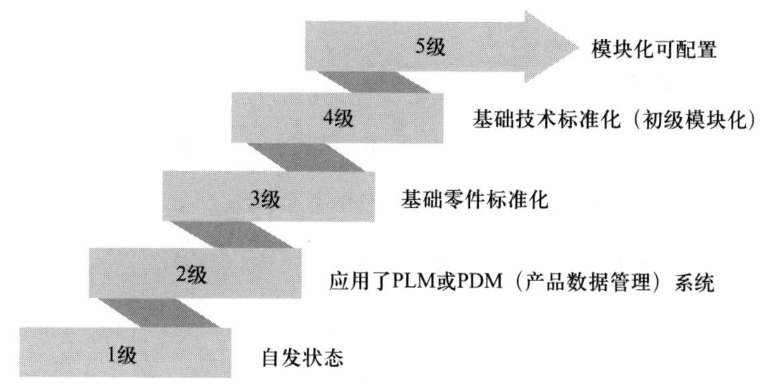

图 1–6　企业产品标准化水平等级划分

1 级水平——自发状态

企业未应用 PLM 或 PDM 系统，产品数据分布在工程师个人计算机中，或简单使用共享目录方式进行企业内的共享。但是，共享目录中的文件资料和个人计算机中的文件资料以及下发生产部门的纸张资料之间的一致性无法保证，导致重复设计错误不断产生，产品标准化程度依赖于工程师个人的自觉性。

2 级水平——应用了 PLM 或 PDM 系统

所有图纸文件电子档案均在 PLM 或 PDM 的服务器中进行管理，实现电子文件可信赖、可方便重用，确保电子文件和纸张文件的严格一致，此时重复设计错误的链条被斩断，表现为企业重复设计错误率降低，零部件借用程度提升。

3 级水平——基础零件标准化

有了 PLM 系统做技术数据的有效积累，企业就可以进行基础零件标准化。一般说来，首次标准化是对外购件、标准件的标准化，建立企业的外购件、标准件选用库，并在 PLM 系统中固化外购件、标准件先申请后使用的流程，以减少外购件的规格种类，提升相同规格的外购件批量。基础零件标准化后，企业的经营会得到较大改善。

4 级水平——基础技术标准化（初级模块化）

有了零件标准化的基础和标准化的意识和方法，企业就可以做基础技术标准化（初级模块化）。企业面向不同的市场或客户时，客户对产品的某些方面经常有个性化的需求，那么企业就可以对个性化需求较少的部分进行基础技术标准化。基础技术标准化就是把不变的部分先进行标准化、模块化，通过不同的基础模块组合减少订单开发的工作量。

5 级水平——模块化可配置

模块化可配置需要建立高度解耦的面向模块化的物料清单（BOM）体系，模块之间松耦合、可配置，接口标准化，模块内部紧耦合，产品研发和改善面向模块的研发和改善。模块分解的基本原则为“一级模块面向客户、模块结构面向制造”。“一级模块面向客户”指客户可以对模块进行选配，形成个性化的产品，体现了市场需求。“模块结构面向制造”指模块的设计结构就是装配结构，实现了面向制造的设计。

三、业务流程系统

业务流程系统是指产生技术系统数据的业务过程标准化，通过业务流程系统的建立实现研发工作的有效衔接，保证研发工程师工作的有序性。

从职能型经营转化为业务流程型经营是现代企业的根本标志之一。企业流程优化的有效方法就是把业务流程文档化、文档系统化。通过 PLM 系统，帮助企业实现研发流程系统化是降低管理成本的有效方法。

业务流程的生命周期如图 1–7 所示，分别为创建新流程、修改审查、发布实施、效果反馈、反馈执行、持续改进。不断对业务流程进行动态调整，方能适应企业不断发展的要求。

业务流程系统的建立和改善，需要以业务流程成熟度模型为指导开展，如图 1–8 所示。目前，大多数企业处于 2 级水平，主要的问题是有流程但没有被彻底执行，从而导致流程体系失效。

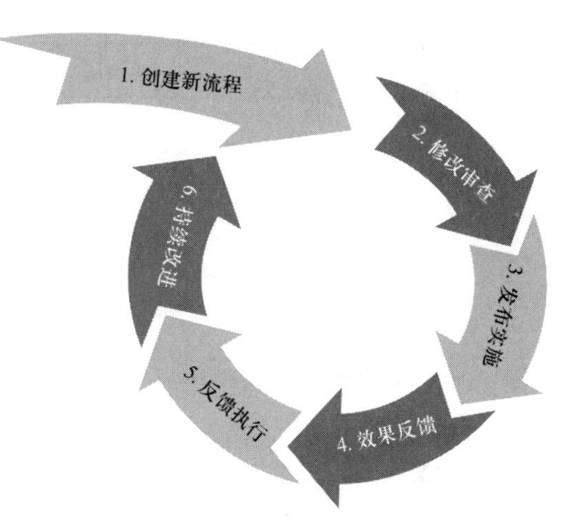

图 1–7　业务流程的生命周期

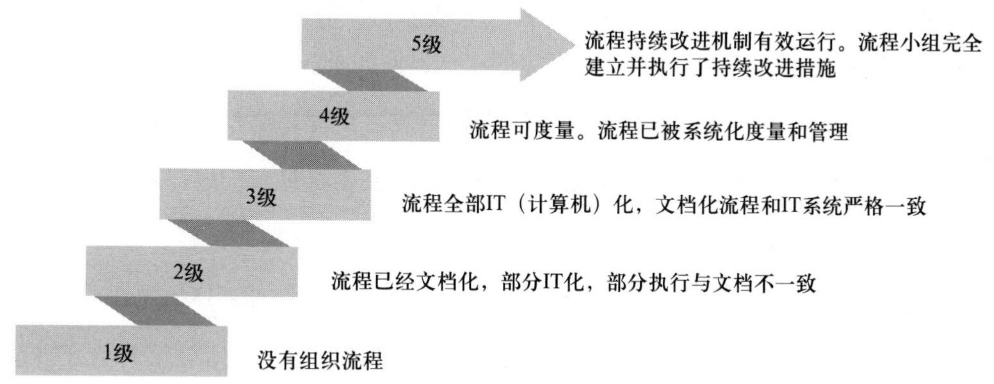

图 1–8　业务流程成熟度模型

在流程体系的建设过程中，主要存在两大类型的流程。

（一）产品研发和设计流程

产品研发和设计流程的互动模型如图 1–9 所示。该模型中，产品知识的积累主要依赖于产品平台，并能够促进产品平台的不断改善。设计是一次性行为，将设计获得的知识进行总结，反馈到产品平台的改善中。将研发产品的成果作为企业产品的平台，研发成果决定企业销售的产品，订单产品是基于平台产品的派生，从而实现订单产品的快速交付。

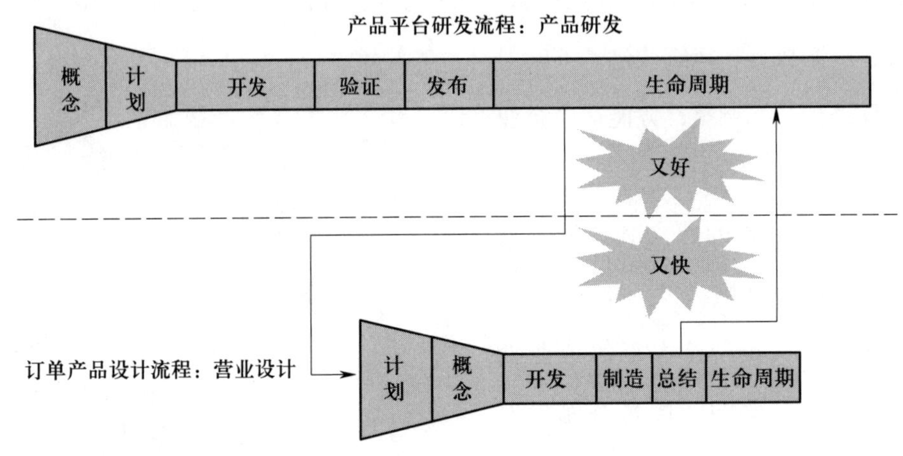

图 1–9　产品研发与设计流程互动模型

（二）技术管控流程

技术管控流程具体指导研发过程中各个活动的工作方法，可分为两种类型。第一种为管理流程，指企业每天都必然会发生的工作，例如企业的图纸需要经过“设计→校对→审核→工艺审核→标准化→批准”方能生效。在管理流程环节中每增加一个签审节点，效率一定会降低，要想提高流程的效率就要将复杂问题简单化。在质量可控的前提下每减少一个环节，就可以提高效率。第二种是控制流程，即设计变更。经过统计，企业一年的设计变更中 75% ~ 85% 是低级错误，5% ~ 15% 是工程师能力不足导致的错误。企业流程管理首先要消灭的是不严谨、不仔细所导致的低级错误，如能把低级错误消除掉，企业的整体运行效率会显著提升。要解决控制流程的问题，需要将简单问题复杂化，把流程拉长，把所有利益相关者纳入流程中，使得工程师

对设计变更的产生心生敬畏，从而养成严谨细致的工作习惯。

四、组织结构与人员管理

人员系统是指企业研发的组织结构、人员的绩效管理。组织结构是流程落地和产品标准化的根本保证，绩效管理是激发工程师潜能的重要方法。

组织结构一般有两种类型。第一种是按专业门类划分组织，表现为产品标准化做得比较好，但是研发项目周期比较难控制。第二种是按产品划分组织，表现为项目的计划性比较好，但是产品的标准化工作容易被忽视，特别是对不同产品线之间的共用件考虑较少。企业要根据自身的产品特点和生产特点确定选用哪种组织结构，或是两种结构合并使用。良好的组织结构是保证流程顺利执行的基石，研发体系以产品标准化模块化为目标，建立与产品结构匹配的组织结构，进行专业化分工，如图 1–10 所示。

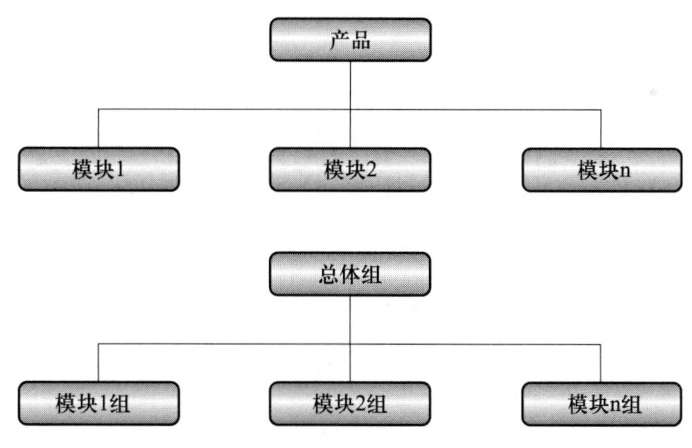

图 1–10　与产品结构匹配的组织结构

在组织结构确定的情况下，研发人员的绩效管理是人员管理中最为复杂和难度最大的部分。按照产品系列化的研发方法，将企业的技术人员分为专家级、高级、中级和初级共四个等级，有难度的技术方案和产品总体规划由专家级技术人员来制定，高级、中级和初级技术人员从事详细设计，通过建立企业的标准工时库，同时结合工作质量、按时完成率等因素，实现对大多数技术人员的定量化考核，绩效考核机制如图 1–11 所示。

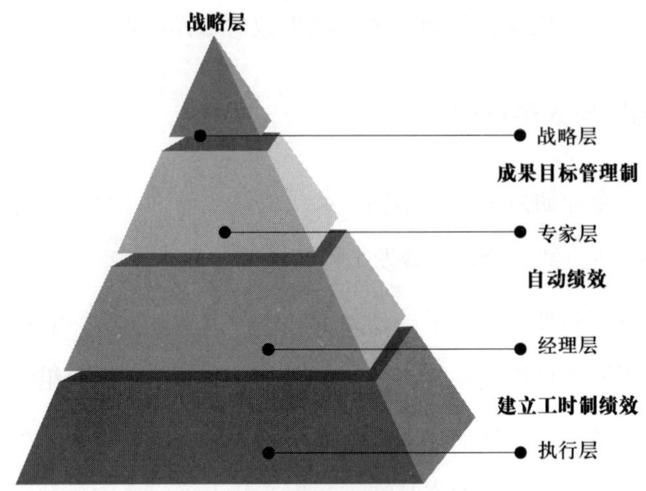

图 1-11　绩效考核机制

第三节　产品全生命周期管理的发展历程

考核知识点及能力要求：

- 了解 PLM 系统的发展历程、作用，掌握 PLM 系统的基本概念。
- 掌握 PLM 系统的基本架构。

一、PLM 系统的发展历程

PLM 从描述产品相关阶段信息和智力资本的管理术语，发展成为覆盖产品需求分析、详细设计、制造、销售直到回收的全生命过程的集成化系统，经历了三个发展阶段。

第一阶段：PLM 概念的提出。PLM 最早出现在经济管理领域，制造业的 PLM 研究开始于美国计算机辅助后勤支援计划（CALS）。CALS 是美国国防部于 1985 年提出的一项战略性计划，它支持并行技术、敏捷制造、协同设计和网络化制造等先进制造技术的发展。

第二阶段：PLM 的局部发展。20 世纪 80 年代后期，PLM 主要是以设计、制造为对象的产品数据管理系统，并涉及部分业务流程管理；进入 20 世纪 90 年代，随着并行工程、计算机集成制造系统（CIMS）等制造模式的发展，PLM 初步形成了信息的阶段共享；20 世纪 90 年代后期，随着供应链管理（SCM）、客户关系管理（CRM）等系统的出现，PLM 发展成为以产品为基础，协同管理客户信息和供应链信息的系统。在这一阶段，PLM 仍然存在孤立的信息单元，未能实现全系统内信息的集成和协同管理。

第三阶段：PLM 的成熟。进入 21 世纪，PLM 的管理范围从产品全生命周期数据管理（PLDM）扩展到资产、质量、环境安全等管理，实现了全周期的资源协调配置，并通过集成协同 PDM、SCM、CRM 各异构系统，有效地跟踪和管理产品制造数据、质量数据、售后服务数据，将产品更改方案、问题反馈、客户建议等有价值的信息集成到系统管理和解决方案中，实现真正意义上的产品生命周期管理。

二、PLM 的定义

不同行业、企业对 PLM 的需求不同，因此在其具体含义和实施内容上的认知差异较大。有关 PLM 的定义，国际制造业管理组织根据不同行业的特点、需求及应用概况给出了不同的解释。不同的定义分别反映了不同公司、组织和个人对 PLM 的定位、内容、功能和实施等方面的不同认识。PLM 的定义之所以出现多种版本，主要是由以下原因引起的：

一是 PLM 自身的复杂性。PLM 本身是一个多元化、多层次、多功能的综合体，其涉及的内容非常广泛。

二是 PLM 是新兴管理理念，其内涵和外延不是很确切。随着社会、经济和科学技术的发展，PLM 的内涵和外延还在不断地发展。

三是由于研究和使用目的不同，因此不同的研究组织和个人对 PLM 存在不同的理解。

虽然这些定义侧重点各有不同，但是可以从中抽取出 PLM 包括的主要元素。

PLM 是一种现代制造理念，是一种方法而不仅仅是软件或过程；PLM 软件系统是 PLM 理念实现的工具和手段；PLM 横跨职能、组织和地理界限；PLM 管理产品数据、信息和知识，不但描述产品在生命周期内是如何定义的，而且描述产品在生命周期内的过程和资源，即产品是如何被设计、制造、使用和服务的；实施 PLM 的目的是通过信息、计算机和管理等技术来实现产品全生命周期过程中产品的设计、制造、管理和服务的协同；PLM 的实现需要综合人、过程和技术三个要素。

总之，PLM 是在系统思想指导下，利用计算机技术、管理技术、自动化技术和现代制造技术等，对产品全生命周期内与产品相关的数据、过程、资源和环境进行的集成管理。通过实施 PLM，企业各部门员工、最终用户和合作伙伴可以高效协同，使产品达到综合最优。

三、PLM 系统软件架构

PLM 系统软件架构的发展随着计算机技术的发展而不断变化，从最初的文档架构管理（依赖于简单的关系型数据库和目录文件管理）到现在的跨平台多层架构，从原来的简单局域网应用扩大到基于互联网多研发基地应用，均体现了软件架构日新月异的发展。本书采用的是当前流行的跨平台多层架构，如图 1–12 所示。

PLM 采用典型的多层结构。基础平台层支持多种数据库，如 SQL Server、Oracle、Sybase 等；集成架构层提供数据通信的全部协议与公用业务逻辑；业务服务层形成完整的解决方案；前端应用层采用封装技术和开放式数据访问提供应用集成服务。

（一）基础平台层

基础平台层由下列内容组成。

（1）数据库用于存储结构化数据，电子仓库用于存储非结构化数据。数据库可以是关系型数据库，也可以是图数据库，完成结构化数据的创建、修改、存储、检索、处理等业务。电子仓库则提供完整的文件管理服务，包含文件的创建、修改、加密、解密、浏览等业务。

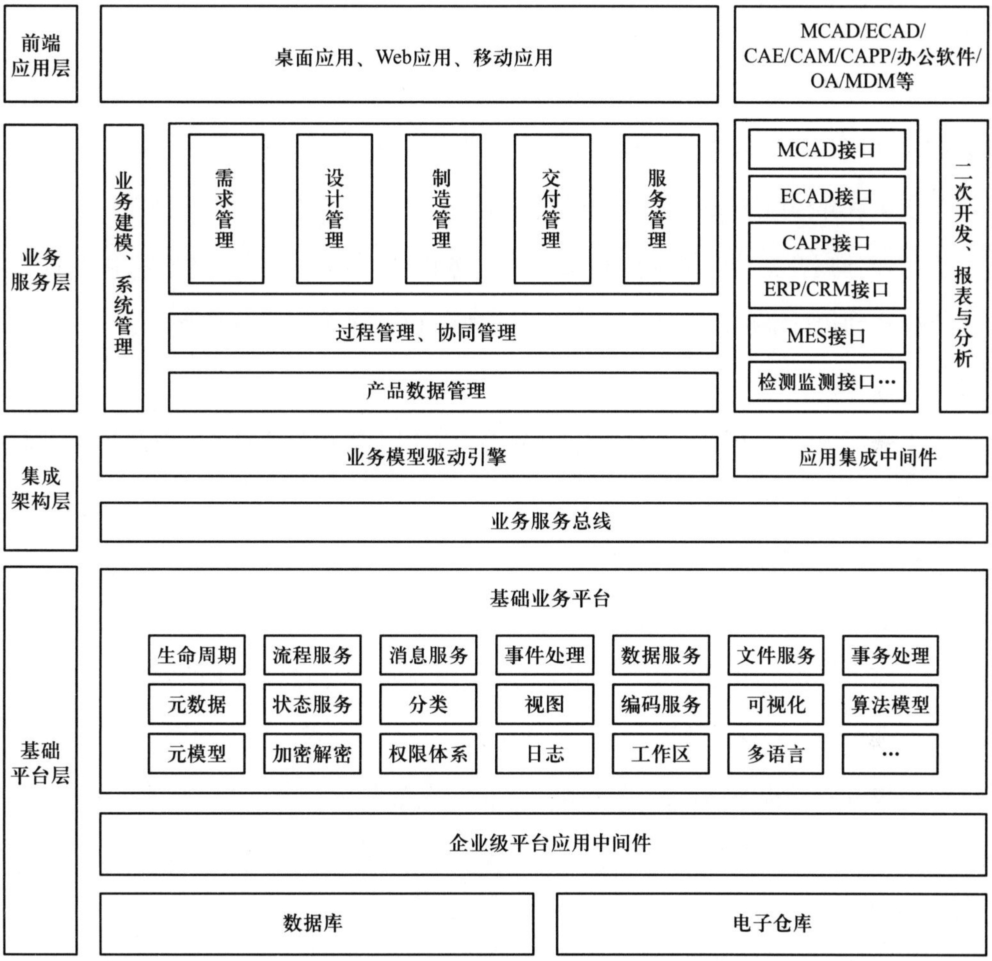

前端应用层
桌面应用、Web应用、移动应用
MCAD/ECAD/CAE/CAM/CAPP/办公软件/OA/MDM等

业务服务层
业务建模、系统管理
需求管理
设计管理
制造管理
交付管理
服务管理
过程管理、协同管理
产品数据管理
MCAD接口
ECAD接口
CAPP接口
ERP/CRM接口
MES接口
检测监测接口…
二次开发、报表与分析

集成架构层
业务模型驱动引擎
应用集成中间件
业务服务总线

基础平台层
基础业务平台
生命周期　流程服务　消息服务　事件处理　数据服务　文件服务　事务处理
元数据　状态服务　分类　视图　编码服务　可视化　算法模型
元模型　加密解密　权限体系　日志　工作区　多语言　…
企业级平台应用中间件
数据库
电子仓库

图 1–12　PLM 系统架构

（2）企业级平台应用中间件提供不依赖于硬件、网络、操作系统等基础运行环境的通用系统底层服务，并支持安全的、可伸缩的、分布式的组件应用架构，同时顺应云计算和软件即服务（SaaS）模式的发展，提供对云服务架构的支持，确保整个系统可以运行于各种硬件和操作系统平台上。

（3）基础业务平台提供与 PLM 领域相关的基础服务，包括生命周期、元数据、元模型、流程服务、消息服务、事件处理、数据服务、文件服务、事务处理、状态服务、分类、视图、编码服务、可视化、算法模型、加密解密、权限体系、日志、工作区、多语言等。

（二）集成架构层

集成架构层由下列内容组成。

（1）业务服务总线提供一致的业务组件接口、一致的扩展标记语言（XML）数据接口规范和统一的消息和事件触发机制，为业务集成提供基础的集成服务，基于业务服务总线实现异构信息系统统一集成逻辑。

（2）业务模型驱动引擎提供 PLM 系统业务模型到 PLM 系统业务对象和界面对象的动态生成和运行维护，通过业务建模，实现对 PLM 系统管理功能个性化解决方案的快速定制和实施。

（3）应用集成中间件提供一组与 PLM 系统应用集成相关的服务，以简化应用集成的开发过程。

（三）业务服务层

业务服务层由下列内容组成。

（1）需求管理提供与产品需求相关的业务功能服务，包含需求的创建、审核、分发和有效性控制，实现产品需求的结构化定义，并管理需求的生命周期。

（2）设计管理提供与产品设计相关的业务功能服务，提供结构设计、电子设计、电气设计、软件开发的业务解决方案，实现产品设计数据的有效管理，包含产品数据层级模型的落地。

（3）制造管理提供与产品制造相关的业务功能服务，提供产品制造工艺路线、工序过程和工序的结构化维护等。

（4）交付管理提供与产品交付相关的业务功能服务，包含装箱 BOM 的维护、交付文件的版本管理等。

（5）服务管理提供产品维护、维修和运行相关的业务功能服务。

（6）过程管理提供与产品相关的项目、流程、任务、消息、在线会议和个人工作等过程的支撑服务。

（7）协同管理提供与产品相关的内外部数据共享和业务协同服务。

（8）产品数据管理提供与产品相关的数据存取、变更、配置管理、可视化浏览等服务。

（9）系统管理提供 PLM 系统的访问控制、权限管理、参数设置、组件注册、系统更新升级等服务。

（10）报表与分析提供针对 PLM 系统的数据报表开发、统计和分析等服务。

（11）业务建模提供在线业务建模服务。

（12）二次开发提供代码级别的业务功能开发支持服务。

（13）应用接口提供相应应用系统的数据和功能服务。

（四）前端应用层

PLM 系统前端应用包括桌面应用、Web 应用和移动应用，前端应用主要处理界面层级的呈现形式，采用多种形式的前端界面以满足不同岗位人员访问 PLM 的需求。

计算机辅助工程（CAE）、计算机辅助制造（CAM）、办公软件等应用系统通过封装实现与 PLM 系统的集成，机械计算机辅助设计（MCAD）、电子计算机辅助设计（ECAD）、计算机辅助工艺规程（CAPP）等应用系统通过在主菜单中嵌入相应的 PLM 系统应用接口菜单来实现与 PLM 系统的集成。

四、PLM 系统的作用

随着全球竞争的加剧，制造企业必须在更短的时间内开发出更多的新产品，同时要应对客户对产品质量的更高要求以及更大的降价压力。纵观全球，强大的产品开发体系是客户驱动型企业成功的基础，同时也是其核心竞争力所在。现代产品越来越复杂，涉及机械、电子、电气、光电、软件等多个领域，使得优秀的产品开发能力已经超越制造能力，成为区分优势企业和劣势企业的战略因素。未来，产品开发将成为制造企业竞争的焦点。PLM 系统无论在管理理念上还是在信息技术上，都能有效支持和推动制造企业的战略转型，成为提高企业竞争力的必要手段。

第四节　产品全生命周期管理的系统功能

考核知识点及能力要求：

- 掌握 PLM 系统核心功能。
- 掌握基于 PLM 系统的产品设计平台化、产品设计管理实现方法。
- 掌握基于 PLM 系统的工艺设计管理实现方法，以保证企业工艺设计结构化数据管理。
- 掌握基于 PLM 系统的产品研发过程管理和人员管理实现方法。
- 了解 PLM 系统的数据安全保障机制。
- 掌握 PLM 系统与 ERP（企业资源计划）系统的集成方法，实现产品研发数据的有效传递。

一、PLM 系统模块结构图

PLM 系统提供专业的电子设计管理解决方案、软件设计管理解决方案、产品平台化管理解决方案、模块化配置管理解决方案、模块化 BOM 管理解决方案、工艺设计管理解决方案和生产 BOM 解决方案，帮助企业实现机、电、软多专业协同设计，产品研发与订单开发分离，打通设计、工艺和制造的信息流，为企业提升产品标准化程度，加快企业对市场的响应速度，助推企业从现有产品订单设计迈向产品研发平台化，实现产品研发与订单设计的良好互动。PLM 系统模块结构如图 1-13 所示。

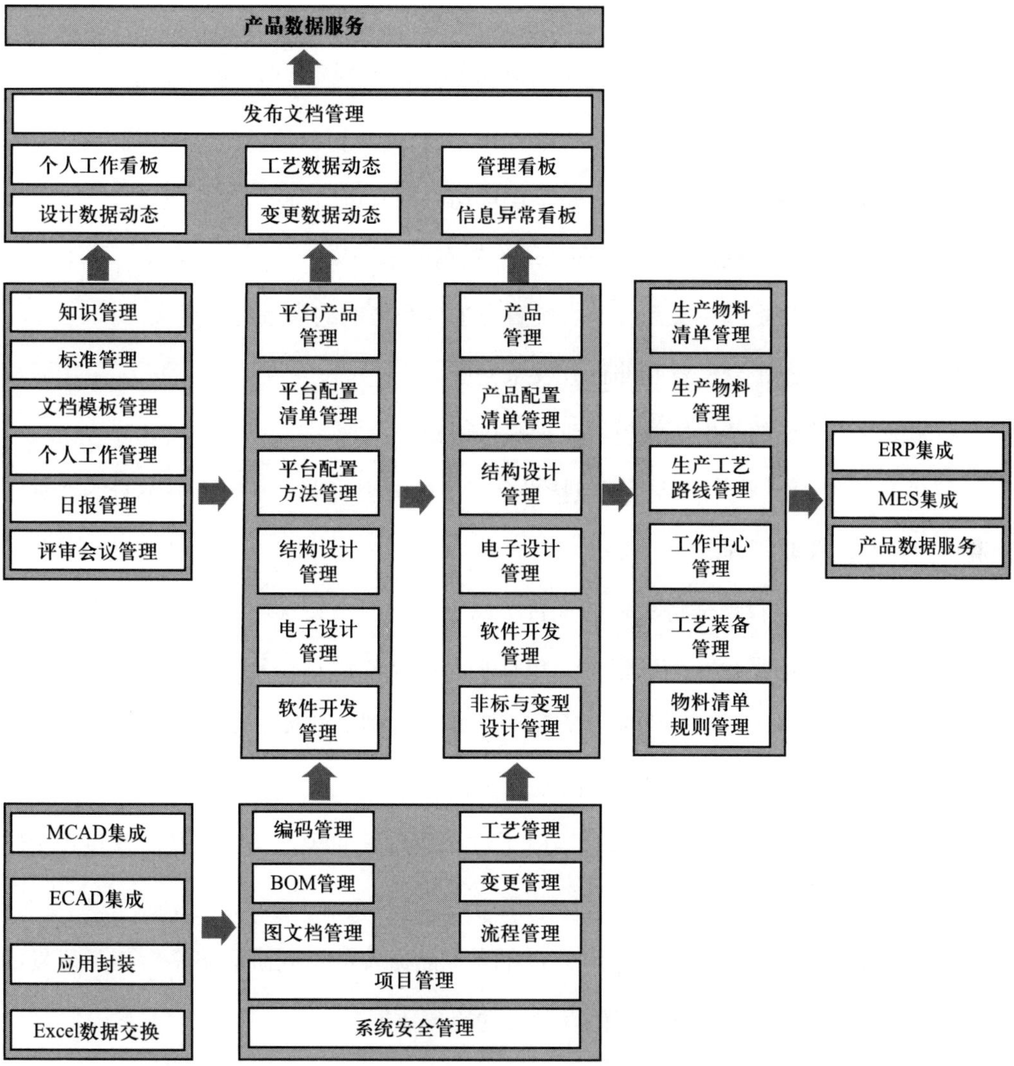

图 1–13　PLM 系统模块结构图

二、平台产品管理

按照研发管理理论，PLM 系统的核心功能是实现产品研发的平台化、模块化和单元化，其关键之处是实现模块之间的解耦和专业之间的解耦。模块之间解耦可通过模块之间的接口标准化设计，实现同类模块的互换；专业之间的解耦则需要通过 BOM 解耦来解决。

基本要点如下：

- 一级模块面向客户，模块内部结构面向制造。
- 所有面向客户需求可变化的模块和零部件组成一个产品平台的配置清单。
- 模块之间具有标准接口，实现松耦合。
- 平台改善依赖于模块的改善，每个模块均可独立进行持续改善。
- 机、电、软专业通过 BOM 的多层级位置选配来完成。
- 模块之间的选配约束关系在平台配置方法参数值的约束条件中定义。
- 订单产品通过平台配置和非标开发来完成。
- 非标开发形成的新模块为模块改善提供依据。

在 PLM 系统中，平台产品管理包括平台产品的分类管理、平台产品本身的数据管理和平台产品的关联管理。

平台产品的分类管理是将企业的平台产品进行分门别类管理。平台产品本身的数据管理用于记录当前平台产品的信息，包括平台产品的代号、名称、英文名称、描述等信息。平台产品的关联管理包括平台配置清单、配置方法库、颜色配置清单、平台工艺路线、产品、技术文件、平台产品基线等。

平台产品关联的技术文件是管理当前平台产品研发的输入文件以及研发过程中输出的文件。

平台产品关联的平台产品基线可以在平台产品研发的不同阶段将平台产品研发的成果封存，以便后续能查询到不同研发阶段的历史数据。

（一）产品设计平台化管理目标

随着产品的标准化程度越来越高，产品设计平台化正在被越来越多的制造企业所重视。怎样通过参数的定义及配置快速生成对应的订单 BOM，减少设计人员的重复设计，将设计人员从重复烦琐的工作中解放出来，更专注地从事新产品的研发，已成为产品平台化所面临的一个重要问题。

利用 PLM 系统，企业可实现产品设计平台化管理。产品设计平台化管理的终极目标是可通过参数选配生成订单 BOM，实现快速的订单设计，如图 1–14 所示。

实现产品设计平台化管理的总体方案如下：

（1）产品按照平台进行研发，实现产品研发平台化。

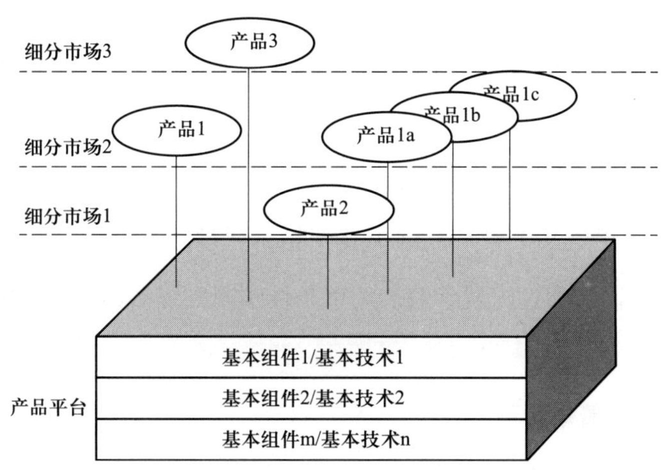

图 1–14　产品设计平台化管理模型

（2）订单按照选配进行生产，订单交付与研发部门无关，实现产品研发与设计的分离。

（3）满足不同细分市场需求的产品仅仅是模块组合方式不同，不需要研发新产品。

（4）图纸数量最少化。

（5）被动变更最少化。

（二）平台产品的分类管理

在 PLM 系统中可以对企业的平台产品进行分门别类管理。通过平台产品分类管理，企业可以将平台产品梳理清晰，同时面向未来的市场或客户需求，可以快速查到所需的平台产品并生成订单。

在 PLM 系统中，企业可以根据自己企业平台产品的管理需求和平台产品特点，自定义适合企业的平台产品分类。

分类管理包括分类方式管理和分类节点管理。如“按平台产品类型分”是分类管理的方式之一，用来定义该企业平台产品按照怎样的方式进行分类管理，以保证平台产品的分类在企业内达成共识，使企业所有成员都清楚平台产品分类管理的依据。

通过分类方式和分类节点的管理，实现企业的平台产品分类管理，使企业创建平台产品和查询平台产品更加清晰明了，以提升企业数据的使用和查询效率。

（三）平台配置清单管理

从平台产品研发的角度出发，通过平台配置清单来管理和维护面向客户或未来市场需求的可选配的模块清单。

（四）配置方法库管理

配置方法库用于定义平台产品的配置变量，通过配置方法来定义产品配置可选参数及参数选项，同时通过配置参数的约束条件实现配置参数之间的关联选择和互斥选择。

（五）颜色配置清单管理

企业的产品涉及颜色管理，在 PLM 系统中可管理企业的标准颜色库。平台产品中的颜色配置清单可从标准颜色库中选择使用，从而实现企业产品颜色规范化和标准化管理。

（六）可选配模块的选用条件设置

在平台产品的配置清单中定义选配零部件的选用条件，未来订单可以根据选用条件，自动生成订单所需的零部件清单。

（七）按照具体参数进行订单产品运算

企业建立了平台产品库后，接到订单时可结合订单需求配置产品并进行订单产品的参数选择，从而快速、准确地完成订单产品配置。

（八）根据订单参数生成订单产品

根据订单产品的配置参数，PLM 系统可自动且快速地计算出订单所需的零部件及 BOM。

三、产品设计管理

产品设计管理解决了产品设计的成果有序管理问题。在 PLM 系统中，以 BOM 为核心，全面组织设计数据的管理，包括结构设计管理、电子设计管理和软件管理。

（一）结构设计管理

1. MCAD 集成

CAD 是一种利用计算机技术进行设计和绘图的方法，可以应用于各种设计领域，

包括机械、建筑、电子等。MCAD 是 CAD 的一种应用，专门用于机械设计领域。本节所指的 CAD 集成主要集中在 MCAD 部分。

在产品研发过程中，CAD 软件（包括二维 CAD 和三维 CAD）设计的图纸是产品研发输出的最主要数据源，包括零部件信息、BOM 结构、设计图档等。

在 CAD 软件中通过嵌入式接口，实现与 PLM 系统的全面集成。保留设计工程师原有的操作习惯，只需在 CAD 软件中操作，一键将图纸中设计的零部件信息、BOM 结构、设计图纸等上传到 PLM 系统中，同时还可以通过 CAD 接口查询到 PLM 系统的数据，方便查询和引用已生效的图纸，提高设计效率。集成 CAD 后，企业不需要再花费人力和时间单独维护产品的 BOM 明细等内容。

PLM 系统提供了常用 CAD 设计软件的全面集成。结构设计 CAD 集成模型如图 1–15 所示。

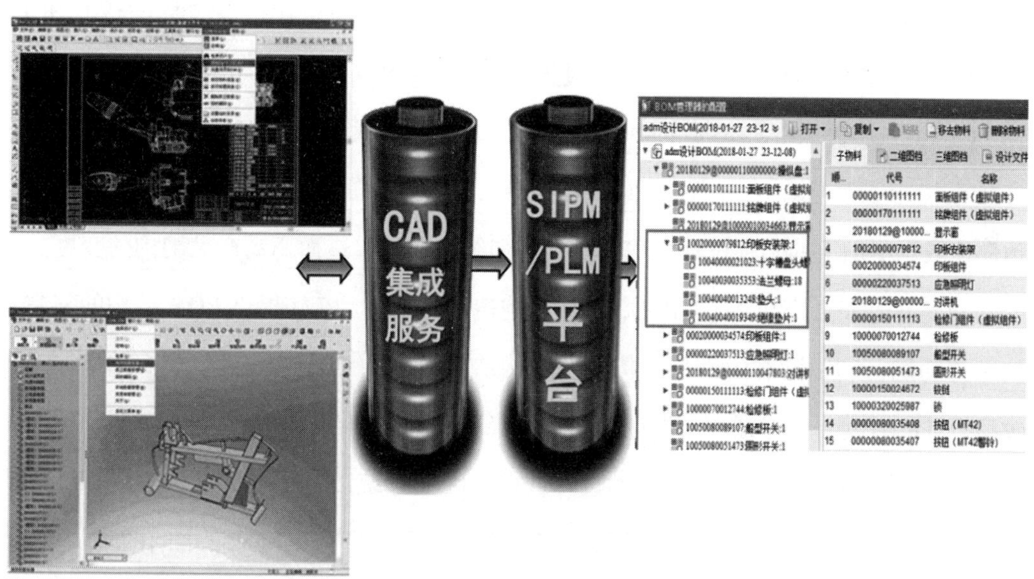

图 1–15　结构设计 CAD 集成模型

PLM 与 CAD 接口技术以企业业务数据总线为基础，不断优化大型复杂装配体数据模型的提取和分析能力，支持大型装配体数据提交到 PLM 系统，确保设计工具和 PLM 之间的双向数据交流，使产品设计从图纸设计开始就能得到 PLM 系统的强大支持。

MCAD 集成的核心点包括以下方面。

（1）保证一个物料只有一个有效的 3D 模型。需要实现设计端和服务端的 3D 模型文件内容级比较，尽量在设计环节就能发现错误。

（2）保证物料数据的唯一性。无论是在 2D 图纸、3D 模型还是在 PLM 系统中，物料数据均应确保一致。

（3）3D 模型文件之间存在的复杂依赖关系需要被记录。需要在 MCAD 端通过 CAD 软件提供的开发函数实现文件依赖关系的分析，确保相互依赖的 3D 模型同进同出，确保改型设计或变更设计能顺利进行。

（4）图纸驱动 BOM 的生成和变化。BOM 的形成依赖于 3D 模型装配结构或 2D 图纸的自动生成，无须人工进行维护。

2. 结构设计 BOM 管理

PLM 系统提供了强大的 BOM 管理功能，使 BOM 成为企业产品数据的核心和主线，以 BOM 数据为纽带实现产品开发过程中所有数据和文档的关联。其主要特点如下。

（1）CAD 文件驱动 BOM 的生成和变更。通过 PLM 系统与 CAD 软件的集成接口，PLM 系统能够按照 CAD 软件中的 BOM 关系自动生成产品的设计 BOM 结构，支持自顶向下或自下向上的多种设计方法，并支持图纸的变更，进而驱动产品结构的变更。

（2）灵活方便的 BOM 复制粘贴，快速构造产品结构。PLM 提供 BOM 结构的复制、粘贴等功能，利用已有的产品结构，快速构造新产品的 BOM 结构，可极大缩短产品改型设计的时间，并保证产品设计 BOM 和零部件数据的准确、唯一。

（3）以 BOM 为中心组织所有的设计数据。PLM 系统以 BOM 为中心，对图纸、3D 模型、技术文件、工艺路线等产品设计资料进行全面管理，支持文件之间的附加关系和参考关系，全面使用 2D 图纸、3D 模型等各种文件之间的依赖关系。

（4）全面的 BOM 与物料变更历史记录。PLM 系统对所有的管理数据提供了全生命周期管理功能，包括 BOM 和物料。PLM 系统提供了全面的变更历史查询功能，帮助追溯产品结构的变更历史和过程。

（5）丰富的 BOM 比较功能。对于整车企业和复杂产品企业，产品之间 BOM 比较需求非常强烈。PLM 系统提供了全面的 BOM 比较功能，包括 BOM 结构差异性比

较、零部件差异比较、BOM 结构对照等，并通过颜色目视化展示，帮助企业研究不同产品之间的差异点，解决人工比较工作量大的问题。

（6）丰富的 BOM 视图帮助控制产品数据的完整性。PLM 系统提供产品 BOM 视图，帮助设计人员快速发现缺失图件，汇总标准件、通用件、自制件、外购件等。同时 PLM 系统提供二次搜索功能，便于快速查找数据。

（7）以 BOM 数据为依据自动确定变更影响范围。PLM 系统提供了所有零部件使用情况的查询功能，从而可以快速确定其变更影响范围，有效防范变更引起的质量问题。

3. 设计模块化管理

设计模块化的推进将极大帮助企业改善管理，降低管理成本和产品设计成本。PLM 系统提供如下的模块化管理与应用方案。

（1）标准模块的管理。复杂产品的设计最终都将向标准化、模块化发展，在 PLM 系统中，企业可以对零件簇和标准模块进行多种模式分类管理，设计人员可以查询到企业的各种模块结构、图纸、技术文件和工艺等数据，从而提高设计的重用程度、减少重复质量问题的发生。

（2）快速订单变型设计。对于按照订单（单件、小批量）生产的制造企业，在长期生产实践中，订单产品和基本型产品之间的差异可能非常小，但为了保证设计数据的完整性，设计人员往往需要花费大量的时间进行图纸的改型设计和产品结构明细表变更等一系列工作，重复劳动多，效率非常低下。PLM 系统的快速订单变型设计模块支持按照订单要求，参考基本型产品结构，快速确定订单所需的零件或部件。如果零件种类变化比较大，则补充零件图；如果只是部分调整，只要在备注上注明而无须新画图纸。这样可极大减少设计人员的工作量，同时保证设计 BOM 数据的完整性和准确性。

（3）多种标准化图形化评价。在完成产品设计后，PLM 系统可直接评价标准化系数和标准化点数，产品设计标准化统计如图 1–16 所示。对零部件的使用次数进行统计，便于专业人员进行零部件的标准化等级划分。

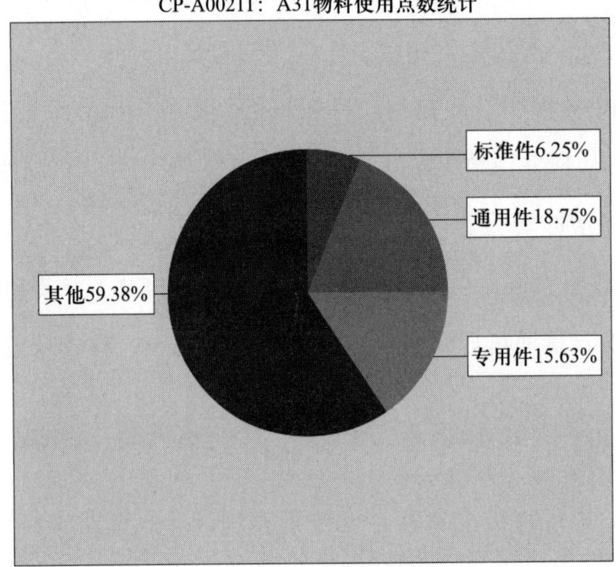

图 1–16　产品设计标准化统计

4. 图文档管理

在 PLM 系统中，对图文档的全生命周期进行了严格管理，包含其产生、审核、归档、变更直至消亡，支持图文档对象之间的依赖和参考关系，并对其变更、浏览权限进行独立控制，实现安全和共享之间的完美平衡。PLM 系统同时提供了一键掌握变更历史的便捷显示。

（1）图文档版本管理。PLM 系统支持图文档进行分门别类管理的功能，实现图文档分类定义存放，方便图文档分类检索，快速查找所需文件。

通过文件的变更历史，可以更直观地掌握文件版本的变化过程，解决企业图纸版本管理混乱的问题，提高一致性。

（2）图文档批量导入。PLM 系统可以批量导入图文档文件，可以通过鼠标拖拽或"Ctrl+C""Ctrl+V"的方式将数据批量导入 PLM 系统，也可以通过菜单导入各种历史数据，还支持复制粘贴 Excel 表格内容。PLM 系统可以快速将大量历史数据导入 PLM 系统中，快速地将个人计算机的历史数据转换成为企业统一数据，保护企业的知识资产。

（3）图文档发布管理。生产、采购等其他部门需要的图纸、文档等，一般由设

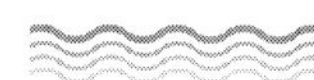

计部完成并发布后，其他部门即可访问。在 PLM 系统中，设计完成的图纸和文档状态为“未发布”，需要统一进行图文档的电子发布，同时可设置发布文档的有效期，同一编号的文件可发布多个版本，在某一时间节点可查找到当前时间内有效的文件版本。

图文档发布只将源文件对应的 PDF 文件进行发布，保证了源文件数据的安全性。

（二）电子设计管理

1. ECAD 集成

PLM 系统提供以企业数据总线为基础的 ECAD 集成解决方案，实现电子设计图纸的全面嵌入式数据集成，特别是对于元器件符号库、元器件分类库的统一管理，确保 ECAD 设计工作与 PLM 系统之间的双向数据交流，使得从原理图设计开始得到 PLM 系统的强大支撑，极大地提升设计效率。

PLM 系统通过 ECAD 接口自动从原理图上提取数据创建 ECAD BOM，提取元器件规格型号等信息，并以此为基础对原理图中的元器件与实际生产使用的元器件进行物料匹配，有效避免因原理图修改元器件规格引起的设计错误，确保印刷电路板装配 BOM 的正确性，同时提升效率。

2. 电子物料库管理

PLM 系统自定义物料库分类方式，帮助企业建立统一元器件物料库集中管理；对不同类型电子物料可以使用多态属性进行管理，更加精准地描述电子物料，有效降低“一物多码”的发生；支持按照多态属性快速查找电子物料，实现电子物料查询的便利性。

3. 电子物料替代管理

电子物料替代是指电子物料的替换料，通常是企业为了保证产品的正常生产和准时交货而产生的。当一种电子物料无法按照预期采购的情况下，可以通过采购其他相似的电子物料来满足生产需求，当然该相似的电子物料必须与被替代的电子物料具有相同的性能，且不会影响产品的最终质量。

PLM 系统提供了两种电子物料替代方案：一种是全局备选件，在任何情况下均可以实施替代；另一种是特定 BOM 的替代件，只在指定产品中实施替代。PLM 系统还提供了替代优先级的定义，满足电子行业电子物料替代的需求。

（三）软件管理

1. 软件开发管理

PLM 系统可以实现对软件产品完整的分类管理，便于软件开发人员单独维护。软件开发数据实现保密管理，杜绝硬件工程师、结构工程师等的直接访问。

PLM 系统支持软件模块结构管理，每个软件产品都有专属的模块 BOM 结构，通过模块 BOM 实现需求规格说明书、设计规格说明书、测试规格说明书的关联管理，同时实现对软件测试漏洞的全过程管理。

2. 软件发布管理

软件通常会进行多次迭代，每次迭代发布都会形成新的软件版本，用以标识软件的版本号会相应递增。每个软件版本对于非软件研发人员都是一个软件物料，可供测试和批量应用。软件版本包含可执行包、代码压缩包、软件发布文档等数据。

通过软件版本及其状态实现软件产品的物料化，并实现软件物料和其他物料的有机结合。

PLM 系统支持软件版本基线管理，实现独立版本的所有资料快速快照固化、封存，基线代码压缩包便于更快地回溯历史数据，满足软件工程的要求。

四、工艺设计管理

PLM 系统提供了设计、工艺一体化管理，在 PLM 系统中可以实现工艺数据结构化管理，推动企业进行工艺设计标准化管理。

（一）工艺基础数据管理

工艺基础数据管理一方面为工艺管理人员提供必要且及时的数据信息，另一方面可以辅助工艺管理工作，实现企业信息的共享。工艺基础数据管理包括标准工序库、材料、设备、工艺装备、工位器具、辅料、多工厂管理等。

（二）以 BOM 为核心管理所有工艺数据

PLM 系统通过 BOM 关联管理全部工艺设计成果，包括工艺路线、工艺文件、材

料定额，并可以同时查看零部件对应的 2D 图纸、3D 模型和技术文件等。

（三）可灵活定义的材料定额计算

由于产品不同、设备不同，因此每个企业对于材料消耗定额的计算方法也不完全相同。PLM 系统可自定义计算公式以实现材料定额计算与维护，解决企业的材料定额计算问题。PLM 系统可以给每一种材料定义输入条件和计算公式，系统自动按照定义的计算条件显示输入界面，并自动进行计算。

（四）基于 BOM 的结构化工艺设计

在 BOM 上直接调用标准工艺库进行工艺设计，并自动输出卡片，这是真正意义上的设计工艺一体化解决方案，实现工艺设计标准化。

通过标准工序库进行快速工艺设计，并通过工艺文件模板直接输出卡片文件，减少工艺卡片表格排版设计等繁杂工作，使工艺工程师有更多的时间和精力放在零部件的工艺设计上。

（五）支持零件加工的多工艺路线设计

一个零件的生产加工可以有多种实现方法，PLM 系统提供多工艺路线设计功能，允许工程师为同一零件编制多套工艺设计路线。

（六）支持多工厂生产

在集团化企业中，往往存在同一产品在不同工厂制造的情况。由于生产设备和当地配套情况不同，因此每个工厂的制造结构、工艺方法也不同。PLM 系统可提供多工厂工艺路线，以满足异地设计与制造的情境要求。

五、过程管理

过程管理是基于长期总结制造企业产品开发经验，以及众多企业的共同实践经验，在 PLM 系统中形成符合企业质量体系要求及客户要求的产品开发过程管理解决方案。过程管理方案保证企业集中管控质量体系要求的关键节点和产品数据的完整性、正确性、一致性，同时充分考虑企业产品开发流程的自主性、可变性和可扩展性，以帮助企业实现产品开发过程高效性、高可控性。

过程管理由项目管理、流程管理、个人工作管理和领导看板管理四部分组成。

（一）项目管理

产品开发过程充满了不确定性，PLM 系统的项目管理帮助企业在不确定性环境中完成项目的管理过程。通过项目策划、过程控制等手段将不确定性因素对项目的影响最小化；通过阶段划分将项目目标进行分解；通过分目标的达成实现项目总目标的达成，从而提高工作效率，确保产品质量；通过项目管理，使项目团队成员有序工作，发挥最佳工作效能。

项目管理用于产品开发项目的标准、规划、监督控制，实现产品开发过程的有序进行，解决企业项目策划不严谨、执行不规范、进度不清晰等问题。

1. 分类定义符合企业质量体系要求的项目模板

在 PLM 系统中可以分类策划符合企业质量体系要求的项目模板，如全新产品开发项目模板、重大结构改进项目模板、变型设计项目模板等。对每一类项目模板的项目阶段进行定义，对每一个阶段必须完成的工作任务进行策划，并对每一个任务定义输出物，从而实现对整个项目的完整定义。

有了项目模板，项目经理在策划实际项目时可以引用项目模板，提高项目的策划效率；使用项目模板保证了项目策划的严谨性，使项目策划不会受制于项目经理的个人经验，以保证项目规范、严格执行。

2. 快速排定项目计划，提高项目策划效率

为提升项目计划排定效率，PLM 系统提供了项目计划平移或等比例缩放功能。排定项目计划时，可按照项目模板中的预期开始时间和预期完成时间，对项目计划进行整体平移或按比例缩放。

（1）平移项目计划。根据项目模板或参照的项目计划中定义的项目周期和预期开始时间，通过平移项目的开始时间将项目计划整体向后或向前进行平移。

（2）按比例缩放项目计划。根据项目模板或参照的项目计划中定义的项目预期开始时间和预期完成时间，按照调整后的开始时间和完成时间自动计算出缩放比，根据缩放比自动调整项目的周期、阶段的周期、计划的周期等。

3. 项目策划可预留余量

排定各阶段计划时，可预留一部分时间用于处理项目突发事件，以适应企业实际

生产过程中所遇到的各种问题，保证项目策划与实际生产一致。

4. 定义计划输出以保证任务规范执行

项目策划时定义计划输出。在执行任务时，任务执行人首先完成计划输出中定义的输出物；输出物经过流程签审、归档后，任务才能被执行人提交；任务确认人确认计划输出的完整性，只有符合计划输出的完整性要求，任务才能完成。

5. 提供目视化的看板

根据项目管理的需求，PLM 系统提供项目经理监控项目的看板，同时提供企业管理者监控项目的看板。PLM 系统提供的多维度项目监控看板，使企业的高层领导、部门领导、项目经理对项目的进展和数据情况进行全方位的掌握和监控。

项目经理主要关心自己负责的项目执行情况。项目经理可通过“我的工作室”—“我的项目看板”—“我负责的项目”实时掌握项目的实际进展情况。

企业领导或部门经理关心的是企业所有项目的执行情况。企业领导或部门经理可通过“项目看板”实时掌握企业所有项目的实际进展情况。

项目监控看板中的“在研项目监控”“在研项目任务监控”“在研项目成员任务监控”分别对项目进度状态、任务进度状态以及项目成员任务执行状态进行监控。

PLM 系统提供了进度跟踪甘特图，通过跟踪甘特图中进度与计划的对比，项目经理和管理层可以及时发现问题，从而尽早解决问题。

通过项目输出数据看板，项目有关人员可以实时查看本项目已经产生的各种设计成果，包括零部件模型、设计图纸、技术文件、工艺文件等，便于相关人员对项目的宏观把控。

6. 项目计划支持与 MS-PROJECT 之间的导入导出

PLM 系统中提供与 MS-PROJECT 的双向集成，既可以将 Project 格式的项目计划导入 PLM 系统，也可以将 PLM 系统导出为 Project 格式的项目计划。

（二）流程管理

工作流程是解决确定性业务的管理工具。流程管理对企业产品研发设计过程中的产出物进行正确性验证和数据通知等操作，确保不同的人采用同一个方法干同一件事，保证企业的工作是标准化的行为。

PLM 系统通过图形化工作流程管理解决方案来实现流程标准化的管理。

1. 图形化流程模板定义

用户可以通过图形交互方式自定义企业内部的各种审核流程、变更流程，并以模板的方式进行发布，以规范每一项工作的流程。

2. 流程自动绑定

PLM 系统根据用户提交的数据自动识别需要进行的签审流程，不需要人工干预，就可以按照企业质量管理体系要求的签审流程实现数据的签审。

3. 签审人员离岗委托

若流程中的某个签审人员要离岗，暂时无法完成签审工作，PLM 系统可以设置离岗委托，人员离岗期间可以将离岗的签审工作自动转移到被委托人处，由被委托人协助完成签审工作；待离岗人员回归岗位后，签审工作就可以正常流转到离岗人员处。

4. 严格按照流程模板定义的过程执行

PLM 系统自动按照流程模板进行签审工作的派发、流转，保证体系规定的流程得到严格执行。

（三）个人工作管理

只有提高每个工作人员的劳动效率，企业整体效率才能得以提高。提高个人工作效率的最简单方法是提供个人工作看板，使每个工作人员能够及时掌握自己的任务完成情况。PLM 系统提供了强大的个人工作管理解决方案。

1. 即时的个人任务、工作看板

在“我的任务看板”和“我的工作看板”中，相关人员可以看到所有项目、任务、流程分配到个人需要完成的任务和工作，按照“新收到”“进行中”“待确认”“预警”“逾期”等状态分别列出，便于工作人员确定事情的轻重缓急，有序完成自己的工作。而对于已经完成的任务，系统自动按照月度、年度列出，不需要工作人员再花时间整理已完成工作的流水账进行上报。

2. 分配的任务看板

在“我分配的任务”看板中为任务分配者中提供自己分配任务的实时监控工具，

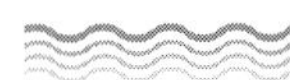

以便任务分配者及时发现异常，保证任务正常完成。“我分配的任务”看板显示有计划中的任务和已下达的任务两部分内容。

计划中的任务显示由当前用户分配但还未发出的任务。

已下达的任务显示由当前用户分配并已下达给执行人的任务。已下达的任务有“被拒绝”“未接受”“执行中”“待确认”“已完成”“暂停”“已终止”“预警任务”和“预期任务”等执行状态，任务分配人可以按照任务的执行状态监控任务的完成情况，及时发现问题、解决问题。

3. 个人设计成果的集中管理

PLM 系统提供了集中管理工具“我的数据”，并按照“设计中”“签审中”“已归档”分别列出个人设计的成果和数据，便于个人及时掌握个人设计成果的状态。

4. 日报看板

日报看板用于工作人员规划和记录每天的日常工作。PLM 系统实现日报与项目的关联，项目经理通过任务执行人记录的日报来掌握任务的执行进度。工作人员完成日报后，PLM 系统自动按照年、月将日报展示出来，为用户提供回顾个人工作的数据看板，同时可以合理规划后续工作。

5. 灵活沟通消息

PLM 系统提供了工作人员之间灵活的消息沟通渠道，方便实时查看自己发出的消息对方是否已经阅读，还提供了消息群发功能，且永久保存全部消息记录。

（四）领导看板管理

在有序的开发体系建立后，领导的主要工作是策划、监督、协调等。PLM 系统通过“管理看板”为企业领导提供了目视化看板，帮助企业领导实时掌握企业的运转情况。

1. 任务进度看板

在“任务进度看板”中，汇总了企业所有已下达的任务。企业领导可以分别选择按状态、按产品、按组织结构来查看企业所有已下达任务的执行情况，并通过显示任务进度状态，知悉任务的进度状态。通过看板，企业领导可以及时发现所有处于预警、逾期状态的任务，及时应对、解决异常。PLM 还提供按照产品、重点人员进行监督控制的功能。

2. 成果看板

在“成果看板”中汇总了企业所有的设计输出成果，企业领导可以按部门、按用户或按时间段来查看输出的设计成果。

在“成果看板（按用户）”中选择部门或用户，展开视图分类，可以按年、月对部门或用户对该类型文档的创建进行分时间段统计，通过这种分类方式可以很方便地比较部门或用户间对某一类文档的贡献度。

在“成果看板（按时间）”中选择相应的数据类别（文件对象类型），展开视图分类，则可以按年、月对该类型文档的创建进行分时间段统计，通过这种分类方式可以很方便地对某一类文档在不同时间点的设计成果进行比较。

3. 流程监控看板

在“签审工作看板”中汇总了企业所有用户的签审工作，企业领导可以按部门或用户来查看某个部门或某个人签审工作的完成情况，可以看到所查询部门或用户的未完成工作和已完成工作，并可以对已完成的工作按年、月进行统计。通过这种分类方式可以清晰地查询到所有用户没有完成的工作，以及在某年、某月已完成的工作。

在“流程监控看板”中还汇总了企业所有流程运行过程，企业领导可以清晰地掌握企业所有流程的运行情况。按工作流程类型以及执行状态对相应的流程实例执行情况进行跟踪，对已完成的流程实例可以再按年、月进行分时间段查看。通过这种分类方式，企业领导可以很方便地对各类运行中的流程进行监控以及查看已执行完成的流程。

4. 工作日报看板

在“工作日报看板”中汇总了企业所有员工的工作日报，企业领导可以按部门或用户来查看具体某个部门或个人的工作日报，并可以分时间段查看。通过这种分类方式可以掌握员工的日常工作安排和工作执行情况。

六、知识、员工绩效管理

PLM 系统提供了以知识管理和绩效管理为基础的人员管理功能，实现企业专有知识、标准的积累和传承，支持企业不断发展，为企业创造公平、公正、公开的工作环境，提高员工的工作积极性。

（一）知识管理

很多企业在进行知识库管理的过程中，经常会碰到以下问题：海量知识存储，管理困难；查找缓慢，效率低下；知识库版本管理混乱；知识库安全缺乏保障；知识库无法有效协作共享等。此外，人员的流动导致企业经验知识流失，引起企业质量问题重复发生；员工个人能力没有得到充分发挥，工作积极性不高，导致产品开发效率低、周期长等。

PLM 系统提供知识管理功能，企业产品研发、设计、制造、生产等过程所产生的经验、资料、方法、工具、规则等均可形成企业的知识文档进入知识库，长期积累形成企业的大型知识库，为企业的发展和员工的快速成长提供坚实的知识基础。

企业知识库可包括专利文件、企业常用软件的操作说明、企业的专业知识、客户投诉案例、内部质量事故分析、改善提案、企业内部的培训资料、规章制度等。标准文档中可包括质量体系文件、行业标准、企业标准、国家标准、国际标准等。

（二）员工绩效管理

企业中从事创造性劳动的人员，其绩效评价与管理是难题。PLM 系统以标准工时为依据进行绩效统计，实现多劳多得的分配原则。

PLM 绩效管理具有如下主要功能：

（1）个人月度绩效看板多维度评价个人月度工作绩效，帮助每一个员工找出进步空间，为个体工作效率的提高提供数据支持。

（2）部门月度绩效看板协助部门经理找出部门进步空间和监控员工，为部门内部提供全面的绩效多维度比较方法。

（3）员工年度绩效统计，对指定员工一年的工作绩效进行分布统计，可用于全面评价员工一年的工作情况。

以标准工时为依据进行绩效管理，能全面提升员工工作积极性，帮助员工认识个人在部门中的位置，提升员工自我激励的程度；通过给出部门平均水平和标杆水平的差距，为部门经理提供改进方向和空间，全面提升部门的整体效率。

七、PDF 工厂

PLM 系统管理了研发过程中产生的文件，包括输出的技术文件、图纸、工艺文件等。在企业逐步走向无纸化管理的过程中，企业管理者关注的重点是在如何实现企业低成本、高效率分发文件的同时确保源文件的安全性。

PLM 系统提供了 PDF 工厂解决方案：将源文件转化为 PDF 文件，然后在转化后的 PDF 文件上进行签名，将签名后的 PDF 文件生成 PDF 浏览图文件，作为源文件的影子文件存储在 PLM 系统中。这样就保证了源文件的安全性，同时又可以低成本、高效率地分发文件，同时避免了人工转换可能产生的错误和额外工作，为企业知识资产提供了有效的保护措施。

为了双重保护源文件的安全，在 PLM 系统中的文档发布、权限管理的功能实现中，考虑了对源文件的保护。在文档发布时，只能将源文件对应的 PDF 文件进行发布；在权限管理中，设置了“浏览图下载权”，只能对 PDF 浏览图文件进行下载，无法下载源文件。

八、产品数据 Web 应用

PLM 系统管理产品研发过程中的所有文件，对于非研发部门，比如生产、采购、财务等也存在查阅文件的需求，PLM 系统除了通过客户端访问所需的文件或数据外，还提供了产品数据 Web 应用解决方案。使用者可直接通过浏览器进入 PLM 系统，获取有访问权限的文件，并可以对文件进行评价、信息反馈等操作。

九、数据安全、共享管理

（一）数据安全管理

PLM 作为企业核心的管理平台之一，承担着企业核心知识资产的管理任务，其数据安全和保密措施十分严格。PLM 系统的扩展性、稳定性、安全性需要得到充分保障，主要包括以下几个方面。

1. 多国语言登录，完美支持企业全球化研发需求

（1）支持全球统一服务器，不同地域用户可使用不同语言登录。

（2）支持真正的内容级多语言对照。

（3）支持企业 IT 人员自主扩展语言。

2. SSL 数据传输加密技术使系统在互联网环境下可靠运行

为保证数据远程传输安全，PLM 系统对传输过程中的数据采用 SSL 加密，这种非对称的加密方法能够很好地保证数据在互联网上传输的安全性。

3. 通过数据组织实现数据的完全隔离

在 PLM 系统中按企业组织结构定义数据组织，每个用户有自己所属的数据组织，用户创建数据时，PLM 系统自动将当前用户的“所属数据组织”设置为当前对象数据的“创建组织”。

当前登录 PLM 系统的用户只能访问到数据的“创建组织”同当前用户的所属数据组织的数据，或者数据的共享组织中包含当前用户所在数据组织的数据，其他数据是无法浏览和访问的。

通过数据的创建组织和共享组织，可以更有效准确地控制数据浏览权限，保证数据安全。用户做任何操作，如搜索对象、分类查看对象、视图查找对象、查找添加对象、浏览 BOM 等，系统都会根据用户所属的数据组织进行数据过滤，实现数据的完全隔离。

4. 数据格式转换和数据流技术使仅具有浏览权的人员无法接触物理文件

文件类型的数据是产品开发过程中的主要数据类型之一，文件数据的共享和交流也是协同与集成的基础前提之一。为确保文件数据在浏览过程中不会被非授权人员获取，PLM 系统采用了最先进的数据流技术和数据格式转换技术，在文件发送到浏览者之前对源文件格式进行了保护性转换。同时，转换后的文件在浏览过程中采用了数据流技术，在浏览者的计算机上不会形成任何物理文件，因此非常严格地保证了文件数据的浏览安全性。

5. 完善角色与权限管理机制

PLM 系统将数据对象及数据属性本身横向、纵向划分为多种权限定义方式，确定不同角色的人员具有哪些权限。确定不同部门、不同项目组、不同数据对象在不同阶段有不同的权限等级，确保同一项目组中的全部数据进行协调一致的并行工作，提高数据共享重复使用的程度。系统内置的系统管理员、数据管理员和部门管理员三种角色及用户可自定义角色，将这一复杂的赋权过程大大简化，降低系统管理员的日常工作量。

6. 灵活的权限规则定义极大减少了系统管理人员的数据赋权工作量

什么类型的人员对什么类型的数据具有什么权限，在每个企业都是有规则的，因此，只要定义好完整的权限规则，PLM 系统就会自动给新数据分发相应的权限，确保数据在权限体系下得到充分共享。

7. 严密的日志管理方便事后审计

任何工作人员在系统中浏览、下载、修改数据、归档检入、删除数据或文件，都会被系统自动记录，为企业数据审计提供可靠依据。

8. 可扩展的业务代码

业务代码在 PLM 系统中是所有界面的下拉选择项，用户随着系统使用、管理改进将不断发生变化，企业可以自主维护所有的业务代码选项。

（二）数据共享管理

PLM 系统的数据共享管理支持按组织结构设置数据组织，并按用户所属的数据组织来确保数据的安全浏览。同时可以通过共享设置，实现跨部门、跨工厂、跨企业的数据分享，获得数据浏览权限。

数据共享权限由 PLM 系统管理员进行分配，分配到数据共享权的用户或角色可以将自己或所在数据组织创建的对象数据分享给其他数据组织，使其他数据组织的用户

也能浏览到相关数据。

共享数据操作不仅针对当前数据，也能选择相关数据一并进行共享，包括与当前数据直接相关的关联对象数据，以及这些关联对象数据的关联信息，以此类推层层查找，用户可以进一步在这些对象数据中选择共享。如果有物料对象，则除了该物料本身外，还包含了该物料下的第一层子结构和子物料，可以按需要选择共享。

十、ERP 集成 -PBOM 发布

PLM 系统中提供开放数据调用和接口函数，企业可自定义物料、BOM 结构工艺路线等发布到 PBOM 包的数据规则，按定义的规则进行 PBOM 包发放，将物料、BOM 和工艺信息发布到 PBOM 中。ERP 端通过 PBOM 包获取物料、BOM 和工艺信息，打通 PLM 端到 ERP 端的数据流，实现从研发设计源头获取数据，保证数据一致性。同时解决了人工录入物料数据、BOM 数据、工艺数据到 ERP 系统所产生的巨大工作量，打破了数据信息孤岛，打通了 PLM 系统到 ERP 系统的数据流。

PLM 系统中提供了两种灵活生成 PBOM 包的方式。

方式一：可以通过订单产品生成 PBOM 包。通过订单产品生成的 PBOM 包是将该产品完整的 BOM 结构、零部件和工艺信息发布到 PBOM 中。

方式二：可以通过零部件生成 PBOM 包。通过零部件生成的 PBOM 包是将零部件所对应的 BOM 结构（若有 BOM 结构）、该零部件及子件，以及工艺信息发布到 PBOM 中。

通过订单产品或零部件发布完 PBOM 后，在 PBOM 包管理中可以看到已发布成功的 PBOM 包。ERP 系统通过 PBOM 包来获取所需的物料数据、BOM 数据、工艺数据等。

第五节　产品全生命周期管理的项目实施

考核知识点及能力要求：

- 掌握 PLM 项目的实施目标。
- 掌握 PLM 项目的实施过程。

一、PLM 项目实施概述

PLM 项目实施要求规定项目实施的目标、过程阶段划分、每个阶段的实施范围、团队组成及双方职责、应完成的任务、应配置的资源和应完成的产出。

二、项目实施目标

通过 PLM 系统项目的实施，应达成如下目标。

（1）能够理顺和规范企业设计研发流程，实现业务流程电子化。

（2）建立产品知识库，积累企业的知识资产，并确保产品数据的正确性、完整性、规范性及安全性。

（3）实现企业的协同开发，建立面向生产和市场的研发体系，从而提高设计研发效率，缩短研发周期和降低研发成本。

（4）打通整个企业产品信息流，实现 PLM 系统和相关应用系统的集成。

三、项目实施过程

（一）项目启动及策划

1. 工作内容

（1）初步业务沟通。

（2）初步资料数据准备沟通。

（3）资料及数据准备。

（4）人力资源准备沟通与确认。

（5）软硬件要求沟通及准备。

（6）原型系统准备。

（7）项目实施策划。

（8）制订蓝图设计阶段计划。

2. 阶段产出数据

（1）项目成员通信录。

（2）人员及总体策划要求。

（3）前期资料整理规范及计划。

（4）产品数据整理模板。

（5）项目实施工作说明书。

（6）原型系统。

（7）蓝图设计阶段工作计划。

3. 双方职责

甲方工作职责：

（1）建立项目小组，确保小组成员业务精通，并具有较强的分析判断和决策能力。

（2）确认项目实施工作说明书。

（3）编制项目成员通信录。

（4）参与资料收集准备沟通并收集资料。

（5）负责软硬件要求沟通及准备。

（6）确保小组成员投入本项目的工作时间。

（7）整理并提供后续阶段所用数据。

（8）确定数据整理规范并按规范整理产品数据。

（9）确认蓝图设计阶段计划。

（10）签字确认项目实施工作说明书。

乙方工作职责：

（1）协助规划项目组成员。

（2）协助编制项目成员通信录。

（3）编制所需收集资料的清单。

（4）提供软硬件配置要求。

（5）分析收集典型产品实现及管理资料。

（6）指导客户整理规范数据。

（7）确认用于测试和功能确认的数据的适用性。

（8）编制并协商项目实施规划，形成项目实施工作说明书。

（9）编制蓝图设计阶段工作计划并得到客户确认。

（二）蓝图设计

1. 工作内容

（1）项目策划相关事宜协商及确认。

（2）项目实施动员会。

（3）资料数据准备情况查阅并调整。

（4）领导访谈。

（5）系统管理员的安装培训及系统的安装。

（6）关键用户原型系统讲解。

（7）业务蓝图规划设计。

（8）蓝图实现的测试系统数据整理。

（9）整理系统正式运行数据的策划。

（10）蓝图设计汇报。

（11）开发申请确认并关闭。

（12）制订蓝图实现计划。

2. 阶段产出数据

（1）服务器（硬件）方案。

（2）安装确认单（经客户签字确认）。

（3）软件开发申请单（经客户签字确认）。

（4）未来业务蓝图（调研分析报告）。

（5）数据整理（按数据整理计划及规范整理数据）。

（6）基础数据。

（7）培训资料（演示文稿、视频等）。

（8）业务过程使用标准模板。

（9）蓝图设计总结汇报。

（10）蓝图实现计划。

（11）服务日志。

3. 双方职责

甲方工作职责：

（1）组织参加项目动员会。

（2）项目策划相关事宜再沟通和确认。

（3）按数据整理规范整理产品数据的调整。

（4）关键用户参与基本概念的培训。

（5）业务蓝图规划设计。

（6）编制未来业务蓝图。

（7）整理基础数据。

（8）整理蓝图实现的测试数据。

（9）规划并整理正式运行的数据。

（10）整理产品实现策划过程的标准输出模板。

（11）填写软件开发申请。

（12）准备服务器及系统运行环境。

（13）提供服务器硬件信息。

（14）系统管理员接受培训并组织服务器的安装部署。

（15）组织召开蓝图设计总结会议。

（16）确认蓝图实现阶段计划。

（17）确认服务日志。

乙方工作职责：

（1）项目策划相关事宜再沟通和确认。

（2）组织召开项目动员大会。

（3）资料数据准备情况的查阅。

（4）关键用户的基本概念培训。

（5）指导业务流程的编制并确认。

（6）审核未来业务蓝图。

（7）策划并规划蓝图实现测试数据的整理。

（8）策划并安排整理正式运行的产品数据。

（9）系统功能确认后调整修改完善和测试。

（10）依据开发申请单请公司进行开发。

（11）记录并保存各种评审记录。

（12）服务器安装（同时完成培训系统管理员对服务器的安装）。

（13）客户端安装（指导系统管理员独立安装其他客户端）。

（14）阶段工作总结。

（15）填写服务日志。

（16）制订并确认蓝图实现阶段工作计划。

（三）蓝图实现

1. 工作内容

（1）业务流程补充完善。

（2）完善蓝图实现测试系统数据整理。

（3）蓝图实现测试规划。

（4）蓝图实现期间数据整理补充完善。

（5）系统开发。

（6）单元测试、集成测试、系统修改完善及复测。

（7）项目经理组织核心组成员编制业务操作说明书。

（8）召开蓝图实现总结会。

（9）确认正式上线暨项目验收计划。

2. 阶段产出数据

（1）开发交付清单。

（2）测试报告。

（3）软件交付使用确认书。

（4）培训效果确认单。

（5）关键用户考试成绩单。

（6）系统中五套左右整理完整、正式有效的数据。

（7）业务操作说明书。

（8）蓝图实现总结报告。

（9）服务日志。

（10）正式上线暨项目验收阶段计划。

3. 双方职责

甲方工作职责：

（1）蓝图实现数据的整理完善。

（2）确认开发交付清单。

（3）确认测试规划。

（4）编制测试报告（包括单元测试、集成测试及修改完善的复测）。

（5）签收软件。

（6）服务器更新（由乙方指导系统管理员对服务器更新）。

（7）系统管理员和业务部门管理接受培训。

（8）基础数据维护及导入系统。

（9）关键用户成员将整理的正式有效产品的数据按业务操作要求进入系统操作。

（10）核心组成员参加培训效果验证考试。

（11）项目经理负责组织关键用户编制业务操作说明书。

（12）项目经理负责组织蓝图实现阶段总结会。

（13）蓝图实现总结报告确认。

（14）服务日志确认。

（15）编制正式上线暨项目验收计划。

乙方工作职责：

（1）编制测试规划。

（2）交付开发更新。

（3）签字确认测试报告。

（4）服务器更新（指导系统管理员对服务器更新）。

（5）指导系统管理员和业务部门管理员将基础数据维护及导入系统。

（6）监控指导项目核心组成员对整理正式有效产品数据按业务操作要求进入系统的操作。

（7）组织核心组成员培训效果验证的考试并打分，并通报项目领导小组相关人员。

（8）指导并审核关键用户编制的业务操作说明书。

（9）参加蓝图实现总结会。

（10）起草蓝图实现总结报告。

（11）服务日志填写提交。

（12）确认正式上线暨项目验收计划。

（四）正式上线及项目验收

本阶段的主要工作包括上线前准备、上线切换和项目验收。

1. 工作内容

（1）正式上线准备

1）应用部门培训工作。

2）培训过程中的问题反馈。

3）应用部门培训效果考试。

4）相关人员制订系统正式上线的相关管理制度并正式发布。

5）修改完善业务操作说明书。

（2）正式上线切换和项目验收会

1）清理正式服务器数据库数据。

2）正式上线切换及项目验收会。

3）正式上线跟踪服务。

2. 阶段产出数据

（1）应用部门培训效果确认单。

（2）应用部门培训考试成绩单。

（3）问题反馈单。

（4）发布相关正式上线管理制度。

（5）发布业务操作说明书。

（6）服务日志。

（7）正式上线及项目验收报告。

3. 双方职责

甲方工作职责：

（1）组织核心小组成员培训应用部门。

（2）修改完善并发布业务操作说明书。

（3）组织应用部门培训后的考试。

（4）对应用部门培训效果确认。

（5）编制并发布正式上线管理制度。

（6）组织应用培训过程中问题反馈。

（7）组织正式上线及项目验收会。

（8）核心小组成员深入应用部门进行跟踪服务。

乙方工作职责：

（1）协助核心小组首次组织应用部门的培训。

（2）协助核心小组在应用部门培训过程中的问题处理和答疑。

（3）参加正式上线及项目验收会。

（4）正式上线切换，现场使用跟踪和服务支持。

第六节　案例与实验

一、平台产品管理案例

案例一：整车行业平台化设计案例——长安铃木汽车制造有限公司

汽车整车是典型的基于平台化设计的产品，长安铃木汽车集成了日本铃木的 BOM 建立规范，可以作为平台化设计的典型案例，如图 1–17 所示。

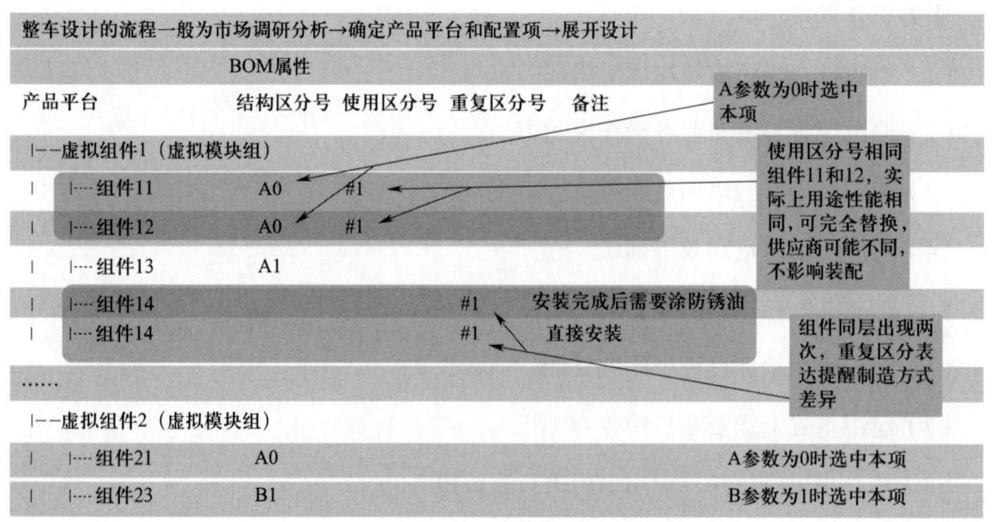

图 1–17　长安铃木产品平台化设计方案

 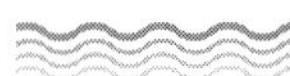

在图 1–17 中，整车平台可以划分为同步的虚拟组件，如车身组件、发动机组件、底盘组件等，可配置的 BOM 结构通过三个区分号（结构区分号、使用区分号、重复区分号）进行表达。

（一）结构区分号

结构区分号表达一个车型的选配关系，如客户可以选择高配、低配，发动机功率也可以有不同的选择等。在选配过程中存在关联选择和互斥选择两种情况，如选择了 1.5 升的发动机就不能选择 1.7 升的发动机，就属于互斥选择，而选择了 1.5 升的发动机就必须选择 1.5 升的发动机支架，则属于关联选择。在图 1–17 中，利用结构区分号实现了选配条件的表达，图中的 A0 表示 A 参数等于“0”时本行组件选中，A1 表示 A 参数等于“1”时本行组件选中，B1 表示 B 参数等于“1”时本行组件选中。当 A 参数等于“0”时，会选中组件 11、组件 12 和组件 21，但是不会选中 A 参数等于其他值的组件。

（二）使用区分号

使用区分号主要用于实际用途性能相同、生产上可以相互进行替换且不影响装配的组件，供应商不同是成本具有重大差异情况下形成的选配，如区分进口件和国产件。在图 1–17 中的组件 11 和组件 12，一个是国产件、一个是进口件，但功能性能相同。

（三）重复区分号

重复区分号是在同一层的 BOM 中，相同零件在装配时工艺参数要求不同，需要特别提醒工艺人员采用不同工艺参数而分行标识的 BOM 结构。

在完成结构配置后，产品图纸一般不对颜色进行定义，也就是不同颜色的零部件，相同形状只有一个图号。但在生产制造过程中，不同颜色的零部件需要用不同的物料代号，如何实现这一转换是汽车颜色配置解决方案需解决的问题，如图 1–18 所示，通过车型库、标准色彩库、颜色件库和车型色彩定义库完成车型颜色的配置。

案例二：模块化管理案例——上海某电子工程有限公司

上海某电子工程有限公司专注于研发、生产、销售发光二极管（LED）显示和照明产品及其应用解决方案。

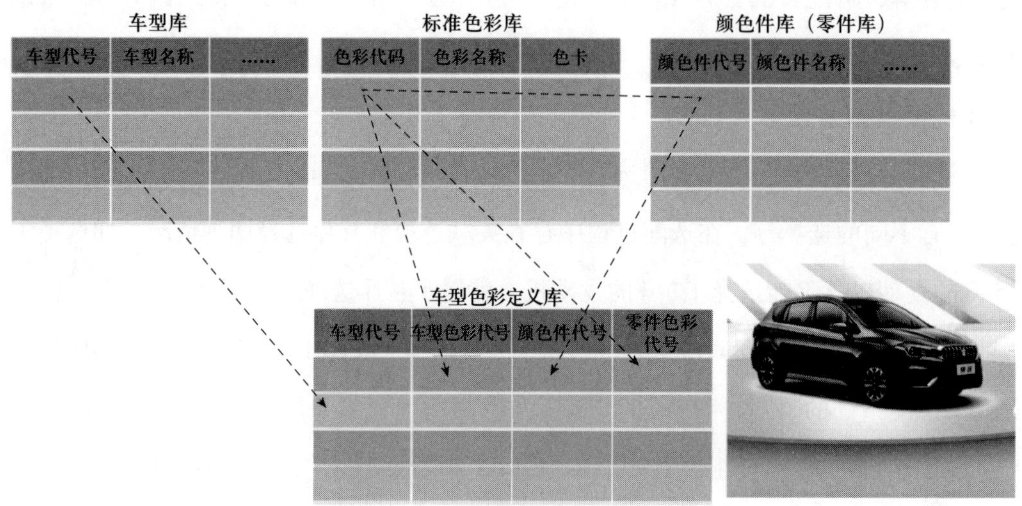

图 1–18　汽车行业颜色配置解决方案

该公司的 LED 屏、LED 照明等均是工程类型订单，具有明显的“一单一定制”特点，随着业务规模的不断扩大，原来的模式存在较大的问题，具体如下：

（1）设计周期长，严重影响产品制造和交付周期；

（2）设计变更频繁导致产品质量不可控；

（3）制造、采购周期压力大；

（4）产品物料、BOM、工艺路线不准确导致企业重复采购、呆滞库存增加，从而影响企业的整体运营成本，同时影响 ERP 的运行。

2018 年，该公司引进上海某信息技术有限公司平台化设计方法论和 SIPM/PLM 系统，经过两年建设，全面升级了整个设计研发体系，实现了产品研发和设计的配置化，实现了研发和设计的分离，极大改善了整个企业的运营效率和质量。

在引入模块化可配置方法论前，资深设计工程师在完成图纸绘制后至少需要 6.5 小时完成物料、BOM 和工艺数据的整理，输入 ERP 软件后经常出现 BOM 错误，且只有在生产时才能发现，导致停工、采购、返工现象时有发生。在完成 SIPM/PLM 系统建设和平台化设计后，实际订单通过集成接口自动同步到 PLM 系统，工程师按照订单要求进行订单产品的配置，采用多层次配置方法大幅度降低

配置难度，减少失误，可在 30 分钟内将数据完整传递给 ERP，平台化、模块化快速设计约可减少 80% 的作业时间与人力消耗，达成订单快速响应，如图 1–19 所示。

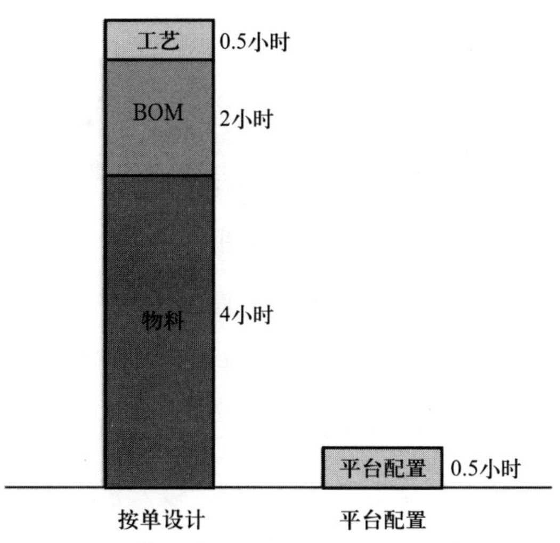

图 1–19　按单设计与按平台配置的时间对比

二、实验

实验一　产品设计管理

1. 实验目的

（1）掌握 PLM 系统的基本操作和功能。

（2）理解并掌握 PLM 系统的产品设计管理架构及原理。

（3）掌握基于 PLM 系统进行产品数据管理的方法，实现企业产品管理、产品设计输入管理、零部件管理、BOM 管理和图纸管理方法等。

2. 实验相关知识点

（1）PLM 系统的产品设计管理架构。

（2）产品信息、设计输入文件管理方法。

（3）产品的图纸、文档、BOM 管理方法。

（4）CAD 接口设计方法。

3. 实验设备

PLM 系统、计算机。

4. 实验内容及主要步骤

在 PLM 系统中实现对产品数据的管理，包括产品设计输入管理、零部件管理、BOM 管理和图纸文档管理等，并设计对应的 CAD 接口，具体实验步骤如下。

（1）打开 PLM 软件客户端，通过用户名、密码进入 PLM 系统。

（2）建立标准件库和通用模块库。在 PLM 系统中创建标准件库，用于存储常用标准件数据；创建通用模块库，用于存储企业通用模块的设计数据。

（3）产品设计输入管理。模拟产品设计过程，创建产品设计输入文件，包括产品需求、规格、功能等信息；将产品设计输入文件关联至相应的产品设计数据。

（4）CAD 接口设计。在 PLM 系统中进行二维图纸和三维模型的接口设计，确保设计之间的协调与一致，将二维图纸与三维模型进行关联，验证其准确性。

（5）零部件、图纸文档与 BOM 管理。创建产品所需的零部件数据，并将其与产品进行关联。根据标准件库和通用模块库中的数据，选择合适的零部件并加入产品设计中。上传产品的二维图纸和三维模型至 PLM 系统，并与产品数据进行关联。根据产品设计，建立产品的 BOM 清单，包括所有零部件和装配关系，对 BOM 进行校验，确保其正确性和一致性。

（6）产品数据校验与签审。对创建的产品数据进行正确性和一致性校验，确保数据的准确性；进行产品数据的签审，保证数据的合理性和可信度；将签审通过的产品数据进行归档，以备后续使用。

（7）数据验证与优化。对产品数据进行验证，检查产品设计是否满足要求，是否存在问题和改进的空间；进行数据优化，根据验证结果对产品设计进行调整和改进，确保产品设计的质量和性能达到预期。

实验二　平台产品管理

1. 实验目的

（1）熟悉 PLM 系统的平台产品管理架构及原理。

（2）掌握 PLM 系统平台产品管理、平台产品配置方法库管理。

（3）掌握通过 PLM 系统内平台产品快速生成订单产品，以实现企业营业设计敏捷化。

2. 实验相关知识点

（1）PLM 系统架构。

（2）平台产品信息管理。

（3）平台产品的配置清单管理。

（4）平台产品的配置方法库管理。

（5）通过平台产品快速生成订单产品。

（6）平台产品与订单产品之间的关联关系。

3. 实验设备

PLM 系统、计算机。

4. 实验内容及主要步骤

在 PLM 系统中实现平台产品管理、平台产品配置清单管理、配置方法管理以及通过平台产品生成订单产品，具体实验步骤如下。

（1）在 PLM 系统中模拟平台产品的管理，模拟建立一个平台产品，创建平台产品配置清单以及方法库；对创建的平台产品数据进行校验，签审平台产品数据、归档。

（2）根据第（1）步创建的平台产品，模拟通过平台产品快速配置生成订单产品。

（3）理解平台产品与订单产品之间的关联关系，通过订单产品能够清楚是通过哪个平台产品配置生成的订单产品，而且通过平台产品可以知道通过该平台产品配置的订单产品。

实验三　PLM 与订单管理系统集成

1. 实验目的

（1）掌握 PLM 与订单管理系统的集成技术与方法。

（2）熟悉 PLM 与订单管理集成的意义。

2. 实验相关知识点

（1）产品生命周期管理。

（2）PLM 与订单管理集成。

3. 实验设备

PLM 系统、计算机。

4. 实验内容及主要步骤

通过实际操作，学员将进行 PLM 系统与订单管理系统的集成实验，包括集成方案设计、PLM 数据导出、数据转换、按照订单系统的集成接口开发导入程序，实现数据同步与一致性，具体实验步骤如下：

（1）集成方案。

1）定义 PLM 与订单管理系统之间需要同步的数据对象和字段。

2）确定 PLM 与订单管理系统的集成方式和集成频率，集成方式如接口集成、数据同步等，集成频率每天一次等。

3）如果需要及时更新，需要设计定时任务或事件触发机制，以保证数据的及时更新和同步。

4）分析 PLM 系统中数据结构与订单管理系统要求的数据结构区别，设计区别数据的补充和调整方案。

（2）PLM 数据导出（以数据同步为例）。

1）利用 PLM 系统的导出功能，导出 PLM 物料基础数据以及 BOM 数据。

2）将数据转换为易于使用的数据格式，并按照数据补充方案处理数据。

（3）集成程序开发（以数据同步为例）。

1）配置系统接口，确保 PLM 与 ERP 系统之间的通信能够正常进行。

2）读入 PLM 导出的物料和 BOM 数据。

3）设计和开发必要的中间件或数据转换工具，以实现数据的格式转换和映射。

4）验证集成接口的正确性和稳定性，确保 PLM 与订单管理系统之间能够实现数据交换和协同管理。

（4）数据一致性检查。

思考题：

1. 产品研发面临的典型问题有哪些？举例说明自身企业或客户存在的具体问题和现象，并找出原因。

2. 结合企业实际或某个客户实际，分别说明技术系统、流程系统、人员系统中的问题和解决方案。

3. 结合企业实际或某个客户实际情况，按照流程系统的成熟度定位，说明合适的流程系统改善目标和改善推进方法。

4. 如何利用制度和PLM系统实现工程师月度绩效的客观化并能自动生成绩效报表？

5. 如何测试PLM和MCAD集成的有效性？写出一个测试的实例，说明测试目的和测试方法。

6. 工艺辅料和工艺过程件如果需要进入生产BOM环节，如何在PLM系统中进行处理？

第二章 智能装备与智能产线的需求分析及设计方法

本章面向智能装备及智能产线的设计需求，培养运用需求分析方法、标准设计流程以及设计方案评价方法完成智能装备和产线设计的能力。内容包括基于个性化需求及功能需求等需求分析方法与基于用户需求的智能装备产品的设计方法，智能装备优化设计，智能产线设计流程，设计方案评价等。读者通过课程学习，可达到掌握装备及产线设计的基本知识，熟悉装备及产线设计的整体流程。

- **职业功能：**智能装备与产线开发。
- **工作内容：**智能装备与智能产线的需求分析及设计方法。
- **专业能力要求：**能进行具备自感知、自学习、自决策、自执行、自适应特征的智能装备与产线的模块化与详细功能设计。
- **相关知识要求：**需求分析方法、MBD、DFX、QFD 等原理和方法。

第一节　智能装备的需求分析与设计方法

考核知识点及能力要求：

- 掌握智能装备需求分析方法。
- 掌握智能装备的设计方法。

本节面向智能装备产品的概念设计，介绍基于个性化需求及功能需求的需求分析方法与基于用户需求的智能装备产品设计方法。初级阶段已经对产品现代设计方法及设计流程进行了分析，并阐述了产品规划、产品概念设计、产品系统设计、产品详细设计的具体过程。

智能装备产品结构复杂，技术融合交叉性强，用户需求个性化、多样化强，简单的用户需求获取方法已不能很好地满足智能装备产品的设计需要。本节基于智能装备产品的个性化需求与复杂功能需求，进行智能装备的概念设计。首先分析新时代背景下用户对于智能装备产品的个性化需求及需求特点，进而介绍新型需求获取和需求分析方法。关于用户对智能装备产品的功能需求分析，介绍了文本挖掘、模糊聚类分析、协同过滤等方法，用于精准分析用户的功能需求，使产品功能与用户需求紧密连接。

一、智能装备需求分析方法

（一）智能装备的个性化需求

智能制造装备，即具有感知、分析、推理、决策、控制功能的制造装备，它是先进制造技术、信息技术和智能技术集成和深度融合的产物。智能制造装备主要包括新型传感器、智能控制系统、工业机器人、自动化成套生产线。作为高端装备制造业的重点发展方向和信息化与工业化深度融合的重要体现，发展智能装备产业对于加快制造业转型升级，提升生产效率、技术水平和产品质量，降低能源资源消耗，实现制造过程的智能化和绿色化发展具有重要意义。

近年来，消费者需求逐渐呈现多样化和个性化的特征，传统制造行业的发展正面临着严峻的挑战。传统的商业模式为“先制造，后销售，再消费”，企业为消费者提供产品，消费者则是被动的产品接受者，但在智能制造的时代背景下则呈现一种新型商业模式，即“先个性化定制，再制造，后消费”，用户先提出个性化需求，企业再为用户提供个性化服务，这样可以极大地提高用户的参与度，也能使企业真正地去思考和理解用户的需求。

在智能制造的生产方式下，产品设计流程的主要步骤是“需求→设计→销售→生产”，用户希望通过定制平台自行设计或选择所需要的产品，不愿接受没有选择性的设计方案。这一过程可以实现的基础在于三点：一是用户提出产品的设计需求，交由设计师来完成；二是用户根据设计师提供的产品设计方案，自行选择以满足设计需求；三是对成型的设计产品进行选择，获取设计方案。

用户通过企业的定制平台参与产品的设计、生产和交付的全流程，通过对不同的产品模块进行选择与组合，构建出符合自己个性的特色产品。

由于用户的诉求存在差异，表达需求的方式也各不相同，因此，需求呈现个性化、多样化、动态化的特点。

1. 个性化

在传统制造背景下，产品设计的主要流程是“需求→设计→生产→销售”，而在智能制造背景下，产品设计的主要流程为“需求→设计→销售→生产”，定制产品的设计方案经用户确认后才开始生产。

2. 多样化

在面向大众消费的智能制造领域，需求呈现多样化、碎片化特点。由于消费者主体的多样性，以及不同主体的生活环境、个性爱好等的不同，因此，独立的个性

需求是无限多的，在企业允许定制的范围内，能够得到满足的个性化需求却是有限的。不同客户的需求具有差异性，随着订单分离点向上游移动，需求间的相似性会越来越低。

3. 动态化

客户的需求会随着经济水平的提高、环境的改变、观念的更新而不断变化和拓展。一方面，随着市场上产品功能更加多样化，客户原本的产品需求也会发生相应变化；另一方面，随着产品设计的进行，客户也会改变自己的某些需求，例如，当客户在前期缺乏对产品属性、特征全面掌握的前提下，在产品设计过程中发现设计与需求存在矛盾或不符合设计要求等问题时，设计师就需要进行分析处理，进行适当的修改和调整。

（二）需求获取与分析方法

需求获取是用户需求分析的首要环节，准确地获取用户需求能够为产品迭代更新提供先决条件。针对不同产品及其不同研究阶段需要选取不同的方式。在产品设计前期获取用户需求的方式主要包括：①市场调查，这是最基本的获取方式，可分为询问调查和观察调查两种方式；②网络媒介获取，包括网络问卷调查、对网页相关数据的收集等。新的获取方式还有外部大数据分析、内部数据挖掘分析、定制平台获取等。

随着大数据的急速膨胀，其对于企业越来越重要，现代企业需要对外界的相关大数据进行提取、存储和分析，获取用户需求信息。内部数据挖掘可以对企业内部的客户—产品数据库进行整理分析，有效地分析客户信息、产品信息以及行为数据，进而得到客户的需求信息。另外，企业可以开发产品定制的交互平台。用户在企业的定制平台上可以浏览所需产品的外形信息和功能信息，可以根据个人喜好自由选择产品的外观和部件等，通过选择可以看到最终产品的展示效果图，确定后提交个性化需求信息。企业还可以开设个性化定制的智能门店，用户通过产品导购介绍，根据自己喜好选择不同的零部件组合，与产品导购确定后，提交个性化定制订单。这样可以使企业能快速响应客户的个性化需求，同时也能让客户参与到其自己产品的个性化定制设计过程中。

在采集到大量的用户需求信息之后，需要着手对数据进行分析和处理，为了使分析出来的用户需求信息更加准确和可靠，需要不断探索科学合理的方法。下面介绍一些主要的需求分析方法。

1. 分类法

分类法是将数据库中的大量数据按照不同标准通过一定的方法或算法划分为不同的种类，其主要应用是在规模较大的数据库中寻找特质相同的一类数据。对数据库进行分类的目的是将其中的类似数据划分到规定的类别中。例如，现在的一些电子商务网站会根据用户平时的购买情况或商品浏览量等，实时地为用户推荐类似的商品。

2. 回归分析法

回归分析法是处理多个变量之间相互关系的一种函数计算方法，主要是对数据库中具有独特性质的数据进行展现，通过函数关系表示出各数据之间的联系与区别，分析相关信息数据之间的依赖程度。回归分析法还可以帮助判断哪些数据的影响是显著的。这种方法通常用于各项数据序列的预测和计算，在挖掘用户需求的各个阶段都能用到。

3. Web 数据挖掘法

Web 数据挖掘法是从 Web 资源上抽取数据信息的一种挖掘算法。Web 数据挖掘就是根据用户要求从 Web 资源中提取相关数据，对这些目标数据进行筛选，精选数据的有效部分并将其转换成有效形式，然后选择合适的数据开采算法并用一定的方法表达成易于理解的形式，经过模拟分析后将用户需求的信息以用户能理解的方式提供给用户。

4. 关联规则挖掘算法

关联规则挖掘算法是在数据集中找出项与项之间的关系，研究之前的关联程度，发现经常发生的组合。这个算法是由单一项目组开始，逐层去扩展到其他相关项目集，优点是能减少不相关的项目集的产生，缺点是需要多次搜索数据库，会耗费更多时间。关联规则常用于发现交易数据中不同商品之间的关系，以此反映用户的购买行为模式和消费习惯。

（三）基于复杂功能需求的分析方法

为了满足用户复杂多变的需求，赢得市场竞争，越来越多的制造企业不断加速产品创新，进行新产品研发。低成本、高质量地开发出用户需要的产品，并在最短的时间内交付给用户，这对企业能否实现长久持续稳定的发展具有重要的影响。

面对海量、多元、个性化的用户数据，快速精准地捕获用户需求对产品的研发至关重要。实际上，为了提高产品设计的效率，以需求为导向的设计模式已得到广泛应用。然而在产品研发过程中，存在功能疲劳现象。用户在提出初始需求时并不完全清楚产品的所有功能，此时用户一般趋向于提出尽可能多的需求，随着设计过程的展开，用户可能发现某些功能并不需要，因而又提出新的需求。因此，能否快速响应用户对产品功能的需求变化并及时提供推荐方案的能力是决定产品营销成败的重要方面。

产品功能需求是指相似用户需求经过工程技术特征的转化，形成面向产品研发的设计需求。一切产品皆是因为某种需求而存在的，功能可以将用户和产品直接联系起来，具有重要的作用。功能作为一种产品属性能够反映用户的需求，如果在产品功能设计阶段无法明确用户需求，那么随着设计过程的展开将会使得产品与用户需求背道而驰。因此需要以用户需求来指导产品的设计，使产品功能与用户需求密切相关。

信息技术的发展使得用户的产品体验更加直接和便利，随着互联网技术的飞速发展，海量的行为数据给企业的产品研发带来了机遇和挑战。利用大数据分析技术从互联网中挖掘用户的需求信息，推荐个性化产品，提高用户体验显得尤为重要。而当前的大多数技术方法，对于用户的功能需求难以准确描述，如果在产品研发阶段才发现需求方案不合理，不仅会导致进度拖慢、资源浪费、成本增加，还会降低用户对产品的期望值和对企业的信任度。因此，基于“互联网＋”的时代背景，利用数据分析手段从海量的用户数据中挖掘有价值的信息，准确获取用户功能需求，从而进行产品的设计和开发，可以延长产品生命周期并降低需求不准确带来的设计资源浪费，为产品研发指明方向。下面介绍一些主要的用户功能需求分析方法。

1. 文本挖掘

文本挖掘是指为了抽取文本数据中隐含的价值信息，运用自然语言处理技术和文本挖掘方法将评论文本转化成数据进行分析，发现用户潜在需求的过程。分类是常见的文本挖掘方法，包括有监督分类算法和无监督分类算法。有监督分类算法有K 最近邻、支持向量机（SVM）等；无监督分类算法有主题模型、层次聚类法、K 均值等。

2. 模糊聚类分析

聚类分析是按照一定的要求和规律对事物进行区分和分类的过程，在这一过程中没有任何关于分类的先验知识，没有监督指导，仅以事物间的相似性作为类属划分的准则。模糊聚类顾及了样本与样本之间的联系，认为每个样本与各个聚类中心都有一种隶属关系。模糊聚类能够有效地对类与类之间有交叉的数据集进行聚类，所得的聚类结果能够客观、准确地反映现实世界的实际情况。

用模糊聚类方法分析产品功能需求的基本思想是从若干个用户对产品功能的需求特征中找出能度量需求特征之间相似程度（亲疏关系）的统计量，构成一个对称的相似性矩阵。在此基础上进一步找寻各个变量之间的相似程度，按相似程度的大小把变量逐一归类。直到所有变量都聚类完成，就可以形成一个亲疏关系聚类谱系图，能够自然和直观地显示不同需求特征之间的差异和联系。

3. 协同过滤推荐

协同过滤算法的核心思想是利用一定的相似性度量标准对用户的偏好进行相似度的计算，然后寻找与目标用户偏好较为相似的邻居集合，根据这些邻居对推荐项目的兴趣程度来推断目标用户对此项目的兴趣程度，最后将推测出用户最喜欢的若干个推荐项目作为结果。

首先得到用户对产品功能每个属性的偏好程度，然后选择其中预测兴趣度较高的几种功能属性的组合作为初步的需求推荐结果。利用推荐算法分析得到的用户产品功能需求还需要获得用户的进一步确认。这是一个与用户进行交互的过程，需要在需求初步生成的基础上，不断根据用户需求的确定或变化进行需求推荐的动态调整，以推荐满足用户需求的产品功能设计，实现对需求的变更管理。

二、基于 MBD、QFD、DFX 智能装备的设计方法

（一）基于 MBD 智能装备的设计方法

MBD 是一种用集成化的三维实体模型进行整体表达产品定义信息的方法，它不仅详细规定了产品三维模型尺寸公差的标注规则，也明确了产品工艺信息的表达方法。MBD 技术的应用改变了传统的通过二维工程图纸描述产品的尺寸、粗糙度、公差等工艺信息的方法，而是用三维模型来表达产品的几何形状信息。同时，产品的数字化定义信息是以三维模型为核心，通过 MBD 数据集的方式来表达，改变原来需要二维图纸和三维模型的共同作用的表达方法。随着 MBD 技术的发展，MBD 数据集将覆盖产品完整的生命周期，包括产品设计、工艺和工装设计、生产制造、维修等环节，它保证了数据在各环节传递过程中的唯一性，消除了二维图纸需大量维护的弊端，提高了产品的研发效率。

MBD 技术将产品生命周期中所覆盖的工程信息集成到产品的三维数模中，不同的信息管理平台可从三维数模中分别获取所需要的产品设计与制造方面的信息，促使产品的研发工作可以并行开展，使产品设计、生产加工、产品装配和产品检验等各个环节可以高度集成。基于 MBD 技术智能装备产品设计的一般设计过程如下。

1. 以三维实体模型为核心，建立规范化、结构化的完整信息数据集

由三维实体模型来定义产品的几何信息和非几何信息，即 MBD 数据集。基于 MBD 数据集的三维实体模型由实体的几何信息和非几何信息共同组成。几何信息包括产品设计基准、坐标系信息和几何实体信息。非几何信息包括产品特征设计信息、产品制造工艺信息和模型属性信息。这些信息共同形成了一套完整的三维工程图，成为生产制造过程中的唯一依据。

2. 根据产品的需求清单进行概念设计、详细设计以及创建三维模型

为了将制造过程的三维模型定义为整个产品生命周期的唯一基础，设计人员需要根据给定的标准将完整的产品制造信息集成到三维模型中。为了确保设计产品的标准实现，三维模型通常应包括以下设计信息：产品的模型数据、规范的图层设置、指定参考集、模型视图的定义、完善的注释以及其他几何信息。基于 MBD 和 PDM 技术，企业可以根据相关的工业标准对产品进行建模。通过这种方式，企业还可以存储、共享和归档整个生命周期的产品信息。单一的数据源不仅提高了数据的可重用性，也避免了信息在各个部门传递过程中出现的错误和差异。

3. 建立制造工艺模型

MBD 制造工艺模型代表了用于执行制造工程的工艺规划的信息模型。工艺设计人员从 PDM 系统中获取产品设计人员上传的装备产品的 MBD 设计模型，以装备产品 MBD 设计模型为指导，建立制造工艺模型。MBD 模型的创建和管理需要 PDM 系统的支持。PDM 系统集成了企业各部门的数据，对产品信息进行结构化，并按照规定的工作流程规划了任务。工程人员从设计部门获得 MBD 设计模型，根据模型特征的规范，将信息与生产部门的实际生产条件相结合，合理分配资源，规划制造过程。通过工艺结构组织和管理数据，使用 MBD 设计模型和工艺规划信息来定义每个加工操作。MBD 工艺模型并不需要重新创建，而是直接从 PDM 服务器下载，使用之前设计部门已经创建并上传到服务器的 MBD 设计模型，实现产品设计和制造流程的并行化。

（二）基于 QFD 智能装备的设计方法

根据用户的需求设计产品，在设计阶段如何把控产品功能、质量、成本三者关系，满足用户需求的功能同时实现质量和成本平衡。Quality（质量）、Function（功能）与 Deployment（展开），简称 QFD。QFD 是一种系统性的决策技术，在设计阶段，它可以保证将用户的需求准确无误地转换成产品定义；在生产准备阶段，它可以保证将反映用户要求的产品定义准确无误地转换为产品制造工艺过程；在生产加工阶段，它可以保证制造出的产品完全满足用户的需求。在正确应用的前提下，QFD 技术可以保证在整个产品寿命循环中，用户的需求不会被曲解，也可以避免出现不必要的冗余功能，还可以使产品的工程修改量减至最少，也可以减少使用过程中的维修和运行消耗，追求零件的均衡寿命和再生回收。正是基于这些特点，QFD 技术可以使制造者以最短的时间、最低的成本生产出功能上满足用户需求的高质量产品。

1. QFD–Kano 设计方法

QFD 的基本原理就是用“质量屋”的形式，量化分析用户需求与工程措施间的关

系度，经数据分析处理后找出对满足用户需求贡献最大的工程措施，即关键措施，从而指导设计人员抓住主要矛盾，开展稳定性优化设计，开发出满足用户需求的产品。QFD 是产品或服务设计阶段的一种非常有效的方法，是一种旨在提高用户满意度的“用户驱动”式的质量管理方法。

Kano 模型也称为狩野模型，该模型首先采用二维模型获取用户需求，然后通过用户对产品的感受确定出用户满意度与产品功能属性间的关系，最后将需求进行归类。Kano 模型通过用户需求分类反映用户满意度与需求程度之间的关系，从需求角度界定产品开发中的重点和设计优先级。在 QFD 理论中引入 Kano 模型，可有效提高对用户需求调研结果的统计、分类和层次化分析，从而使用户需求要素一目了然。其次，Kano 模型能通过对需求类型和重要度修正因子赋值，得出重要度修正函数的系数，对用户需求初始重要度进行修正，在一定程度上可减少因用户需求输入不准确导致的设计要素权重值输出的误差。

基于 QFD-Kano 设计方法建立在大量分析消费者需求的基础之上，可使设计方案最大程度满足用户需求，从而使比较模糊的用户需求通过 QFD-Kano 模型的集成变得清晰、明确、有层次，使其准确转化为用户满意的、企业可行的、市场接纳的高性价比产品。该方法主要分为三个阶段。

第一阶段：产品信息搜集。结合企业诉求、战略规划、产品组合计划等要素展开市场信息搜集并对其进行可行性判断，以决定是否进行新产品开发，从而完成设计目标的确定。

第二阶段：需求分析和产品关键设计要素优先级确定（质量屋构建）。首先，通过产品样本信息收集和用户访谈对用户需求进行层次化整理。其次，通过 Kano 模型对用户需求属性进行识别、归类和赋值，得出用户需求原始重要度和重要度修正函数的系数。再次，利用修正函数系数对用户需求初始重要度进行修正，得到最终重要度。最后，根据用户需求提炼、归纳智能制造装备的相关设计要素。经确定后的用户需求、需求要素重要度及产品设计要素共同构成质量屋关系矩阵，使各设计要素设计参考权重值得到准确量化，从而为新产品设计提供参考依据，保证新产品的市场竞争力。

第三阶段：产品设计展开。根据前两个阶段所得结果，进行新产品的方案设计，并对设计方案进行评审，如满足设计需求，即可进行具体方案的深入细化，然后对产品进行试制和试验；反之，返回到前两个阶段寻找问题，继续进行该产品的开发设计。

2. AHP-QFD 设计方法

针对用户需求的重要程度确定需求层级分类，是完善产品设计的重要步骤。层次分析法（AHP）主要用于多目标、多准则的复杂问题的判断与优选，采用评价指标赋值与矩阵分析的形式，将定性与定量方法相结合，找到多目标问题的最佳解决方案。应用层次分析法可获取用户的主客观需求，将多目标复杂问题层级化，并对决策评估一致性进行检验，达到减少决策偏差的目的，有利于用户需求重要度分析。因其系统性强、简洁实用，层次分析法已被广泛应用于诸多领域。层次分析法是基于数理分析与赋值评判的判断方法，能够很好地解决用户需求的目标选择问题。

传统 QFD 中确定用户需求权重的方法有德尔菲法（专家评价法）与客户调查法，这两种方法都有其自身的局限性，使得用户需求评价结果有所偏差。与这两种方法相比，层次分析法因其易操作与灵活性更适宜于 QFD 中用户需求的确定。层次分析法将决策者的主观依据定量化，尽可能减少决策者的主观因素，从而提高了决策结果的有效性与准确性。AHP 和 QFD 集成运用，既体现了需求映射，又做到了量化分析，可以提高产品设计的可信度。

3. QFD-TRIZ 设计方法

设计师及工程师在进行相关产品设计时，经常会碰到一些较复杂的矛盾问题，例如在改善产品某一工程特性时，却会造成其他工程特性的恶化，对于这种问题的解决，TRIZ 方法是一种有效的设计方法。冲突矩阵是一种常用的高效的问题解决工具，它由 39 个工程参数和 40 个发明原理构成。冲突解决理论是 TRIZ 解决冲突问题的一种常用理论方法。冲突解决理论主要包括物理冲突、技术冲突和管理冲突。在产品设计中，一般常用到技术冲突与物理冲突。技术冲突是指在改善某一系统设计特性时，会导致其他设计特性恶化；物理冲突是指某个产品要实现某一功能，但是在实现此项功能时，产品的某个元件会同时出现矛盾的特性。当确定某一冲突问题时，首先分析冲突的类

型，然后对冲突进行转化，把某特定领域问题转化为冲突工程参数的形式，再查找相应的发明原理及分离原理从而找到问题解决所需要的原理，最后根据设计经验及知识将发明原理转化为相关设计方案。

通过有效集成QFD方法和TRIZ方法，可以为产品的设计优化提供新思路。QFD在设计问题时首先将不同来源的需求转换为相应的工程参数语言，能够让设计人员明白需要着重考虑产品设计的哪一方面；而产品的设计方案最主要的问题是"如何解决用户需求"，这就可以利用TRIZ的冲突矩阵或76个标准解来解决QFD中工程技术参数的冲突。具体过程如下：首先，对产品进行全生命周期分析，将产品全生命周期阶段划分为制造阶段、运输阶段、使用阶段和回收阶段，通过清单分析各阶段的数据，得到产品全生命周期的资源消耗与环境影响情况，并做出影响评价和结果解释；然后利用QFD质量功能展开原理，根据前述生命周期分析结果确定产品质量屋中的用户需求和绿色需求指标，转换为通用的工程参数，随之进行质量屋分析，主要目的是得到质量屋中的"屋顶"部分，即存在负相关关系的工程参数对；接着利用TRIZ方法，对存在负相关关系的工程参数对进行矛盾的分析，若为物理矛盾则通过分离原理解决，若为技术矛盾则通过发明解决原理以及冲突矩阵解决，从而形成相应的优化设计方案。

（三）基于DFX智能装备的设计方法

DFX（design for X），即面向产品生命周期各环节的设计，其中X代表产品生命周期的某一环节或特性，如可制造性、可装配性、可靠性等。DFX主要包括：可制造性设计（DFM），可装配性设计（DFA），可靠性设计（DFR），可服务性设计（DFS），可测试性设计（DFT），面向环保的设计（DFE）等。

DFX设计方法是世界上先进的新产品开发技术，指在产品开发过程和系统设计时不但要考虑产品的功能和性能要求，而且要考虑产品整个生命周期相关的工程因素，它能够使设计人员在早期就考虑设计决策对后续过程的影响。较常用的是DFA和DFM。

1. DFA设计方法

DFA（design for assembly）的主要作用是：制定装配工艺规划，考虑装拆的可行性；优化装配路径；在结构设计过程中通过仿真找出装配干涉。DFA 方法的应用将有效地减少产品最终装配向设计阶段的反馈，能有效地缩短产品开发周期。同时，采用 DFA 方法也可以优化产品结构，提高产品质量。

早期 DFA 方法的限制与不足表现在以下方面。

（1）可装配性设计常常发生在产品的详细设计完成后，所以对产品结构的简化仅限于合并或减少部件，原始设计中零部件划分的整体格局并未改变，进而不能为产品的改进设计提供充分有效的支持。

（2）受限于解析个别部件的可装配性，而较少考虑本质的装配工艺、装配条件和装配环境，所以使可装配性设计缺乏一定的针对性。

（3）依赖用户手工填写计算表格和绘制装配次序流程图，或者在计算机软件支持下经过人机对话要求用户回答大量的装配相关问题，不但烦琐、效率低，而且容易出错。

（4）只给出部件的可装配性设计，指出其不足，没有给出再设计建议，设计的改进也完全依赖于用户需求。

（5）缺乏对可装配性设计规则的管理体系，设计规则的反馈和更正没有受到重视，所以同一类问题常常重复发生。

随着对并行工程研究的逐渐深入，DFA 作为并行工程的一项使能技术也在不断获取改进和发展，充分表现在产品设计、工艺、制造过程中的并行运行体系，使 DFA 能够与 CAD 实现信息共享，进而实现 CAD/DFA/CAAPP 的集成。基于三维部件描述的 DFA 系统，一方面减少了输入部件信息的大量重复劳动，另一方面，只有采用三维部件描述，才能使检验部件间的空间地址关系，包括装配关系成为可能。基于产品本质装配工艺的 DFA 系统，能够实现更齐全的 DFA 解析，即可解析在特定装配工艺条件下的产品设计问题。DFA 专家系统，采用基于规则的技术和面向对象的编程方法，在知识库和数据库的支持下，经过推理机来判断给定的设计方案和装配方案的合理性，并给出再设计建议。DFA 方法在产品设计过程中利用各种技术手段，如分析、议论、规划、仿真等，充分考虑产品的装配环节及其相关的各种因素的影响，在满足产品性能与功能的条件下改进产品装配结构，使设计出来的产品是能够装配的，并尽可能降

低装配成本和产品总成本。面向装配的设计自面世以来受到企业的广泛重视，并取得了很好的应用效果。对于解决企业如何用更低的成本、更短的时间、更高的质量进行产品开发的问题，DFA 是一个有效的手段。

2. DFM 设计方法

制造系统是由许多不同的过程组成，如设计、制造、装配等这些过程都会对产品的成本、质量和可制造性产生影响。它们之间相互作用，相互影响，关系复杂，某一方面也可能在一定程度上影响到别的活动过程。其中产品的设计是开始，其设计过程的成本只占产品成本的很少一部分，大部分（70%～80%）产品成本是在设计阶段决定的，只有少部分（20%～30%）是在制造过程中决定的。在传统的产品开发过程中，从设计到制造的过程是串行的。在企业内部，产品设计人员和工艺制造人员一般处于两个独立的工作部门。在产品开发时，设计人员对产品的制造过程不是很熟悉，往往主要考虑产品结构和功能的要求，没有充分考虑制造方面的因素，这种串行的工作方式所带来的必然后果是错误将沿着设计链一直传递下去，所开发出的产品可能会在制造过程中出现一些问题。

相对于传统的串行设计方法，面向制造的设计方法是一种面向并行工程的设计方法，其主要思想就是在产品设计时不但要考虑功能和性能要求，而且要考虑制造的可能性、高效性和经济性。另外在可制造性评价环节检测出来的加工难点还可以进行信息预发布，以便相关环节提前开展准备工作，其目标是在保证功能和性能的前提下使制造成本最低。在这种设计与工艺同步考虑的情况下，很多潜在的工艺问题能够及早暴露出来，避免了很多设计返工。因此，面向制造的设计是并行工程中最重要的研究内容之一。总之，产品开发过程的特点和传统串行设计方法的缺陷是面向制造的设计方法产生的两个主要原因。

在 DFM 应用研究中，人们逐渐认识到方法学的重要性，并陆续提出了许多设计方法，每一种方法有着各自不同的特点，并随着时代的发展得到不断完善，以下是一些常用设计方法。

（1）基于规则的可制造设计。主要针对零件的结构工艺性方面进行缺陷检查，将设计模型的各个设计属性与设计规则进行比较，找出设计模型中的不易制造或不能制造的设计属性，并作为评价结果进行输出。

（2）基于特征的可制造设计。以产品的制造特征为基本对象进行产品可制造性评价，这类方法通过对产品的所有制造特征的可制造性分析，找出不易制造或难以制造的设计属性，或者对加工它们所需的时间和成本进行计算，定性和定量地评价产品的可制造性。

（3）成组技术辅助的可制造设计。它通过识别和拓展零件在形状和工艺方面的相同或相似性来减少制造系统的信息量，全面支持产品的设计、制造和管理。设计工程师只需要根据功能需求确定要设计的零件的组代码，通过在零件数据库中搜索找到相似零件后，根据新的需求对其做相应的修改就能得到新的设计。更重要的是，成组技术可以有效地控制零件种类，减少冗余的新设计。

三、智能装备优化设计

对于目前国内大部分中小智能装备制造企业而言，设计环节的设计质量对设计人员的经验依赖性较大，难免在设计过程中出现各种失误甚至缺陷，这些失误或缺陷又往往在装配调试阶段才暴露出来，造成时间和经济上的损失。

目前比较成熟的经验就是大幅提高设计的标准化，即尽可能采用经过实践检验的机构，使其逐步成为企业的标准化机构。全新设计的机构要经过充分验证后再采用，以此来减少设计失误与缺陷。这种方法虽然不利于设计人员的创新，但可以有效地减少损失。

采用优化设计方法的原则：

（1）以提高生产效率为核心。优化设计的最终目的是提高生产效率，降低生产成本。

（2）以质量为保障。优化设计的同时，必须保证产品质量的稳定性和可靠性。

（3）以安全为前提。在优化设计的过程中，必须确保人员的安全和设备的安全。

（4）以灵活性为基础。优化设计需要考虑未来生产线可能出现的需求变化，设计应具有一定的灵活性。

第二节　智能产线的需求分析与设计方法

考核知识点及能力要求：

- 掌握智能产线需求分析方法。
- 掌握智能产线的设计方法。

一、智能产线概述

（一）智能产线的定义与特点

智能产线是脱胎于智能制造的一种智能化生产线模式，产线的发展历程可追溯到智能制造概念的提出。钢铁、化工、制药、食品饮料、烟草、芯片制造、电子组装、汽车等行业的企业高度依赖自动化生产线，追求实现自动化地加工、装配和检测，但是装备制造企业目前还是以离散制造为主。很多装备制造企业的技术改造重点就是建立自动化的生产线、装配线和检测线。智能产线是智能工厂规划的核心环节，企业需要根据生产线要生产的产品簇、产能和生产节拍，采用价值流图等方法来合理规划智能产线。

时至今日，国内外对智能产线的大多数研究已经应用于实际工厂环境。很多汽车整车厂已实现了混流装配，即可以在一条装配线上装配多种车型。食品饮料企业的自动化生产线可以根据工艺配方调整分布式控制系统（DCS）或可编程逻辑控制器（PLC）系统来调整工艺路线，从而生产多种类型的产品。汽车、家电、轨道交通等行业的企业对生产线和装配线进行自动化和智能化改造的需求十分强烈，很多企业正在逐步将关键工位和高污染工位改造为使用应用型机器人进行加工、装配或上下料。有的工厂通过在产品的托盘上放置射频识别（RFID）芯片来识别零件的装配工艺，可以实现不同类型产品的混线装配。

中国制造企业生产线的智能化正在飞速发展。随着5G技术的成熟，产线设备间的智能互联技术也日趋成熟。智能产线将数字化建模、数字化控制、数字化管理等技术应用于产线规划与改善、生产运行、工艺执行、库存物流、质量控制、设施维护等主要业务活动。在此基础上，智能产线能够做出智能的决策，这是智能化产线的核心特征。具体来看，智能产线有以下特点。

（1）在生产和装配的过程中，能够利用传感器或无线射频识别芯片自动进行数据采集，并通过电子看板显示实时的生产状态。

（2）能够利用机器视觉和多种传感器进行质量检测，自动剔除不合格品，并对采集的质量数据进行统计过程控制（SPC）分析，找出质量问题的原因。

（3）能够支持多种相似产品的混线生产和装配，灵活调整工艺，适应小批量、多品种的生产模式。

（4）具有柔性，如果生产线上的某个设备出现故障，能够自动调整到其他设备生产。

（5）针对人工操作的工位，能够给予智能提示。

（二）智能产线设计原则

1. 设备互联

通过设备的互联互通，将车间产线内的数控机床、热处理设备、机器人等数字化设备实现程序网络通信、数据远程采集、程序集中管理、大数据分析、可视化展现、智能化决策支持，将设备由以前的单机工作模式升级为数字化、网络化、智能化的管理模式。

2. 协同生产

通过系统中的计划、排产、派工、物料、质量、决策等模块，以信息化系统为手段，实现各种信息的共享与协同，做到产线层面精准化计划、精益化生产、可视化展现、精细化管理，将以前的串行生产模式转变为并行的协同生产模式，实现“一个流”的生产。工件转移到设备前，加工程序等技术文档、工装夹具等生产资源已经全部准

备就绪，大大减少设备的等待时间，可明显提升设备生产效率，降低生产成本，提高客户满意度。

3. 虚实融合

改变传统的制造模式，做到虚拟世界与物理世界深度融合，虚实精准映射、相互促进。产线设备与信息化系统的融合，以数据有序流动为特征，以高效高质生产为核心，人、机、料、法、环、测、能（5M2E）各环节有机融合，基于数字化、网络化、智能化的管理系统，实现生产过程的“Smart”，即敏捷、高效、高质、低成本、绿色、协同的智能化生产与服务模式。

4. 降本提质增效

通过数字化产线建设，对产线进行全方位科学管控，大幅提升产线计划科学性、生产过程协同性。促进生产设备与信息化系统的深度融合，并在大数据分析与决策支持的基础上进行透明化、量化管理，可使企业生产效率、产品质量、生产成本等方面有明显改善。

从智能化的角度，智能产线的建设需要满足六个维度的“智能”，即图 2–1 所示的智能计划排产、智能生产协同、智能互联互通、智能资源管理、智能质量管控、智能决策支持。

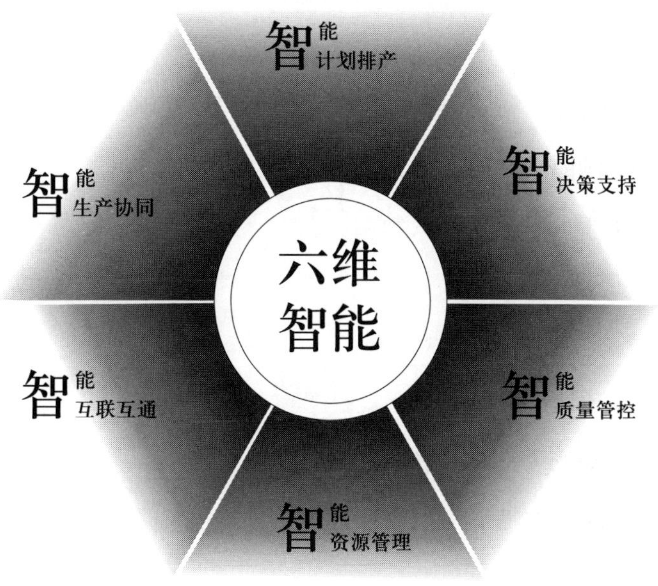

图 2–1　“六维智能工厂”理论模型

二、智能产线设计流程

（一）一般设计流程

针对智能产线建设，一般实施流程遵循 PDCA（plan–do–check–action）循环原则。在产线的前期规划阶段，可以针对智能制造方向，开展 SWOT（strengths，weaknesses，opportunities，threats）分析，明确产线建设目标与愿景，制定蓝图与规划。同时，需要对图 2–2 中的三要素进行考量。

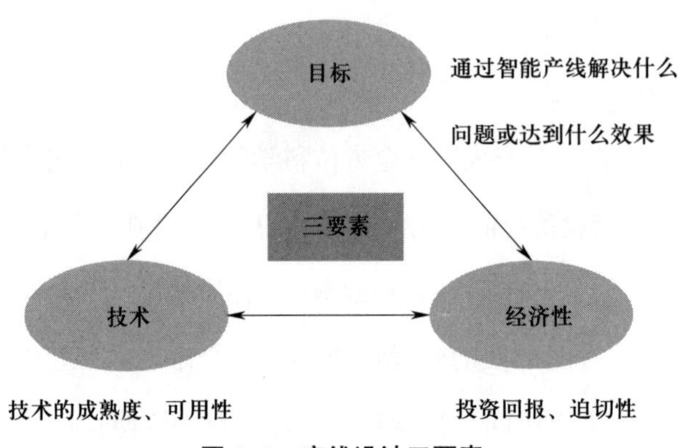

图 2–2　产线设计三要素

基本规划完成后，可以对智能产线进行概念设计与详细设计。智能产线的一般设计流程如下：

（1）确定生产节拍。

（2）组织工序同期化及工作地（设备）需要量。

（3）确定工人数量，合理配置人数。

（4）选择合理的运输工具。

（5）平面布置。

（6）制定标准计划指示图表。

（7）对组织的经济效果进行评价。

这里对部分流程进行简要解释，其他重要流程将在后面章节详细说明。

1. 组织工序同期化

产线的生产节拍确定后，需要根据生产节拍调节工艺过程，使各道工序的时间与

产线的生产节拍相等或成整数倍关系，此工作称为工序同期化。工序同期化是组织产线的必要条件，也是提高设备负荷和劳动生产率、缩短生产周期的重要方法。

进行工序同期化的措施包括以下方面：

（1）提高设备的生产效率。通过改装设备、改变设备型号、同时加工几个制件来提高生产效率。

（2）改进工艺装备。快速安装卡具、模具，减少装夹零件的辅助时间。

（3）改进设备的布置与操作方法，减少辅助作业时间。

（4）提高工人的工作熟练程度和效率。

（5）详细地进行工序的合并与分解。首先将工序分成几部分，然后根据节拍重新组合工序，以达到同期化的要求，这是装配工序同期化的主要方法。

2. 设备量计算

工序同期化以后，可以根据新确定的工序时间计算各道工序的设备需要量，用下式计算：

$$m(i)=\frac{t(i)}{r} \tag{2-1}$$

式中　$m(i)$——第 i 道工序所需工作地数（设备台数）；

$t(i)$——第 i 道工序的单件时间定额（min），包括工人在传送带上取放制品的时间；

r——生产节拍。

一般来说，计算出的设备数不是整数，所取的设备数为大于计算数的邻近整数。若某设备的负荷较大，应转移部分工序到其他设备或通过延长工作时间来减少设备的负荷。

3. 标准计划指示图表的制定

产线上每个工作地都按一定的节拍重复生产，所以可制定出产线的标准计划指示图表，展现出产线生产的期量标准、工作制度和工作程序等，为生产作业计划的编制提供依据。连续流水线的标准计划指示图表比较简单，只需规定整个产线工作的时间与程序即可。间断流水线的标准计划指示图表比较复杂，需规定每一工序的各工作地的工作时间与程序。

4. 经济效果指标的评价

产线的经济效果指标主要有产品产量增加额及增长率、劳动生产率及增长速度、流动资金占用量的节约额、产品成本降低额及降低率、追加投资回收期、年度综合节约额等。除了上述数量指标外，还要考虑一些不可定量的指标，如劳动条件、环境保护的改善等。企业应根据自身的实际情况进行单一品种产线设计，所设计的产线应符合企业自身的生产要求，能给企业带来良好的经济效益。否则，就必须对产线进行适当调整、重新设计或直接淘汰。

（二）工艺流程及制定

工艺流程也称加工流程或生产流程，指通过一定的生产设备或管道，从原材料投入到成品产出，按顺序连续进行加工的全过程。工艺流程是由工业企业的生产技术条件和产品的生产技术特点决定的。工艺流程制定的原则是技术先进和经济合理。由于不同工厂的设备生产能力、精度以及工人熟练程度等不尽相同，因此，对于同一种产品而言，不同的工厂制定的工艺可能是不同的，甚至同一工厂在不同时期制定的工艺也可能不同。可见，就某一产品而言，生产工艺流程具有不确定性和不唯一性。

生产工艺流程的基本要素包含输入资源、活动、活动的相互作用（即结构）、输出结果、顾客、价值六方面。工艺流程设计通常由专业的工艺人员完成，设计过程中要考虑流程的合理性、经济性、可操作性、可控制性等。生产工艺流程设计的内容主要有以下方面。

1. 流程的组织和分析

流程的组织和分析是说明生产过程中物料和能量发生的变化及流向，应用了哪些生物反应或化工过程及设备，确定产品的各个生产过程及顺序。该部分工作内容通常称为过程设计。流程的组织有以下几个基本要求：

（1）能满足产品的质量和数量指标。

（2）具有经济性。

（3）具备合理性。

（4）符合环保要求。

（5）过程可操作。

（6）过程可控制。

我国的工艺流程设计越来越注重以下几个方面：

（1）尽量采用成熟、先进的技术和设备。

（2）尽量减少“三废”排放量，有完善的“三废”治理措施，减少或消除对环境的污染，并做好“三废”的回收和综合利用。

（3）确保安全生产，保证人身和设备的安全。

（4）尽量实现机械化和自动化，实现稳产、高产。

2. 生产工艺流程图的绘制

生产工艺流程图分为多个层级，不同层级有着不同的受众，因此各层级关注的重点不同，要求各异。基础流程图要求描述主要物料从原材料加工至成品所经过的加工环节和使用的设备等；更细化的流程图则需用符号标明各个环节的关键控制点，甚至具体到产品的工艺参数等，这类流程图是生产的依据，也是操作、运行和维修的指南。

3. 生产工艺流程管理

工艺流程制定完成后并非固定不变，因此在工艺流程制定后，需要对工艺流程进行一定的管理。生产工艺流程管理主要包括以下方面。

（1）生产工艺流程优化机制。生产工艺流程并不是一成不变的，随着技术的不断进步，具有能动性的人员能给工艺的改进提出更合理的建议，每一个细节的变更都可能为整个工艺流程的优化带来良好的效果。企业应创建适合自身发展的生产工艺流程优化机制。

（2）生产工艺流程各环节的协调。产品实现的过程中涉及的部门与环节非常多，各相关部门的管理者既需要清楚本部门在产品实现过程中应承担哪些责任，同时还需掌握必要的方法和工具，以保证整个生产工艺流程的顺畅及高效。

（3）生产工艺流程管控。生产工艺流程的管控涉及整个工艺过程的多个方面，如设备是否老化、人员安全是否有保障、关键控制点状态是否正常等。企业必须制定规范的管控机制来降低风险。

（三）生产节拍制定方法

生产节拍又称客户需求周期、产距时间，是指在一定时间长度内，总有效生产时间与客户需求数量的比值，是客户需求一件产品的市场必要时间。在生产管理过程中，生产节拍是精益生产的关键理念，它是控制生产速度的重要指标。明确生产节拍，就可以指挥整个工厂的各个生产工序，保证各工序按规定的速度生产加工出零件、半成品、成品，从而达到生产的平衡与同步化。

1. 生产节拍的确定

生产节拍可以用以下公式确定：

$$\text{Takt Time}=\frac{T_{\text{a}}}{\text{customer demand}} \tag{2-2}$$

式中　Takt Time——生产节拍；

T_{a}——一段时间内可用于工作的净时间；

customer demand——一段时间内的需求（客户需求）。

净可用时间是可用于完成工作的时间量，不包括休息时间和任何预期的停工时间（如定期维护等）。

2. 生产节拍对生产的作用

生产节拍对生产的作用首先体现在对生产的调节控制上。在市场稳定的情况下，通过对生产节拍和生产周期的比较分析，可以明确需要改进的环节，从而采取针对性的措施进行调整。如当生产节拍大于生产周期时，生产能力相对较强，如果按照实际生产能力安排生产就会造成产品过剩，导致大量中间产品积压，引起库存成本上升、场地使用紧张等问题，此时如果按照生产节拍安排生产，就会导致设备闲置、劳动力等工等现象，造成产能浪费。当生产节拍小于生产周期时，生产能力不能满足生产需要，这时就会出现加班、提前安排生产、分段储存加大等问题。

因此，生产周期大于或小于生产节拍都会对生产造成不良影响。生产管理改进的目的是尽可能地缩小生产周期和生产节拍的差距，通过二者的对比分析合理安排生产经营活动。建立标准生产周期的目的是通过不断地改进，使生产周期与市场需要的生产节拍相适应，从而保证均衡有序地生产。如果市场需求能够稳定在年产量为一

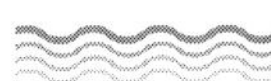

固定值，那么生产节拍就比较稳定，这种生产节拍就可以作为提高生产周期的一个标杆。

3. 确定生产节拍需要考虑的问题

（1）当客户产品需求量快速增加以至于生产节拍不得不下降时，过量的任务必须重新组织以花费更少的时间适应更短的生产节拍，或者它们必须在两个产线单元之间进行拆分。

（2）当生产线中的一个产线单元基于某种原因发生故障时，整条生产线都会停止运转，除非前面的产线单元有缓冲能力来处理产品，而后面的产线单元可以从中进料。停机时间占工作时间 3%～5% 的内置缓冲区允许进行必要的调整或具有从故障中恢复的能力。

（3）短的生产节拍会给生产系统或子系统的“活动部件”带来相当大的压力。在自动化系统 / 子系统中，增加的机械应力会增加故障发生的概率，而在非自动化系统 / 子系统中，人员会面临增加的物理压力，情绪压力加剧，动力降低，有时甚至导致旷工人数增加。

（4）必须平衡任务，以确保任务不会因工作量达到峰值而在某些产线单元堆积。这会降低整个系统的灵活性。

（5）确定生产节拍还需要考虑人为因素，例如操作员需要在单元之间的短暂休息时间（特别是涉及大量体力劳动的过程）。在生产实践中，这意味着生产过程实际上必须能够在高峰节拍以上运行，并且必须平衡需求以避免浪费生产线产能。

（四）产线布局及设计方法

布局设计（layout design）需综合考虑产品、工艺、生产纲领、制造资源等约束，确定车间布局和作业单位划分，合理安排作业单元及其相关辅助单元的位置关系与占用面积大小，对各种物流与非物流关系进行分析，确保车间内生产制造过程能持续高效进行，最大限度降低物流成本，高效利用人力、设备、能源等制造资源。合理的产线布局是有效提高生产效率的基础。为了更好地进行车间生产线的布局规划，应遵循逆时针排布、出入口一致，以及规避孤岛型布局、鸟笼型布局等要点。产线布局的原则有以下几点：

（1）流畅原则。相关联工序集中放置原则，流水化布局原则。

（2）最短距离原则。上下工序或工程之间的衔接要考虑人、机械、材料的移动距离最短，且最好直线移动。

（3）平衡原则。产线单元之间资源配置、速率配置尽量平衡。

（4）固定循环原则。尽量减少诸如搬运、传递这种不增值的活动。

（5）经济产量原则。适应最小批量生产的情形，尽可能合理利用空间，减少地面放置原则。

（6）柔韧性原则。对未来变化具有充分应变力，方案要有弹性。如果是小批量多种类的产品，优先考虑“U”型线布局、环型布局等。

（7）防错原则。生产布局要尽可能充分考虑防错原则，首先从硬件布局上预防错误，减少生产上的损失。

布局设计具有精益化、数字化、柔性化、自动化的需求，同时最好能够依托仿真工具，对产线布局进行定量分析。产线包含单件流、流水线、脉动线（航空/航天）等形式，在布局中要求物流距离短、路径简单，清除物流瓶颈，使工序集中。数字化、柔性化要求产线能够实现数字化控制、数据采集与状态可视，适应多品种混流生产，减少切换时间。对产线布局的验证常通过建立虚拟产线实现，对车间布局方案的性能进行定量分析，以弥补计算分析方法难以考虑物流调度和随机因素的缺点。

三、设计方案评价

（一）模糊评价法

模糊评价法是一种基于模糊数学的评价方法。该评价方法根据模糊数学的隶属度理论将定性评价转化为定量评价，即用模糊数学对受到多种因素制约的事物或对象做出一个总体的评价。模糊评价法具有结果清晰、系统性强的特点，能较好地解决模糊的、难以量化的问题，适合各种非确定性问题的解决。

1. 基础术语定义

为了便于描述，依据模糊数学的基本概念，对模糊评价法中的有关术语定义如下。

（1）评价因素集（U）。评价因素集是影响评价对象的各种因素所组成的一个普通集合。

$$U=\{u_1,u_2,\cdots,u_i,\cdots,u_M\} \tag{2-3}$$

式中 M——评价方面个数。

对第 i 个方面 u_i（$i=1,2,\cdots,M$）可进一步划分为：

$$u_i=\{u_1,u_2,\cdots,u_j,\cdots,u_N\}_i \tag{2-4}$$

式中 N——第 i 个评价方面评价要素的个数。

对第 j 个要素 u_{ij}（$j=1,2,\cdots N$）进一步划分为：

$$u_{ij}=\{u_1,u_2,\cdots,u_k,\cdots,u_P\}_{ij} \tag{2-5}$$

式中 P——第 i 个评价方面中第 j 个评价要素中评价因素的个数。

若还需对评价因素进行划分，方法同上。

（2）评价等级集（V）。评价等级集是评判者对评价对象可能做出的各种总的评价结果所组成的集合。

$$V=\{v_1,v_2,\cdots,v_n\} \tag{2-6}$$

各因素可以取相同数目的评价等级集，其中 n 是评价等级的个数。

（3）评价权重集（A）。在因素集中，各因素的重要程度不一样，为了反映各因素的重要程度，需要对各因素赋予一定的权重系数，由各权重系数组成的集合称为权重集。

$$A=\{a_1,a_2,\cdots,a_i,\cdots a_M\} \tag{2-7}$$

式中 a_i——第 i 个评价方面的权重值，其中 $0<a_i\leqslant 1$，$\sum_{i=1}^{M}a_i=1$。

评价要素 u_{ij}（$j=1,2,\cdots,N$）的权重集为：

$$A_i=\{a_1,a_2,\cdots,a_j,\cdots a_N\}_i \tag{2-8}$$

式中 a_{ji}——第 i 个评价方面中第 j 个评价要素的权重值，其中 $0<a_{ji}\leqslant 1$，$\sum_{i=1}^{N}a_{ji}=1$。

评价因素 u_{ijk}（$k=1,2, \cdots,P$）的权重集为：

$$A_{ij}=\{a_1,a_2,\cdots,a_k,\cdots a_P\}_{ij} \tag{2-9}$$

式中 a_{kij}——第 i 个评价方面中第 j 个评价要素的第 k 个评价因素的权重值，其中 $0<a_{kij}\leqslant 1$，$\sum_{k=1}^{P}a_{kij}=1$。

（4）隶属度（r_{ij}）。隶属度是指多个评价主体对某个评价对象在 u_i 方面作出 v_j 评定的可能性大小（可能性程度）。

若对论域（研究的范围）U 中的任一元素 x，都有一个数 $A(x)\in[0,1]$ 与之对应，则称 A 为 U 上的模糊集，$A(x)$ 称为 x 对 A 的隶属度。当 x 在 U 中变动时，$A(x)$ 就是一个函数，称为 A 的隶属函数。隶属度 $A(x)$ 越接近于 1，表示 x 属于 A 的程度越高；$A(x)$ 越接近于 0，表示 x 属于 A 的程度越低。用取值于区间 $[0,1]$ 的隶属函数 $A(x)$ 表征 x 属于 A 的程度高低。

隶属度属于模糊评价函数中的概念。模糊评价是对受多种因素影响的事物作出全面评价的一种十分有效的多因素决策方法，其特点是评价结果不是绝对的肯定或否定，而是以一个来模糊集合表示。

此时的隶属度矩阵为：

$$(r_{i1},r_{i2},\cdots,r_{in}),\ i=1,2,\cdots,n,\ \sum_{j=1}^{m} r_{ij}=1 \tag{2-10}$$

2. 实施流程

模糊评价的实施有三个步骤。

（1）确定被评价对象的因素集和等级集。确认被评价对象的因素指标，对指标确定评价等级。可将评价结果数值化得到一个矩阵，例如，可将 $V=$｛优，良，中，差｝数值化为 $V'=$｛100，85，70，55｝。

（2）分别确定各个因素的权重及它们的隶属度向量，获得模糊评价矩阵。

m 个评价指标的评价（等级）集就构造成了一个总的评价矩阵 R：

$$R=\begin{pmatrix} r_{11} & r_{12} & \cdots & r_{1m} \\ r_{21} & r_{22} & \cdots & r_{2m} \\ \vdots & \vdots & \ddots & \vdots \\ r_{n1} & r_{n2} & \cdots & r_{nm} \end{pmatrix} \tag{2-11}$$

R 是因素集 U 到等级集 V 的一个模糊关系，$\mu_R(u_i,v_j)=r_{ij}$ 表示因素 u_i 对等级 v_j 的隶属度。

在确定隶属关系时，一般是由专家或与评价问题相关的专业人员依据评价等级对评价对象进行投票，使用时要用权威资料加以说明。隶属度归一化：

$$\sum_{j=1}^{n} r_{ij}=1,\ i=1,2,\cdots,m \tag{2-12}$$

（3）把模糊评价矩阵与因素的权向量进行模糊运算并进行归一化，得到模糊综合评价结果。

计算综合评价向量 B（综合隶属度向量）通常为 $B=A^\circ R$。归一化结果得到评价集的结果 $B=[b_1,b_2,\cdots,b_m]$ 且 $\sum_{i=1}^{m} b_i=1$。

（二）基于仿真的智能产线设计方案评价

1. 仿真方法概述

仿真也可译作模拟（simulation），泛指基于实验或训练目的，将原本的系统、事务或流程，建立一个模型以表征其关键特性或者行为 / 功能，予以系统化与公式化，以便对关键特征作出模拟。模型表示系统自身，而仿真表示系统的时序行为。

伴随现代计算机性能的提高和软件技术的发展，仿真分析软件越来越多地应用于工厂规划任务中，用以提升工业工程分析和规划工作的效率，都有“所见即所得”的图形化工作环境、层次化的模型结构、面向对象的方法过程、各种形式的报告输出等，如图 2–3 所示。

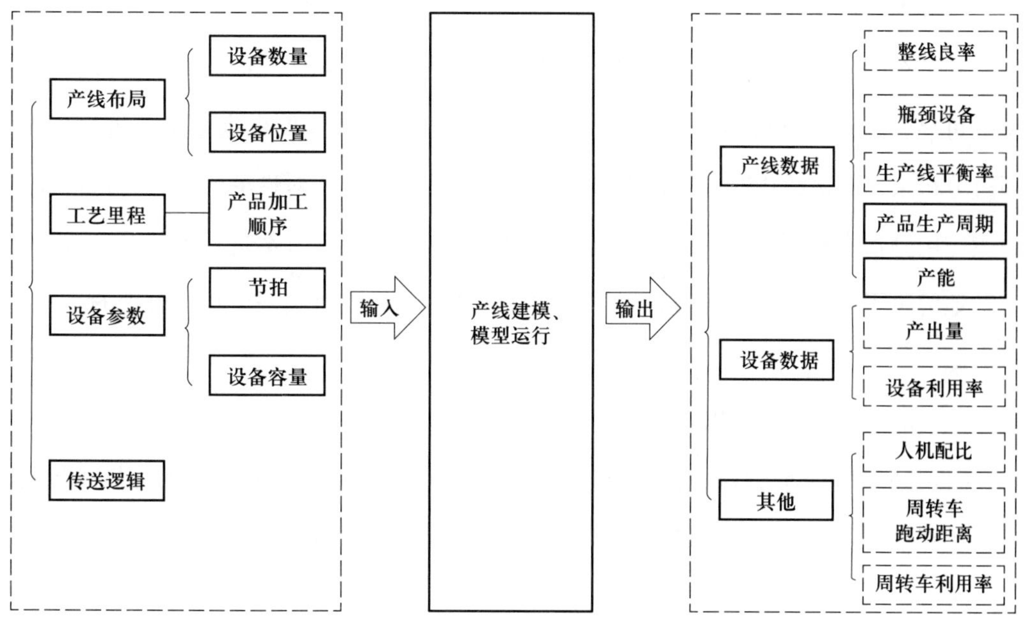

图 2–3　智能产线仿真方法输入、输出

智能产线仿真内容涉及以下方面。

（1）生产线布局仿真。针对新产线建设与现有车间智能产线改造，基于企业发展战略与前瞻性进行三维产线模拟验证，减少未来产线调整可能带来的时间和成本浪费。

（2）工艺仿真。真实反映加工过程中工件过切或欠切、刀具与夹具及机床的碰撞、干涉等情况，并对刀位轨迹和加工工艺进行优化处理。

（3）物流仿真。通过物流仿真优化工艺、物流、设施布局、人员配置等规划方案，提升智能产线规划科学性，避免过度投资。

（4）机器人仿真。基于三维空间，验证机器人工作可达性、空间干涉、效率效能、多机器人联合加工等，输出经过验证过的加工程序，提升工艺规划效率。

（5）人机工程仿真。通过仿真对关键工艺进行装配仿真分析、人机工程分析、装配过程运动学分析，最终可输出三维作业指导。

2. 基于仿真的智能产线设计方案评价实施方法

智能产线仿真实施过程可以分为四个部分，即前期准备、仿真规划、建模、仿真优化。在仿真规划阶段需要明确仿真要解决的问题，搜集需要的资料；建模阶段包括设备及流程的建模；仿真优化则是对整个智能产线进行调整优化。

基于车间产线采集的数据，建立能够真实反映产线实际状况的仿真模型并验证模型的可靠性；在可靠模型的基础上，运行仿真模型获取相应的数据结果并进行分析，通过分析来发现产线中存在的问题或者不合理之处并提出针对性的改进方案；将改进方案应用到仿真模型中，并再次根据模型的运行结果对优化方案进行评估，确认是否有效地解决了原有问题。通过这种不断循环的改善，最终得到一个较为合理的产线规划方案。

主要的仿真工作包括以下几项。

（1）基于车间运行数据建立车间产线仿真模型，并对模型进行相应的可靠性验证，保证仿真模型可以真实地反映产线实际运行时的情况，并可以通过仿真模型提前发现产线可能出现的问题。

（2）产线产能规划与产能分析建立产线仿真模型，基于仿真模型对产线资源进行

 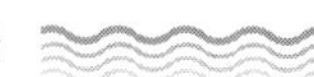

准确规划，获取经过优化后的产线最大产能，为后续生产计划的制定提供准确可靠的产能数据输入。

（3）基于仿真模型的运行结果制定产线选择策略，统计产品在各产线上加工时各机台的利用率，为产线选择策略的确定提供数据支持。

（4）对产线产出有影响的相关参数进行分析和优化，通过相关参数的优化实现产线的最大产出。

（5）机械手调度策略分析与优化分析验证产线机械手的相关调度策略，通过调整目前的机械手调度策略，提升产线设备的整体产出效率，实现产线产能最大化。

在仿真环境下进行一定时间的生产仿真，对产线机器利用率、产能、瓶颈机器数量等因素进行分析，依据仿真对产线设计进行评估，从而对方案的优劣作出定量分析。通过仿真的结果，调整来料速度、工位设备数量、处理时间等因素，从而实现对产线设计的优化。

（三）基于数字孪生的智能产线设计方案评价

已有的研究成果表明，传统的仿真方法在工业规划类项目上的实施存在便利性和灵活性限制。

1. 数字孪生概述

数字孪生（digital twin，DT）是充分利用物理模型、传感器更新、运行历史等数据，集成多学科、多物理量、多尺度、多概率的仿真过程，在虚拟空间中完成映射，从而反映相对应的实体装备的全生命周期过程。数字孪生是一种超越现实的概念，可以被视为一个或多个重要的、彼此依赖的装备系统的数字映射系统。应用数字孪生的目的是为物理实体创建数字化的虚拟模型，通过建模和仿真来模拟和真实反映物理世界的状态和行为。数字孪生的模型是一种交互和记录的机制，帮助人们去解释客观物理世界机器或系统的行为，并根据实时数据、历史数据、经验和知识以及来自模型的数据，预测机器或系统的未来状态。准确的数据和准确的模型，是构建有效数字孪生的核心要素。

数字孪生的概念始于航空航天领域。“孪生体（twin）”概念的出现，最早源于美国国家航空航天局（NASA）的阿波罗项目。在该项目中有两个完全相同的空间飞行器被制造出来，有一个飞行器被留在地球上，即所谓“孪生体”。该“孪生体”既用于飞行准备期间的训练作业，又用于飞行任务期间尽可能真实地镜像模拟空间飞行器的状态，并获取精确数据用于辅助决策。

在数字孪生与智能制造相关的研究中，陶飞等人探讨了数字孪生车间（digital twin shopfloor，DTS）概念，其中包含四个关键组件，即实体车间、虚拟车间、车间服务系统和车间数字孪生数据，进一步研究了数字孪生驱动的产品设计、制造和服务的详细应用方法和框架。在生产制造工业构建数字孪生的方法与实践中，IIoT（工业物联网）、数字工厂技术、仿真技术、大数据分析技术、机器学习技术、云计算技术等新兴信息技术，都是其构建过程的核心元素，诸如通用电气、西门子、特斯拉等制造型企业均已开始尝试通过以上新兴信息技术来丰富其数字孪生的实践。

2. 基于数字孪生的智能产线设计方案评价实施方法

基于数字孪生的智能产线设计方案评价流程如图 2–4 所示。

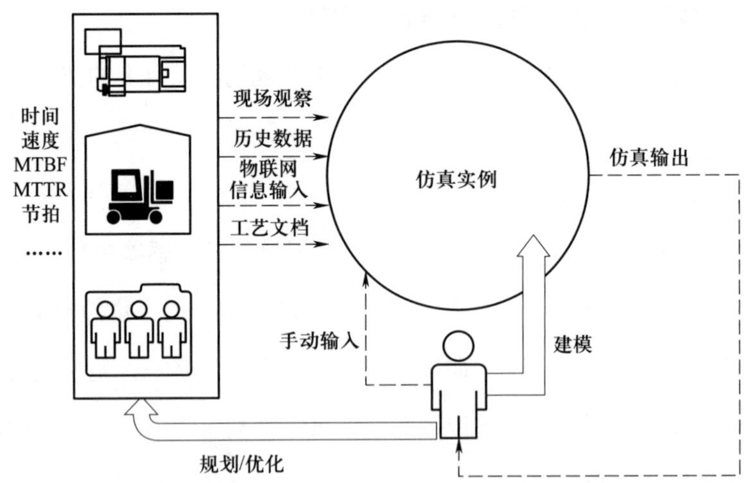

图 2–4　基于数字孪生的智能产线设计方案评价流程

（1）由规划人员在仿真平台上用较短时间完成一个简洁模型的搭建。

（2）对于物联网可直接获取的必要仿真数据，例如设备运转和人流物流数据，包括时间、节拍、故障、振幅等数据信息，经过程序化自动处理之后，直接用于仿真模型的数据输入。

（3）通过仿真模型的平台输出仿真后得到的关键数据信息，反馈用于现实中的规

划决策或供优化讨论。

考虑到生产制造业规划工作的一般性要求，基于数字孪生的设计方案验证评价方法设计了用于智能产线规划阶段数字孪生的核心——一种效率验证分析仿真模型，简称 EVA 模型。基于 EVA 仿真的数字孪生的规划方法旨在实现以下目标。

（1）能够快速构建用于规划的仿真模型，同时利用包括物联网数据和产线数据在内的历史数据，作为仿真建模的参考依据。

（2）能够应对现代制造业工艺过程的仿真要求，对产线的各类设计都需要在仿真模型中能够进行有效的模拟。

（3）能够使仿真模型灵活地适应生产模式和工艺流程的调整与变更，利用既有的模型快速调整，通过更改模型的组件连接和参数变化，能够适应生产升级和改造等小型规划任务。

（4）能够用仿真模型模拟材料供应和市场需求不稳定的情形，而且这些不确定性可以通过工业物联网收集的丰富数据进行模拟数据的计算。

从工业物联网和现有信息系统获取的历史数据，可以通过数据接口自动收集，并在服务器端进行预处理转换为必要的仿真输入，如生产节拍、运行速度、工人和车辆的移动速度等。通过对以上基础要素的设计，构成一个基本的工艺规划分析框架。该框架为了适用于制造业的规划任务而设计，它集成了物联网历史数据和 EVA 仿真模型。

思考题：

1. 需求分析方法有哪些？
2. 简述基于 MBD 技术智能装备产品设计过程。
3. 基于 QFD 智能装备的设计方法有什么优点？
4. 基于 DFX 智能装备的设计方法有哪些？
5. 生产节拍是什么？

第三章 智能装备设计与开发

智能装备是具有感知、分析、推理、决策、控制功能的制造装备，是先进制造技术、信息技术和智能技术的集成和融合，体现了制造业的智能化、数字化和网络化的发展要求。智能装备的水平已成为当今衡量一个国家工业化水平的重要标志。熟悉智能装备的技术体系，能够对智能装备功能模块进行选型和配置，能够进行智能装备系统的集成和虚拟联动调试，是智能制造工程师必须具备的能力。

- **职业功能：** 智能装备的设计与开发。
- **工作内容：** 配置集成智能装备硬件系统的单元模块和软件系统的安装调试。
- **专业能力要求：** 能根据智能制造生产系统的功能需求进行设备单元模块的配置；能进行机械系统、驱动系统、感知系统、控制系统和通信网络安全系统的集成；能进行智能装备的三维建模和编程调试等。
- **相关知识要求：** 系统理论与工程基础；智能装备组成原理；智能装备应用技术基础；系统集成技术基础，包括通信接口与控制、信息处理和控制系统等；产品的数字化建模与仿真等技术基础。

第一节　智能装备设计与开发技术体系

考核知识点及能力要求：

- 掌握智能装备的技术体系结构及特点。
- 掌握智能装备的设计原则及基本设计流程。
- 掌握基于 CPS（信息物理系统）理念的智能装备研发特点。

一、智能装备设计技术体系架构

智能装备融合了先进制造技术、数字控制技术、现代传感技术和人工智能技术，具有感知、分析、推理、决策、控制功能的制造装备，是先进制造技术、信息技术和智能技术的高度集成和融合创新，是实现高效、优质、节能环保和安全可靠生产的下一代制造装备，充分体现了制造业向数字化、网络化和智能化发展的需求。图 3–1 展示了智能装备设计技术体系架构。

智能装备包含装备本体与相关的支撑技术。装备本体需要具备优异的性能指标，如精度、效率及可靠性，相关的使能技术则是使装备本体具有自感知、自适应、自诊断、自决策等智能特征的关键途径。图 3–1 所示的智能制造装备设计技术体系架构中，典型的支撑技术包括物联网、大数据、云计算、人工智能、数字孪生等。

智能装备本体由五个子系统组成：机械本体系统（机构）、信息处理和控制系统（计算机）、动力系统（动力源）、传感检测系统（传感器）、执行元件系统。智能装备子系统构成及特点见表 3–1。

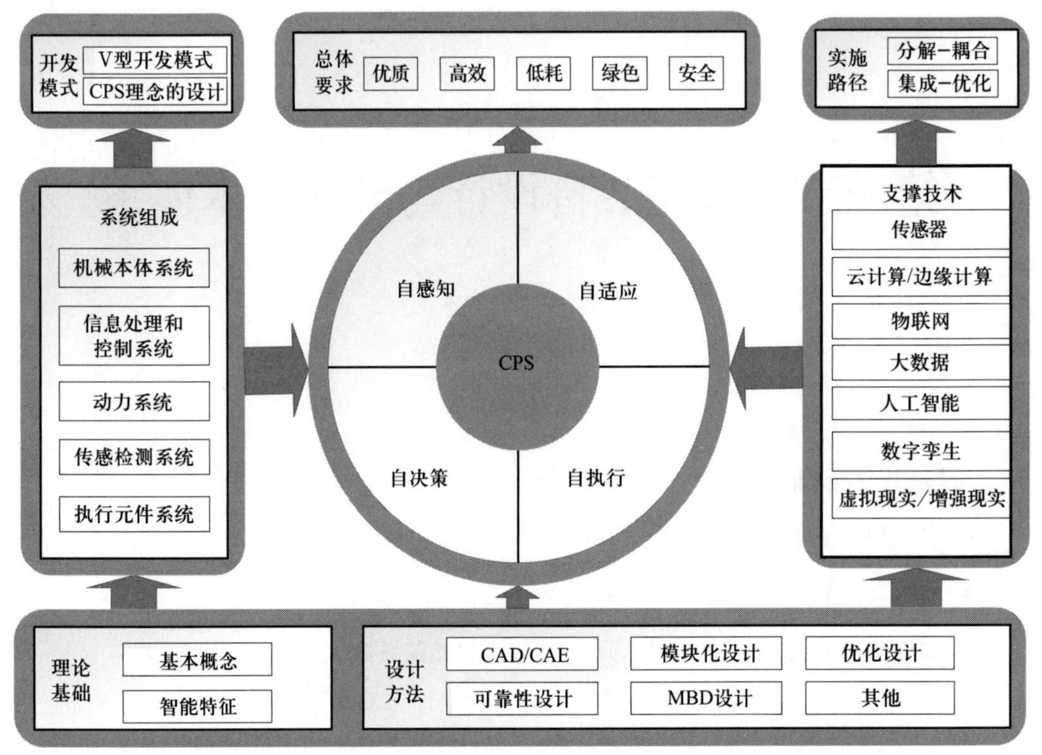

图 3–1　智能装备设计技术体系架构

表 3–1　智能装备子系统构成及特点

序号	系统名称	构成及特点
1	机械本体系统	机械本体系统相当于智能装备系统的躯体，包括机身、框架、连接等，支撑着其他各部分，要在机械结构、材料、加工工艺性以及几何尺寸等方面适应智能装备高效率、多功能、高可靠性等要求
2	信息处理和控制系统	信息处理和控制系统相当于智能装备系统的大脑，一般由计算机、可编程逻辑控制器（PLC）、数控装置以及逻辑电路 A/D 与 D/A 转换、I/O 接口和计算机外部设备等组成
3	动力系统	动力系统相当于智能装备系统的心脏，在控制信息作用下为系统的运行提供动力，驱动各执行机构完成各种动作和功能
4	传感检测系统	传感检测系统相当于智能装备系统的感官，由专门的传感器及转换电路组成，检测系统运行状态信息，将外部环境信息转换成可识别信号，传输到信息处理单元，经过分析、处理后产生相应的控制信息
5	执行元件系统	执行元件系统相当于智能装备系统的手臂，根据控制信息和指令完成规定的动作，执行机构一般是运动部件，一般采用机械、电磁、电液等

二、智能装备设计与开发目标

智能制造装备是机电系统与新一代信息通信技术的高度融合，充分体现了制造业向数字化、网络化和智能化发展的需求。与传统的制造装备相比，智能装备设计与开发的目标如图 3–2 所示，具体是实现以下主要功能。

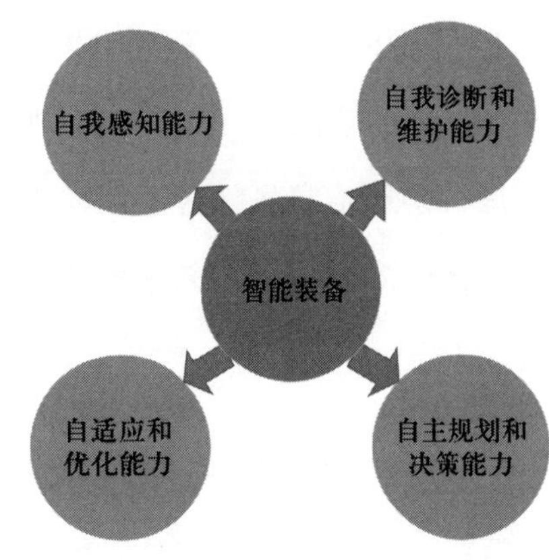

图 3–2　智能装备设计和开发的目标

（一）自我感知能力

自我感知能力是指智能制造装备通过传感器获取所需信息，并对自身状态与环境变化进行感知，自动识别与数据通信是实现自我感知的重要基础。与传统的制造装备相比，智能制造装备需要获取数据量庞大的信息，且信息种类繁多，获取环境复杂，因此，研发新型高性能传感器成为智能制造装备实现自我感知的关键。目前，常见的传感器类型包括视觉传感器、位置传感器、射频识别传感器、音频传感器和力 / 触觉传感器等。

（二）自适应和优化能力

自适应和优化能力是指智能制造装备根据感知的信息对自身运行模式进行调节，使系统处于最优或较优状态，实现对复杂任务不同工况的智能适应。智能制造装备在运行过程中不断采集过程信息，以确定加工制造对象与环境的实际状态。当加工制造对象或环境发生动态变化后，基于系统性能优化准则，产生相应的调控指令，及时调整系统结构或参数，保证智能制造装备始终工作在最优或较优的运行状态。

（三）自我诊断和维护能力

自我诊断和维护能力是指智能制造装备在运行过程中，对自身故障和失效问题进行自我诊断，并通过优化调整保证系统正常运行。智能制造装备通常是高度集成的复杂机电一体化设备，当外部环境发生变化后，会引起系统故障甚至是失效，因此，自我诊断与维护能力对于智能制造装备十分重要。此外，通过自我诊断和维护，还能建立准确的智能制造装备故障与失效数据库，这对于进一步提高装备的性能和延长使用寿命具有重要的意义。

（四）自主规划和决策能力

自主规划和决策能力是指智能制造装备在无人干预的条件下，基于所感知的信息，自主进行规划计算，给出合理的决策指令，并控制执行机构完成相应的动作，实现复杂的智能行为。自主规划和决策能力以人工智能技术为基础，结合系统科学、管理科学和信息科学等其他先进技术，是智能制造装备的核心功能。通过对有限资源的优化配置及对工艺过程的智能决策，智能制造装备可以满足实际生产中的不同需求。

三、智能装备设计与开发流程

产品设计与开发流程是企业构思、设计与制造产品，并使其商业化的一系列步骤或活动。产品设计与开发流程的六个阶段以及在每个阶段不同部门的主要任务如图 3–3 所示。

图 3–3 产品设计与开发流程

阶段 1：产品规划。这个阶段始于依据企业战略所做的机会识别，详述产品任务书。

阶段 2：概念设计。识别目标市场的需求，形成并评估产品的概念设计方案。

阶段 3：系统设计。设计内容包括产品的架构、几何布局，把产品按功能分解为子系统、组件以及关键部件。

阶段 4：详细设计。详细设计包括产品所有非标准零部件的几何形状、材料、公差等完整规格说明，3D 模型、2D 零件图和装配图，标准件及外购件的规格，产品制造和装配的生产流程规划。贯穿于整个产品开发流程（尤其是详细设计阶段）的三个关键问题是材料选择、生产成本、可靠性。

阶段 5：测试与改进。原型样机的测试评估与改进。

阶段 6：试产与扩量。从试产扩量到产品的正式生产过程通常是渐进的。

传统的系统功能设计基于文档和借用历史经验的模式，而在复杂装备系统研发中，很多功能没有历史经验和数据继承，基于模型系统工程（model based system engineering，MBSE）正向分析设计越来越受到重视，该方法被认为是新一轮科技革命和产业革命条件下复杂产品研制和全生命周期保障的顶层方法学和研发范式。MBSE 方法被应用于机械、电子、软件等工程领域，以期望取代原来系统工程师们所擅长的以文档为中心的方法，并通过完全融入系统工程过程来影响未来系统工程的实践。具体研发思路如下。

（1）基于模型进行外部系统架构建模设计，捕获和分析客户需求。

（2）通过对产品系统架构建模设计，捕获和分析产品需求。

（3）通过对产品系统组成和设备、组件组成的架构分析，捕获和分析产品性能、方案设计的功能要求。

（4）通过产品功能与需求管理环境、系统试验环境的集成实现研发的快速验证管理迭代。

例如，基于 MBSE 的智能装备 V 型开发模式采用分层次的方法对产品进行分解，将复杂产品的项目、需求、研发工作分为项目层、产品层、分系统层来进行管理，每层的管理过程是相似的。复杂装备系统的系统工程研制流程就是要在产品的每一层完成循环迭代，这样可以将复杂产品的需求管理过程简单化，并且实现可追溯。采用模块化V型开发流程，设计工程师和测试工程师同时工作，强调产品开发的协作和效率，将产品设计、工程仿真与测试验证有机结合起来，力求研发的高效性，产品V型设计开发模式如图3–4所示。

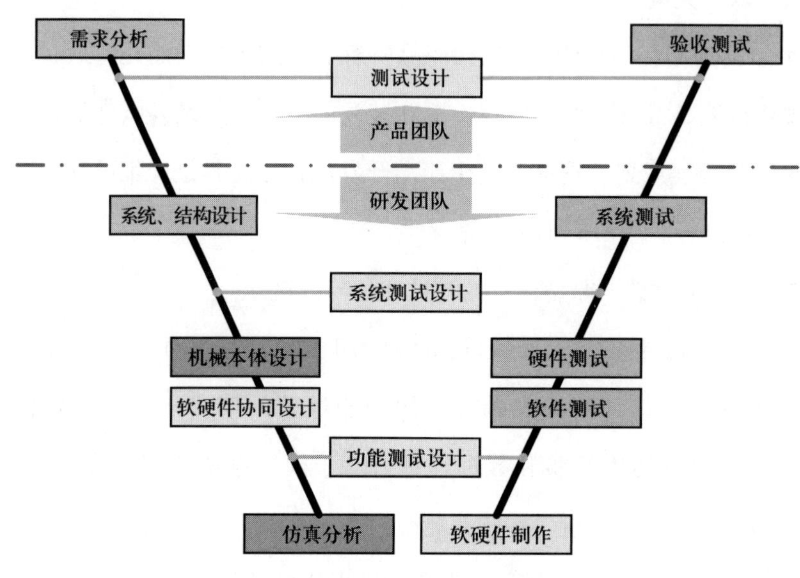

图3–4　产品V型设计开发模式

具体而言，智能装备的设计过程中，既遵从传统机械产品设计基本流程（规划设计、概念设计、详细设计），又强调运用系统的观点和方法，从整体目标出发，确定系统各功能组成和功能单元的设计方法。智能装备设计与开发流程如图3–5所示。

（一）智能装备的需求分析

首先，明确用户提出的问题，详细描述系统的功能和性能要求，分析系统的工作环境；其次，收集所设计产品的信息，涉及设计需求、设计基础条件、技术条件、本技术领域和同类系统的状况及其发展趋势；最后，明确用户设计需求及约束条件，包括产品具有的主要性能和功能、工作效率、工作环境、人机交互要求等，并考虑环境、政策、资源等约束因素。

（二）智能装备产品的功能分析

根据确立的设计需求，进行功能和工作原理分析，包括以下内容。

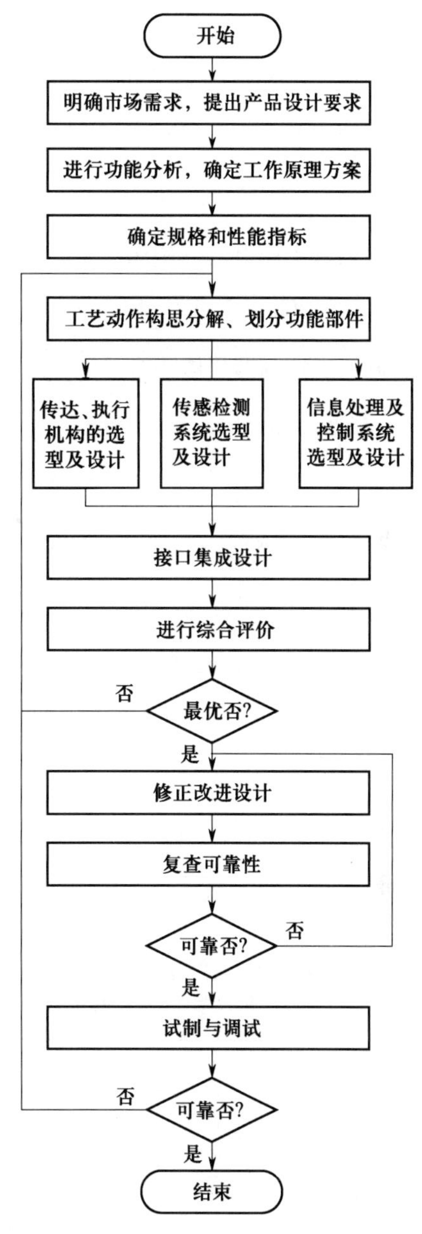

图 3–5 智能装备设计与开发流程

（1）功能抽象化。根据市场需求与用户要求进行功能抽象，突出任务核心，摆脱因循守旧思想，有利于开展创新性设计。

（2）功能分解。将功能进行分解，使其得到若干合适的子功能，分析单元之间的功能关系，再设计功能结构图。

（3）功能原理结构图设计。将各功能的抽象关系确定后，进行功能结构图的构思和设计。

（4）原理方案的选择原则。响应设计目标，可实现的原理方案是多解的，每种原理方案不同，技术实现不同，研发费用不同，性能和功能也不同，必须进行详细的分析对比，选择最佳方案。选择原则包括：新颖性，先进性，实用性，技术可行性，经济性，可靠性，结构合理，外观造型好，操作简单，使用方便等。

（三）智能装备产品的规格和性能指标

根据所设计系统确定合适的技术指标，是所设计的设备或产品能够质优价廉的依据。确定智能装备的技术参数和技术指标，必须是根据系统的用途、功能和使用要求，结合当前技术水平，依据系统的技术可行性、可靠性、先进性、可使用性的要求来确定。

四、基于 CPS 理念的智能装备研发

信息物理系统（cyber physical systems，CPS）是智能制造核心技术。按照 CPS 技术框架开发智能装备符合智能制造场景应用的要求。CPS 系统开发一般采用分层结构，即分为物理层、网络层、控制层和应用层。以基于 CPS 的工业机器人开发体系为例，如图 3–6 所示。

物理层通过网络层将信息传送给控制层，控制层实现对物理世界的控制；优化、故障诊断和决策在应用层实现，提高了系统效率和智能化水平。各系统层功能特点及相互关系如下。

（1）物理层。机械本体是智能装备的物质基础，控制器系统是智能装备的核心。控制器控制机械本体，接收反馈信息并与控制层通信。为了实现高性能低成本的控制，控制器系统通常采用嵌入式架构。设计时将硬件与软件模块化，提高了系统可维护性、扩展性。

（2）网络层。网络层是物理层和控制层、应用层之间的桥梁，实现它们之间的通信和联系。控制器、传感器通过有线/无线转换模块与控制层进行通信，它们之间采用串口协议、Modbus 协议、CAN 协议、TCP/IP 协议等通信协议，控制设备执行件的动作。

（3）控制层。控制层与物理层通信，给应用层提供基础，同步机器人的信息和状态，处理传感器提取的数据信息。控制层采用面向对象的方法进行设计。

（4）应用层。控制层实现传感器采集信息的处理，提供给应用层使用；应用层实现真实设备在信息世界的表示，并管理信息世界的设备，管理仿真生成的任务，为交互界面提供设备状态信息，以及实现交互界面的控制指令。

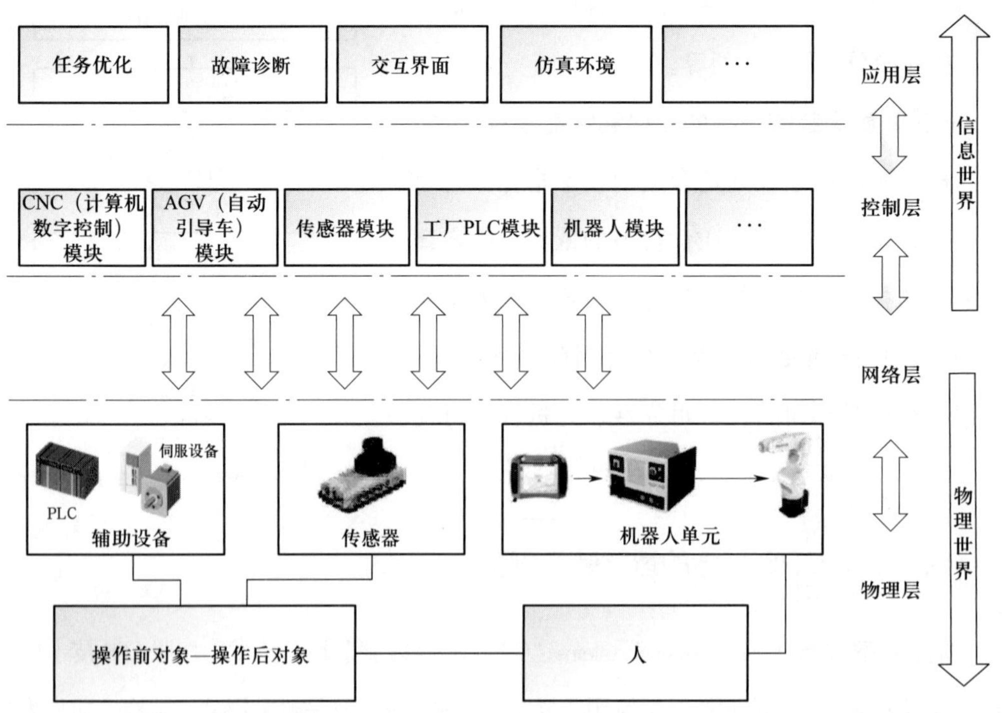

图 3-6　基于 CPS 的工业机器人开发体系

CPS 主要功能的实现体现在虚实双向动态对接，有两方面含义：一是虚拟的实体化，如设计一件东西，先进行模拟、仿真，再制作出来；二是实体的虚拟化，实体在使用、运行的过程中，把状态反映到虚拟端，通过虚拟方式进行判断、分析、预测和优化。在技术实现上，CPS 提供数物融合控制，通过网络或接口实时采集物理世界对象状态数据，并作为数据孪生承载对象的输入，经过数据孪生承载对象的加工处理，将结果再通过网络或接口实时地直接作用到物理对象上的特殊数字孪生承载对象。

第二节　智能装备设计与选型

考核知识点及能力要求：

- 熟悉智能装备机械本体设计的基本要求。
- 熟悉智能装备驱动系统分类及选型基本要求。
- 掌握智能装备感知系统设计要求及感知信号处理方法。
- 掌握智能装备控制系统的硬件选型原则及软件系统设计方法。
- 掌握智能装备通信网络的功能要求和基于物联网的通信网络技术。

一、智能装备机械本体设计

（一）机械本体组成与设计基本要求

智能装备系统主要分为动力系统、执行系统、传动系统、支承系统和操作系统五个子系统，其相互作用关系如图 3–7 所示。机械本体相当于智能装备系统的躯体，主要包括传动系统、支承系统以及执行系统。

智能装备系统的机械本体设计主要是机械部分的设计，基本设计思路是：根据使用要求确定产品应该具备的功能，构想出产品的工作原理、结构形状、运动方式、力和能量的传递和所用材料等，并转化为具体的描述，例如图纸和设计文件，以此作为制造的依据。

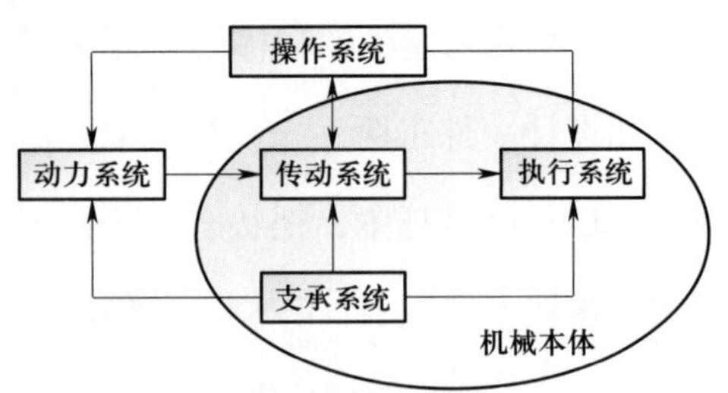

图 3–7　智能装备系统组成及各部分相互作用关系

根据机械设计的基本要求，机械本体设计时应满足和遵循以下基本原则。

1. 满足使用要求

使用要求是对机械产品的首要要求，也是最基本的要求。机械的使用要求是指机械产品必须满足用户对所需产品功能的具体要求，这是机械设计根本出发点。不能满足客户的使用要求，设计就失去了意义。

2. 满足可靠性和安全性要求

机械产品的可靠性和安全性是指在规定的使用条件下和寿命周期内，机械产品应具有的完成规定功能的能力。安全可靠是机械产品的必备条件，机械安全运转是安全生产的前提，保护操作者的人身安全是“以人为本”的重要体现。

3. 满足经济性和社会性要求

经济性要求是指所设计的机械产品在设计、制造方面周期短、成本低，在使用方面效率高、能耗少、生产率高、维护与管理的费用少等。此外，机械产品应操作方便、安全可靠、外观舒适、色调宜人，产品生产过程和使用过程均须符合国家环境保护和劳动法规的要求。

4. 遵循“三化”原则

系列化、通用化、组合化简称“三化”。系列化是指对同一产品，在同一基本结构或基本条件下规定出若干不同的尺寸系列。通用化是指不同种类的产品或不同规格的同类产品尽量采用同一结构和尺寸的零部件。组合化又称模块化，是指在对某一类产品进行功能分析和结构分解的基础上，划分功能不同且可重复利用的通用单元（通用模块），然后在新产品开发时选取相应的通用单元（通用模块），并

补充专用单元（模块）和零部件，组合成能满足使用需求的新产品的一种标准化形式。

5. 人机工程原则

人机工程原则强调的是不同的作业中人、机器及环境三者间的协调，研究方法和评价手段涉及心理学、生理学、医学、人体测量学、美学、设计学、工程技术等多个领域，通过多学科知识来指导工作器具、工作方式和工作环境的设计和改造，提高产品效率、安全、健康、舒适等方面的特性。如何使机器适应人的操作要求，投入产出比高，整体效果最好，是设计人员应该考虑的问题。设计时要合理分配人机功能，尽量减少操作者干预或介入危险的机会。在确定机器的相关尺寸时，要考虑人体参数，使机器装备适应人体特性。要有友好的人机界面设计以及合理的作业空间布置。

（二）智能装备机械本体设计

1. 智能装备进给传动系统设计

进给传动系统是机械系统的重要组成部分，是将动力系统提供的动力经过变换后传递给执行系统的子系统，主要包括变速装置、启停和换向装置、进给运动装置、制动装置、安全保护装置等。智能装备进给传动系统的特点见表 3–2。

表 3–2　智能装备进给传动系统的特点

装置名称	特点
变速装置	变速装置又称变速箱，由变速传动机构和操纵机构组成。常见的变速方式有齿轮系变速、带传动变速、离合器变速、啮合式变速等。变速装置应满足变速范围和级数的要求，传递效率高并传递足够的功率或扭矩，结构简单、重量轻并具有良好的工艺性和润滑、密封性
启停和换向装置	启停和换向是进给传动系统最基本的功能。启停和换向装置用来控制执行件的启停及运动方向的转换。智能装备中常用的启停和换向装置一般分为不频繁启停且无换向（自动机械）、不频繁换向（起重机械）、频繁启停和换向（通用机床）三种情况，常见的换向方式有动力机换向、齿轮—离合器换向、滑移齿轮换向等。启停和换向装置应满足结构简单、操作方便、安全可靠并能够传递足够的动力等要求
进给运动装置	进给运动装置的功能是装备某运动部件的线性或周向进给，这也是进给传动系统最基本的功能之一。进给运动装置主要由滚珠丝杠螺母副、导轨等组成。一些现代的智能制造装备上，比如高速切削机床，广泛采用电主轴等进给传动装置。在直线运动装置方面，直线电机也获得了广泛的应用

续表

装置名称	特点
制动装置	制动装置是使执行件由运动状态迅速停止的装置，一般用于启停频繁、运动构件惯性大或运动速度高的传动系统，还可以用于装备发生安全事故或者紧急情况时紧急停车。常用的制动方式有电机制动和制动器制动两类，电机制动具有结构简单、操作方便、制动迅速等优点，但传动件受到的惯性冲击大；制动器制动通常用于启动频繁、传动链较长、传动惯性和传动功率大的传动系统。制动装置应具有结构简单、操作方便、耐磨性好、易散热、制动平稳迅速等特点
安全保护装置	安全保护装置是对传动系统中各传动件起安全保护作用的装置，避免因过载而损坏机件。常见的安全保护装置有销钉式安全联轴器、钢球式安全离合器、摩擦式安全离合器等。传动件要有外壳等保护装置，不可裸露于环境中，以免对操作者造成人身伤害。装备应设计有急停装置，发生意外时可紧急断电

智能装备进给传动系统的功能要求如下。

（1）满足运动要求。进给传动系统需要实现执行件运动形式和规律的变换以及对不同执行件的运动分配功能，使执行件满足不同工作环境的工作要求。最为重要的是，进给传动系统需实现执行件的变速功能，并且实现从动力源到执行件的升降速功能。系统要有良好的响应特性，低速进给或微量进给时不爬行，运动灵敏度高。

（2）满足动力要求。进给传动系统应具有较高的传动效率，实现从动力源到执行件的功率和转矩的动力转换；进给传动系统也应具有足够宽的调速范围，能够传递较大转矩，以满足不同的工况需求。

（3）满足性能要求。进给传动系统中的执行件需要具有足够的强度、刚度和精度，刚度包括动刚度和静刚度，且加工和装配工艺要好。若传动件和执行元件集中在一个箱体内，传动件在运转过程中产生的振动会直接影响执行件运转的平稳性，传动件产生的热量也会使执行件产生热变形，影响加工精度。所以，执行件应同时具有良好的抗振性和较小的热变形特性。

（4）满足经济性要求。进给传动系统在满足工作要求的前提下，应尽量减少传动件的数量，使其结构紧凑，减少效率损耗并且节省材料，降低成本。

2. 智能装备支承系统设计

支承系统是机械系统中起支承和连接作用的机件的统称，可以保持被支承的零部件间的相互位置关系。以机床为例，支承系统通常由底座、立柱、箱体、工作台、升

降台等基础部分组成。设计支承系统时须考虑静刚度、动特性、热特性、内应力等。

支承系统由支承件构成，常用的支承件通常分为铸造支承件和焊接支承件两大类。设计支承系统时，应在满足工作要求的前提下，考虑支承件的加工工艺和生产成本，合理地配合使用两类支承件。值得指出的是，现代智能制造装备的支承系统越来越多地采用天然花岗石、人造花岗石等材料。这些材料具有更好的稳定性，特别适合作为制造精密智能制造装备的支承材料。

设计支承系统需要注意以下问题。

（1）强度和刚度。支承系统是支承和连接机械系统全部零部件的装置，支承系统的变形会引起执行机构位置误差，影响装备的正常工作，设计时应保证其有足够的强度和刚度。

支承件的静刚度包括自身刚度、局部刚度、接触刚度。正确设计支承件的截面形状对提高支承件的静刚度有重要影响：空心截面惯性矩大于实心截面，方形截面对抗弯矩更有效，圆形截面对抗扭矩更有效，矩形截面抗弯矩能力更好。封闭截面的刚度大于非封闭截面。合理设置肋板和肋条可以提升支承件的静刚度。

（2）动态性能。支承系统的动态性能主要指固有频率、振型和阻尼。为使支承系统拥有良好的抗振性能，以保证执行机构平稳工作，需要使支承件具备较大的动刚度、阻尼以及固有频率不与激振频率相同或相近，提高支承系统的动态性能。

（3）热稳定性。热稳定性对装备精度的影响很大。支承系统需合理散热和隔热，或采取措施将热量扩散至整体，保持均热，防止热变形。

（4）工艺性。设计支承系统时，应考虑支承件加工和装配的方便性。

3. 智能装备执行系统设计

执行系统是在智能装备中与工作对象直接接触、相互作用，同时与传动系统、支承系统相互联系的子系统，是机械系统中直接完成预期功能的部分。

执行系统由执行构件和执行机构组成。执行构件是执行系统中直接完成功能的零部件，一般直接与工作对象接触或直接对工作对象执行操作。执行构件的运动和动力必须满足机械系统预期实现的功能要求，包括运动形式、范围、精度、载荷类型及大小等。执行机构是带动执行构件的机构，它将由传动系统传递过来的运动和动力转换后传递给执行构件。执行系统中有一至多个执行机构，执行机构又可驱动多个执行构件。执行系统可将移动、转动和摆动三种运动形式相互转换，甚至可将连续转动变为间歇移动。执行系统的功能归纳起来包括夹持、搬运、输送、分度与转位、检测、实现运动形式或运动规律的变换、完成工艺性复杂的运动等。

机械执行系统方案设计主要包括以下内容。

（1）功能原理设计。任何一种机械的设计都是为了实现某种预期的功能要求，包括工艺要求和使用要求。所谓功能原理设计，就是根据机械预期功能选择最佳工作原理。实现同一功能要求，可以选择不同的工作原理，根据不同工作原理设计的机械在工作性能、工作品质和适用场合等方面会有很大差异。

（2）运动规律设计。实现某一工作原理，可以采用不同的运动规律。运动规律设计这一工作通常是通过对工作原理所提出的工艺动作进行分解来进行的。工艺动作分解的方法不同，所得到的运动规律也不相同。实现同一工作原理可以选用不同的运动方案，所选用的运动方案不同，设计出来的机械产品差别会很大。

（3）机构型式设计。实现同一种运动规律，可以选用不同型式的机构。所谓机构型式设计，是指选择最佳机构以实现上述运动规律。某一运动规律可以由不同的机构来实现，但需要考虑机构的动力特性、机械效率、制造成本、外形尺寸等因素，应根据所设计的机械产品的特点进行综合考虑，选出合适的机构。

（4）系统的协调设计。执行系统的协调设计是根据工艺过程对各动作的要求，分析各执行机构应当如何协调和配合，设计出机械的运动循环图，指导各执行机构的设计、安装和调试。复杂的装备通常由多个执行机构组合而成。当选定各个执行机构的型式后，还必须使这些机构以一定的次序协调运作，使其统一于一个整体，完成预期的工作目标。如果各个机构运作不协调，就会破坏机械的整体工作过程，达不到工作要求，甚至会破坏机件和产品，造成生产和人身安全事故。

（5）机构尺度设计。机构的尺度设计是指对所选择的各个执行机构进行运动学和动力学设计，确定各执行机构的运动尺寸，绘制出各执行机构的运动简图。

（6）运动和动力分析。对整个执行系统进行运动分析和动力分析，以检验其是否满足运动要求和动力性能方面的要求。

综上所述，实现同一种功能要求，可以采用不同的工作原理；实现同一种工作原

理，可以选择不同的运动规律；实现同一种运动规律，可以采用不同型式的机构。因此，实现同一种预期的功能要求，可以有多种不同的方案。机械执行系统方案设计所要研究的问题就是合理利用设计者的专业知识和分析能力，创造性地构思出各种可能的方案，并从中选出最佳方案。

二、智能装备驱动系统设计

（一）驱动系统分类及选型基本要求

1. 智能装备驱动机构的分类

智能装备驱动机构主要有四种：液压驱动、气压驱动、电气驱动和机械驱动，也有的采用混合驱动，即液—气或电—液混合驱动等。

（1）液压驱动。液压驱动是以油液压缩的压力来驱动执行机构运动的。通常由液动机（各种油缸、油马达）、伺服阀、油泵、油箱等组成驱动系统，由驱动机械手执行机构进行工作。其特点为结构紧凑、传动平稳、耐冲击、耐振动、防爆性好、输出力大、动作灵敏、具有很大的抓举能力。但是液压驱动机械手要求有较高的制造精度和密封性能，不易于保养与维护，受到液体本身的属性影响，不宜在高温或者低温的环境中工作，油的泄漏会对其工作性能产生很大的影响，油液过滤要求非常严格，成本高。

（2）气压驱动。气压驱动是以压缩空气的压力来驱动执行机构运动的。气压驱动系统通常由气缸、气阀、气罐和空压机组成。其特点是气源方便、输出力大、易于保养、动作迅速、结构简单、成本低。但是由于空气具有可压缩的特性，难以进行速度控制，气压不可太高，故抓举能力较低，抓取力小，工作速度的稳定性较差，冲击力大，定位精度一般。

（3）电气驱动。电气驱动是使用最多的一种驱动方式，是由电机直接驱动执行机构运动的。其特点为运动速度快、行程长、定位精度高、易于维护、使用方便、节能环保。但是其技术还不够成熟、结构较复杂、成本也较高。驱动机构是智能装备的重要组成部分，智能装备的性能价格比很大程度上取决于驱动方案及其装置，故应结合各驱动特点以及智能装备的工作环境选择采用电气驱动。

（4）机械驱动。机械驱动是由机械传动机构驱动的，是一种附属于工作主机的专用机械方式，动力由工作机械提供。机械驱动只适用于动作固定的场合，一般用凸轮连杆机构来实现规定的动作。机械驱动机械手的主要特点为：运动精确、动作频率大、定位精度高、工作速度高、成本低，但是结构体积较大、保养需求高、不易于调整。

2. 智能装备驱动系统的选型

驱动系统的选型主要考虑驱动系统的技术特性及使用环境等。下面以电动执行机构和气动执行机构为例介绍驱动系统选型需要考虑的问题。

（1）电动执行机构特性。电动执行机构分为电磁式和电动式两类，前者以电磁阀及用电磁铁驱动的一些装置为主，后者由电机提供动力，输出转角或直线位移，用来驱动阀门或其他装置。对电动执行机构的特性要求如下。

1）要有足够的转（力）矩。对于输出为转角位移的执行机构要有足够的转矩，对于输出为直线位移的执行机构也要有足够的力矩，以便克服负载的阻力。为了增大输出转矩或力矩，很多电机的输出轴都配备减速器。减速器的作用是把电机输出的高转速、小力矩的功率转换为执行机构输出的低转速、大力矩的功率。

2）要有自锁特性。减速器或电机的传动系统应该有自锁特性，当电机不转时，负载的不平衡力不可引起执行机构转角或位移的变化。电动执行机构往往配有电磁制动器，或者执行端为蜗轮蜗杆机构，使其具有自锁性。

3）能手动操作。停电或控制器发生故障时，应该能够在执行机构上进行手动操作，以便采取应急措施。为此，电动执行机构必须配备离合器及手轮。

4）应有阀位信号。当对执行机构进行手动操作时，为了给控制器提供自动跟踪的依据，执行机构上应该有阀位输出信号，既可以满足执行机构本身位置反馈的需要，又可满求阀位指示的需要。

5）产品系列组合化。现代电动执行机构多采用模块组合式的设计思想，即把减速器和一些功能单元设计成标准的模块，根据不同的需要组合成各种角行程、直行程和多转式三大系列的电动执行机构产品。这种组合式执行机构系列品种齐全，通用件多，标准化程度高，能满足各种工业配套需要。

6）功能完善且智能化。电动执行机构既能接收模拟量信号，又能接收数据通信的信号；既可开环使用，又可闭环使用。

7）具有阀位与转（力）矩限制。为了保护阀门及传动机构不致因过大的操作力而

损坏，执行机构上应有机械限位、电气限位和力矩或转矩限制装置。它能有效保护设备、电机和阀门的安全运行。

8）适应性强且可靠性高。

（2）气动执行机构特性。

1）工作介质。以压缩空气为工作介质，工作介质获得容易且对环境友好，泄漏无污染。

2）工作压力。介质工作压力较低，对气动元件的材质要求较低。

3）动作速度。动作速度快，但负载增加时速度会变慢。

4）可靠性。气动执行机构可靠性高，能够适应频繁启停动作，负荷变化对执行机构没有影响，但气源中断后阀门不能保持（加保位阀后可以保持）。

5）安全阀位无须外界动力。失去动力源或控制信号时可实现安全阀位动作，全开、全关或保持位置不变，有正、反作用功能。

6）调节控制。配置智能定位器，可实现智能闭环控制，控制精度高，可设置输出特性曲线等高级诊断功能，支持数字总线通信。

7）环境适应性。以气缸为主体，具有防爆功能，且可以承受高温、粉尘多、空气污浊等恶劣环境条件。以压缩空气作为动力源时，气动执行机构适用于防爆的危险区域，适合应用于石化等行业。

8）技术成熟度。设备技术成熟，标准化程度高，安装施工方便，工程投资少。

9）维护。气动执行机构结构简单，易于操作，故障率低，维护量少，使用寿命长。

10）工作速度稳定性。由于空气具有可压缩性，因此工作速度稳定性稍差，但采用气液联动装置效果较好。

11）总输出。因工作压力低（一般为 0.3 ~ 1.0 MPa），结构尺寸不宜过大，气压传动装置的总输出力不宜大于 10 ~ 40 kN。

12）噪声。噪声较大，在高速排气时要加装消声器。

13）传动效率。气压传动效率较低。

在现代工业生产中，电动设备应用远比气动设备普遍，因为气动设备需要在气源上花费较大的投资，而且敷设管道比敷设导线麻烦，气动信号的传递速度也远不如电信号快。但是在某些特定场合，气动设备的优越性明显。例如，在防爆安全上，气动设备不会有火花及发热问题，空气介质还有助于驱散易燃易爆和有毒有害气体；气动设备在发生管路堵塞、气流短路、机件卡抱等故障时不会发热损坏；在潮湿等恶劣环境中的适应性也优于电动执行机构。

（二）电机驱动系统

常用于智能装备关节运动的电机有直流伺服电机（DC server motor）、交流伺服电机（AC server motor）、直接驱动电机（DD drive motor）以及步进电机（stepping motor）等。下面以直流伺服电机的技术性能参数及其在选型与运动控制中的使用为例进行说明。

实现直流伺服电机的驱动和控制必须为直流伺服电机配备位置 / 速度传感器。现有的直流伺服电机都为双轴伸设计，一端轴伸用来同轴连接位置 / 速度传感器，另一端轴伸作为电机的输出轴使用。用于控制电机转动的电信号都是弱电信号，必须经功率放大器放大后才能作为输出给电机绕组线圈中的电流信号、电压信号来使用。因此，需要为电机提供用于将控制器输出的信号进行功率放大并输出的驱动器。

为了让电机连续运转并输出动力，需要从输入端提供持续的脉冲信号或脉宽调制信号（PWM），从而实现直流伺服电机的转向、位置 / 速度、转矩控制。因此，现代直流伺服电机的伺服驱动器一般被设计成伺服驱动器与基本的位置、速度、转矩控制器集成在一起的伺服驱动与控制器，并且由专门的制造商生产工业级产品供用户选用。常用直流伺服电机或者无刷电机的位置 / 速度控制系统设计方案如图 3–8 所示。

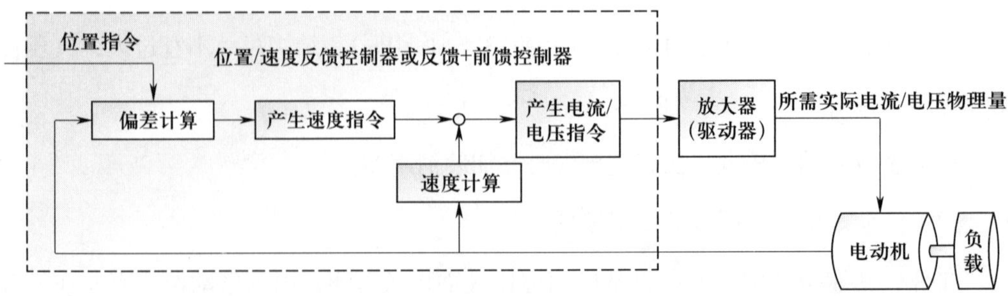

图 3–8　直流伺服电机或无刷电机的位置 / 速度控制系统设计方案图

直流伺服电机的性能参数与选型：

- 额定电压 U（V）：加在电机上的直流电压。允许低于或高于产品样本上的额定电压值来使用电压，但不能超过给定的电压极限值。

- 空载转速 n（r/min）：电机在额定电压下无负载时的转速。实际应用中，空载转速大致与额定电压值成正比。

- 空载电流 I（mA）：电机在额定电压下无负载时驱动电机的电流。它由电机电刷以及轴承的摩擦来决定。

- 额定转速 n_N（r/min）：在一定温度（一般为 25 ℃）下，电机在额定电压和额定转矩下的转速。

- 额定转矩 M_N（N · m）：在一定温度（一般为 25 ℃）下，电机在额定电压和额定电流下输出轴上产生的输出转矩，是电机在连续运行时的极限状态。

- 额定电流 I_N（A）：在一定温度（一般为 25 ℃）下，使电机绕组达到最高允许温度时的电流，也等于最大连续电流。

- 堵转转矩 M_N（N · m）：电机在堵转条件下的转矩值。

- 堵转电流 I_A（A）：电机额定电压除以电枢绕组的比值。堵转电流对应堵转转矩。

- 最大效率 η_{max}（%）：电机在额定电压下输出功率与输入功率的最大比值。

- 电枢电阻 R（Ω）：在一定温度（一般为 25 ℃）下，电机接线端子间的电阻值，并且决定了给定电压下电机的堵转电流。对于石墨电刷，电枢电阻与负载有关。

- 电枢电感 L（mH）：电机静止施加 1 kHz 信号时测量得到的电机绕组电感值。

- 转矩常数（或称力矩常数）K_M（N · m/A）：电机产生的转矩与所施加电流的比值。

- 速度常数 K_n［r/（min · V）］：施加单位电压时电机产生的理想转速值。所谓的理想转速值是指没有考虑实际条件下的摩擦损失等因素的转速值。

- 机械时间常数 τ（ms）：电机从静止加速到63%的空载转速所需要的时间。
- 转子的转动惯量 J_n（$g \cdot cm^2$）：电机的转子相对于旋转轴线的惯性矩。
- 伺服电机输出的转矩（N·m）= 电机电枢绕组中流过的电流（A）× 电机的转矩常数（N·m/A）。
- 伺服电机输出的转速（r/min）= 电机绕组接线端子间施加的电压（V）× 电机的速度常数[r/（min·V）]。

伺服电机的上述参数中，额定电压、额定电流、额定转矩、电枢电阻、转矩常数、速度常数是在电机选型设计时主要考虑的参数，而转矩常数、速度常数是在电机选型、控制器设计时都要用到的必用参数。根据实际条件差异，对于实际的智能装备系统，应以实际装机后测试为准。

电机的选择以轮式移动机器人为例加以说明。一般情况下使用直流电机较多，所以仅针对直流电机如何选择进行讨论。首先，图3-9中包含着两个重要的信息：

要点1：机器人将要动作的时候，即从静止状态开始动作时电机输出的转矩必须超过减速器内部摩擦、车轮与地面摩擦等最大静摩擦力的总和。

要点2：速度为零处附近、由静摩擦力过渡到动摩擦力的临界位置附近除外，随着速度的增加，运动中的摩擦力呈单调增加趋势。

以上两点是选择电机时需要特别关注的。进一步总结，可得如下结论。

（1）电机驱动对象的加速度与电机输出力矩在克服加速度状态下驱动对象所受摩擦力的大小成正比。

（2）加在直流电机上的电压是一定且有限的，随着其转速（回转角速度）的增加输出转矩减小。因此，存在由驱动对象速度增加引起的摩擦力与电机输出力相平衡的速度。该速度是在其电压作用下使驱动对象达到的速度。加在电机上的最大电压决定了最高速度。

（3）驱动对象由静止状态迁移到运动状态时，摩擦力变大，同最大静摩擦力相比，动摩擦力较小。若电机的停转转矩（最大转矩）不大于最大静摩擦力，则驱动对象就难以运动起来。可是，一旦运动起来，摩擦力急剧减小，需要很好地控制运动时电机

的转矩。

（4）以最高速度运行时，电机转速应在连续额度最大允许转速范围以内，此时输出的转矩大小也应在连续额定的最大许用转矩范围内。

以上是从理论上选择电机的方法。作为实际问题，要想在具体测量摩擦力大小之后进行设计并非如此简单，仍然需要实践。

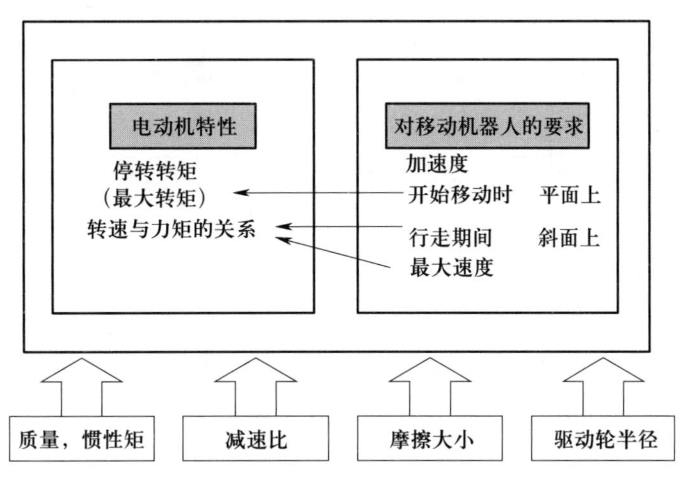

图 3–9　电机的选择

交流电机、步进电机、直接驱动电机的技术性能参数请参阅相关资料，不同电机驱动的特点比较见表 3–3。

（三）液压伺服驱动系统

1. 液压伺服驱动系统的组成

由于液压驱动系统需要整套体积庞大且笨重的油箱、液压泵站、液压回路以及阀控系统，移动作业需要由搭载液压泵站的移动车为智能装备液压驱动器提供压力油，并且维护起来相对复杂，所以液压驱动器曾被广泛应用于固定作业场所的智能装备中。现在逐渐被电动驱动的智能装备所取代，但在 0.5 t 以上重载作业自动化行业，液压驱动智能装备仍然无法为电动驱动智能装备所替代而独有用武之地。

表 3–3　直流电机、交流电机、步进电机、直接驱动电机的比较

电机类型	与其他电机关系	基本性质	驱动方式	效率	转矩	速度	控制性
直流电机	有电刷和整流器	直线特性，无负载转速与电压成比例	只与直流电源连接，控制时需要控制电路	有效利用反电动势，效率高，但在高速区域差	小	中	良
交流电机	与步进电机相似，永久磁铁转子，无电刷	直线特性，无负载转速与电压成比例	用逆变器将直流驱动变换为交流驱动	有效利用反电动势，效率高，但在高速区域差	中	高	良
步进电机	类似于超低速同步电机结构	转动速度与脉冲信号同步，与脉冲频率成正比，以最后一个脉冲保持在一定位置	不能使用普通的交直流电源驱动；驱动器推动级需要专门的驱动控制电路	效率比直流电机低，且越是小型效率越低，小步矩角下可以在超低速下高转矩稳定运行，通常可以不经减速器直接驱动负载	停止时可有自锁能力	易于启停正反转，响应性好	数字开环控制，系统简单
直接驱动电机	结构独特，在相同质量条件下，能够提供比通常直流更大的输出转矩	基于电磁铁可变磁阻的 VR 电机和基于永久磁铁的 HB 电机	需要驱动控制电路	低速大转矩，可以不用减速器直接驱动负载，效率高	大	低	VR 电机一般；HB 电机差

液压控制元部件是指液压系统中的用来控制或调节液压系统中液压油流向、压力的各类液压阀，主要有压力控制阀、流量控制阀、方向控制阀和辅助元部件装置等。这些控制元部件对于液压系统工作的可靠性、平稳性以及液压缸之间动作的协调性起着至关重要的作用。

（1）压力控制阀是用来控制液压油压力的液压阀。这类阀利用阀芯上的液压作用力和弹簧力保持平衡，通过阀口开启大小即开度来实现压力控制，主要有溢流阀、减压阀、顺序阀、压力继电器等。

（2）流量控制阀是通过改变阀口流通面积或者过流通道的长度来改变液阻，从而控制通过阀的流量来调节执行元部件速度的液压阀，常用的有普通节流阀、各类调速阀以及由两者组合而成的组合阀、分流集流阀。

（3）方向控制阀是指用来控制液压系统中液压油流动方向和流经通道，以改变执行元部件运动方向和工作顺序的液压阀，主要有单向阀和换向阀两类。单向阀只能让液压油在一个方向上流通而不能反向流通，相当于“单向导通，反向截止”。滑阀式换向阀是靠阀芯在阀体内移动来改变液流方向的方向控制阀。滑阀式换向阀的结构原理是：阀体上开有不同方向的通道和通道油口，阀芯在阀体内移动到不同的位置时可以使某些通道油口连通或堵死，从而实现液流方向的改变。因此，将阀体上与液压系统中油路相通的油口称为“通道”的“通”，而将阀芯相对于阀体移动的不同位置数称为“位置”的“位”。为了方便起见，方向控制阀就有了“二位二通阀”“三位四通阀”“三位五通阀”等简单明了的称谓。

液压驱动的机器人采用通过换向阀、压力继电器、蓄能器、节流阀、单向节流阀、平衡阀、单向阀、压力表或压力传感器、溢流阀等控制方向、流量的液压阀以及液压回路等构成的液压回路控制系统，除此之外，源动力系统由电机、液压泵、压力表或压力传感器、滤油器（也称过滤器）、油箱（油池）、冷却器等组成。

2. 液压系统控制回路设计

智能装备的液压系统是根据智能装备运动要求来设计的。如电机驱动的多自由度机器人的伺服驱动系统由多路伺服电机驱动系统构成，整台机器人液压驱动系统总体构成也是由驱动机器人各关节（自由度）的多路基本原理与构成基本相同的液压缸驱动控制系统构成。每一路都由一些基本的回路构成。这些基本的液压回路有调速回路、压力控制回路、方向控制回路等。

（1）调速回路是实现液压驱动机器人运动速度要求的关键回路，是机器人液压系统的核心通路，其他回路都是围绕调速回路而配置的。

（2）压力控制回路主要有调压回路、卸荷回路、顺序控制回路、平衡与锁紧回路。

（3）方向控制回路是由电控系统根据所需控制的压力油的流向相应发出电信号，控制电磁铁操纵阀芯移动并实现换向，从而改变压力油的流入、流出方向实现执行元部件的正反向运动。驱动机器人各关节运动的液压缸活塞杆的伸缩运动以及为整个液压系统提供压力油的液压马达运动（直线移动或回转）都需要进行方向控制，一般采用各种电磁换向阀、电 / 液动换向阀。电磁换向阀按电源不同又可分为直流换向阀和交流换向阀两类。

（四）气动伺服驱动系统（气动系统）

1. 气动系统的组成与气压驱动控制

气动系统为主要由动力源、驱动部、检测部、控制部四大部分组成的电子–气压系统。动力源包括气泵（空气压缩机或压力气瓶）和空气净化装置、电源；驱动部包括分别控制压力、流量、流向的压力控制阀、流量控制阀、方向控制阀以及气压驱动器；检测部包括各种开关、限位阀、光电管、传感器；控制部包括控制（运算）电路、操控器、显示设备等。气动系统的组成如图 3–10 所示。

与靠流体传动的液压驱动系统类似，气动系统的控制元件也包括方向控制阀、流量控制阀、压力控制阀。常用的方向控制阀（即换向阀）有二位三通阀、二位四通阀、三位四通阀、二位五通阀，通流面积一般为 2.5 ~ 14 mm^2，开 / 关响应时间为 10 ~ 16 ms/22 ~ 70 ms。在要求防止掉电引起气缸骤然动作的场合，可采用配备两块电磁铁的双电控电磁阀（即双电磁铁直动式电磁阀），这种电磁阀在电信号被切断后，仍能保持在切换位置；常用的流量控制阀为单向阀与节流阀并联组合而成的单向节流阀。单向节流阀是通过调整对执行元部件的供气量或排气量来控制运动速度的；压力控制阀多采用带有溢流阀的调压阀。

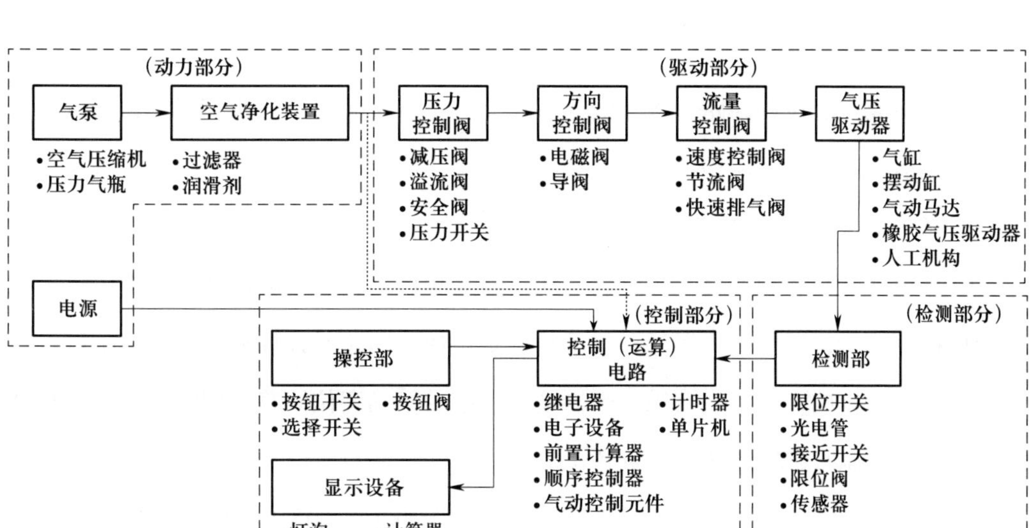

图 3–10　气动系统的组成

2. 气动系统的回路设计

气动系统是根据不同的基本气动目的，选择不同的基本回路组合而成的气动回路。下面介绍气动机器人常用的基本回路。

（1）常用于搬运、冲压作业机器人的双作用气缸往复动作基本回路。通常的伸缩式气缸主要是由需要密封的缸体、活塞和活塞杆组成的。活塞的两侧是密闭的气腔。气动基本回路的作用就是通过单向节流阀、二位四通阀等阀控制压力气体的流向、流量来控制气缸的伸缩动作和运动速度。

（2）中途位置停止回路。当靠电磁力动作的换向阀上的电磁铁线圈突然断电失电时，希望气动机器人的各个关节能够保持在中途停止的位置，并且位置精确，以便在电磁铁用电恢复时，能够从精确的中途停止位置继续工作，保证气动机器人继续作业的位置精度。为此，需要在气动机器人的气动回路里设有中途位置停止回路。

（3）快速排气回路。若使气缸活塞杆外伸动作，则靠电磁阀动作使压力气体进入非活塞杆侧气腔并推动活塞杆外伸，通过单向节流阀调节外伸速度，进行速度控制。若使气缸活塞杆后退缩回，则不通过电磁阀，将原来的单向节流阀替换成快速排气阀，气缸活塞后退时非活塞杆侧腔室内的气体通过快速排气阀直接迅速地排到外部空气当中。如此，提高了气缸活塞杆快速抽回的速度。这种快速排气回路常用于要求气缸高速运动或者希望缩短气缸往复移动循环时间的情况。

（4）两级变速控制回路。根据实际工作需要，有时需要气缸快速运动，有时需要气缸慢速运动。因此，需要在快速运动与慢速运动之间进行有效的切换，也就需要设计、配置速度可变的气动切换回路。

（5）精确定位控制回路。同电动驱动机器人相比，尽管气动机器人末端执行机构的定位精度较低，但仍然可以通过气动精确定位控制回路的设计来提高定位精度。提高气动定位精度的常用办法有采用带制动器气缸的精确定位回路和同时采用带制动器气缸与两级变速回路的精确定位回路等。

（6）气/液变换器与低速控制气/液回路。气动的最大缺点是气体介质的可压缩性，气缸本身就像气体弹簧一样，因此，其定位精度与速度不便于精确控制，尤其是低速运动较难实现精确和光滑的变速运动控制，而靠液体介质传力的液压缸可以弥补这一点。采用液压回路和气动回路相结合是一种实现气/液低速控制的简便易行的方法，其基本原理是采用气缸和液压缸组合而成的气/液变换器来实现低速控制，但需要液压泵、气泵两套压力源系统。

所谓的气/液变换器（气/液变换缸），就是没有活塞杆的活塞缸，活塞缸活塞的一侧是气缸，另一侧是液压缸，两侧分别有压力气体入口和压力油出口，其作用是把气动转换为液动。

基于气/液变换器的低速控制气/液回路有了气/液变换器，容易设计以气源为动力的低速控制气/液回路。一部分通过电磁阀（二位四通换向阀）使压力气体介质分别为两个气/液变换器之一提供压力气体，另一个则是开通气体回流通路；后半部分由两个单向节流阀分别控制两个气/液变换器供给液压缸压力油和回油的流量，即可精确地实现液压缸的速度控制。该回路综合利用了气动回路结构简单和液压系统回路控制相对性能良好的优点。

三、智能装备感知系统设计

（一）组成及设计（选型）基本要求

感知系统是智能装备系统中驱动与控制系统的“肌肉”“皮肤”和“眼睛”等生

物感官系统，是用来感知设备自身状态以及被操作对象物或者所处周围环境的状态量，并用来进行状态反馈、设备行为决策与控制，使设备系统运动或作业有效达到目标的不可或缺的组成部分。

智能装备传感系统按照是否位于机器人本体之上可以分为：智能装备本体上搭载的传感系统即内传感器系统；位于智能装备本体外被操作对象物或者周围环境中的外传感器系统。

按照检测物理量的不同（即按检测内容不同）分类，智能装备传感系统中所用的传感器可分为接触或滑动传感器、位置/速度传感器、加速度传感器、姿势传感器、力传感器、视觉传感器、电压传感器、电流传感器、温度传感器、流量传感器、压力传感器、特定位置或角度检测传感器、任意位置检测传感器等。详细分类见表 3–4。

表 3– 4　　按检测物理量不同划分的常用传感器的检测方式与种类

检测物理量的类型	常用传感器的检测方式与种类	检测物理量的类型	常用传感器的检测方式与种类
数字量 0和1	方式：机械式、导电橡胶式、滚子式、探针式、光电感应式、磁感应式 种类：限位开关（行程开关）、微动开关、接触式开关、光电开关、霍尔元件、磁敏管无触点开关、磁敏管电位计等	角速度	方式：光电式、机械式、微电子式、磁敏式、霍尔式 种类：位置传感器内置微分电路的编码器、磁敏管转速测量传感器、霍尔式转速传感器
任意位置或角度	方式：应变式、板弹簧式、光栅式、电容式、电感式、光电式、光纤式、霍尔式、激光测距式、涡流式、变压器式等 种类：电位器、直线编码器、旋转编码器、光线位移传感器、变压器式位移传感器、电感位移传感器、涡流式侧位移传感器、霍尔式位移传感器	加速度	方式：应变式、伺服式、压电式、压阻式、霍尔式、光纤式、电位器式等 种类：光电式加速度传感器、压电式加速度传感器、重力加速度传感器、光纤式加速度传感器、压阻式加速度传感器、霍尔式加速度传感器、电位器（加速度）等
速度	方式：应变式、光电式、机械式、微电子式、光纤式、霍尔式、激光测速式、涡流测速式等 种类：光电编码器、陀螺仪、光纤测速传感器、霍尔式速度传感器等	角加速度	方式：压电式、振动式、相位差式等 种类：压电加速度传感器、光电式角加速度传感器、角加速度陀螺仪等

续表

检测物理量的类型	常用传感器的检测方式与种类	检测物理量的类型	常用传感器的检测方式与种类
方位（姿态）、方向（合成加速度、作用力方向）	方式：地磁式、浮动磁铁式、陀螺仪式、滚动球式、静电容式 、导电式、铅垂振子式、万向节式、球内转动球型 种类：陀螺式陀螺传感器、光纤式陀螺传感器、机械式陀螺仪、倾斜计、万向传感器等	力（接触力、压力）、力 / 力矩分量	方式：应变式、压电式、电感式、压阻式、压磁式、电容式、压电谐振式、石英式、电位器式等 种类：1～6 维应变式力 / 力矩传感器、压电式压力传感器、压电式测力传感器、压电式多维力 / 力矩传感器、压阻式压力传感器、压磁式力传感器、压磁（磁致伸缩）式转矩传感器、石英晶体谐振式压力传感器、电感式压差传感器、电位器（压力）
电流	方式：光纤式、磁敏式、检测电流引起磁通变化的磁通管式、被测电流磁势与测定电流铁芯磁势平衡式 种类：光纤式电流传感器、磁敏管式电流传感器、磁通管式电流传感器、直流电流传感器等	温度	方式：热敏式、热电式、光纤式、涡流式、热膨胀原理、压电式、热辐射型、光辐射型、压磁式、红外线型 种类：热敏电阻、热电偶、涡流式温度传感器、热膨胀型热敏传感器、压电式热敏传感器、压电石英、压电超声、压电声表面波传感器、热或光辐射型热敏传感器、压磁式温度传感器、红外线型温度传感器
电压	方式：光纤式、电位器 种类：光纤式电压传感器、电位器（电压）	距离	方式：光学式、声波式 种类：各种方式下的距离（测距）传感器

按照检测原理和方法分类，智能装备传感器可以分为机械式、光学式、超声波式、电阻式、半导体式、电容式、高分子传感式、生物传感式、电化学传感式、磁传感式、气体传感式、气压式、液压式等各种方式、原理的传感器。

按照功能分类，智能装备传感器可以分为接触、压觉、滑觉、力觉、接近觉、距离、运动角度、方向、姿势、轮廓形状识别、作业环境识别与异常检测等各个功能的传感器。智能装备传感器的类型、使用特点及注意事项见表 3–5。

表 3–5　　智能装备传感器的类型、使用特点及注意事项

类型	使用特点及注意事项
位置 / 速度传感器	用于智能装备的限位开关（行程开关）和其他开关量元件。限位开关有接触式和非接触式；有机械式、光电式、磁感应式等多种。它们的结构和工作原理简单、易用，是用于获得机械运动极限位置的最简单的位控传感器。通常将限位开关或霍尔元件安装在相对运动的两个构件中运动构件的两个极限位置上，而另一个构件上固连用来触发开关动作的挡块或霍尔元件的另一半
力 / 力矩传感器	力觉就是智能装备对力的感觉。所谓的力觉传感器就是测量作用在智能装备上的外力和外力矩的传感器。在用三维坐标系 $O\text{–}xyz$ 表示的三维空间中，力有 F_x、F_y、F_z 三个分力和 M_x、M_y、M_z 三个分力矩，一共六个分量。要想完整测量任一物体在三维空间所受的力，需要能测得三个互相垂直方向的三个分力和分别绕这三个互相垂直方向轴回转的三个分力矩共六个分量来表达的完整的力传感器。完整的力传感器是六维力 / 力矩（转矩）传感器，或称为六轴力觉传感器。在机器人领域，“力”通常是力和力矩的总称
视觉传感器	视觉传感器系统可谓智能装备系统的“眼睛”。智能装备需要通过视觉系统感知作业对象物、环境乃至智能装备自身的各种状态信息，主要包括被视对象物的方位、运动方向、双目视差、光波波长、几何形状、色觉等信息，并依据这些信息的处理和数据进行对象物特征提取与识别，处理结果用于智能装备行为决策与控制系统
姿态传感器	姿态传感器是指能够检测重力方向或姿态角变化（角速度）的传感器，姿态传感器通常用于智能装备的姿态控制。按照检测姿态角的原理可分为陀螺式姿态传感器和垂直振子式姿态传感器两类

（二）感知系统的信号处理过程

感知系统的信号处理一般包括两部分：模拟信号调整和数字信号处理。传感器本身是一个系统，由传感器检测部（即传感器本体）、信号处理系统、电源等组成。传感器输出的信号（电压、电流等）通过信号调整子系统进行信号放大和滤波，将传感器输出信号放大，使其具有一个低的或者匹配的输出阻抗，并且提高了与被测量相应的模拟信号的信噪比（signal noise ratio，SNR）。经过调整子系统调整之后的信号（电压或电流等电学量）可以在不同的设备上显示或存储，调整后的信号经低通滤波器后，通过模拟 / 数字转换器（A / D converter）转换后变成数字信号，便可以被 PC（计算机）或以 CPU（中央处理器）为核心的单片机、DSP、PLC 等控制器用作状态量数据进入控制系统用来进行计算，进行反馈控制。传感器信号处理的大致过程如图 3–11 所示。

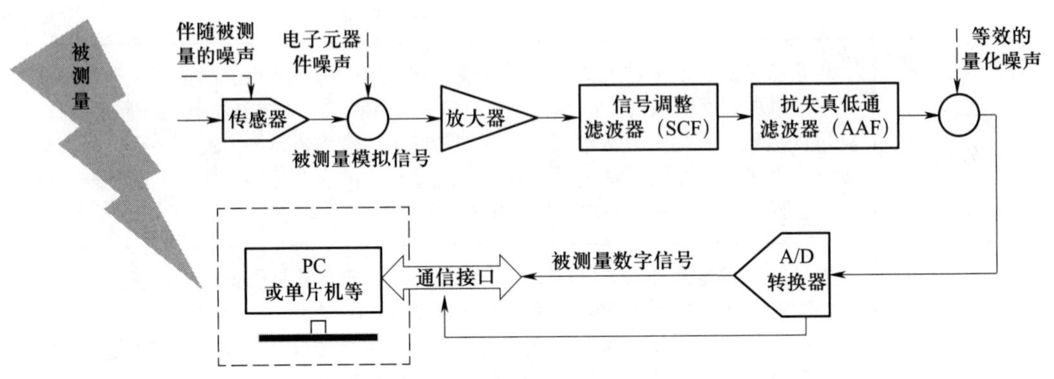

图 3-11　传感器信号处理过程

在传感器电路设计中，噪声的研究是必须考虑的重要环节，只有有效地抑制、减少噪声的影响才能有效利用传感器，提高系统的分辨率和精度。

传感器信号处理过程中的噪声主要来源于三个方面：

（1）伴随被测量噪声源之外的噪声，也称环境噪声，如来自外部环境的温度变化、振动与机械噪声、湿度 、非被测气体、电磁干扰源等。

（2）与电子信号调整系统有关的噪声，该噪声与输入有关。

（3）A/D 转换过程中产生的等效量化噪声等。

由于噪声的种类多、成因复杂，对传感器的干扰能力也有很大差异，因此抑制噪声的方法也不同。对于来自器件自身的热噪声，宜尽可能选择阻值较小的电阻；通过屏蔽减少外界的噪声干扰，以隔离内外电磁场的相互干扰；通常用低通滤波器和差分放大器等来抑制差模噪声和共模噪声等。

四、智能装备控制系统设计

（一）控制系统设计流程及基本规范

控制系统（control system）是为了达到预期的目标（响应）而设计出来的系统。它由相互关联的部件（或模块）按照一定的结构组合而成，能提供预期的系统响应。一个控制系统实体通常由电子、机械或化工部件等组成。

控制系统设计（control system design）是工程设计的一个特例，是逐步确定预期系

统的结构配置、设计规范和关键参数，以满足实际需求的设计过程。

控制系统设计过程：第一步，确立控制目标；第二步，确定要控制的系统变量；第三步，拟订设计规范，以明确系统变量应该达到的精度指标，如电机运行速度控制的精度指标。控制系统设计过程如图 3–12 所示。控制系统设计的基本流程是：确定设计目标，建立包括传感器、执行机构在内的控制系统模型，设计合适的控制器或给出是否存在满足要求的控制系统的结论。

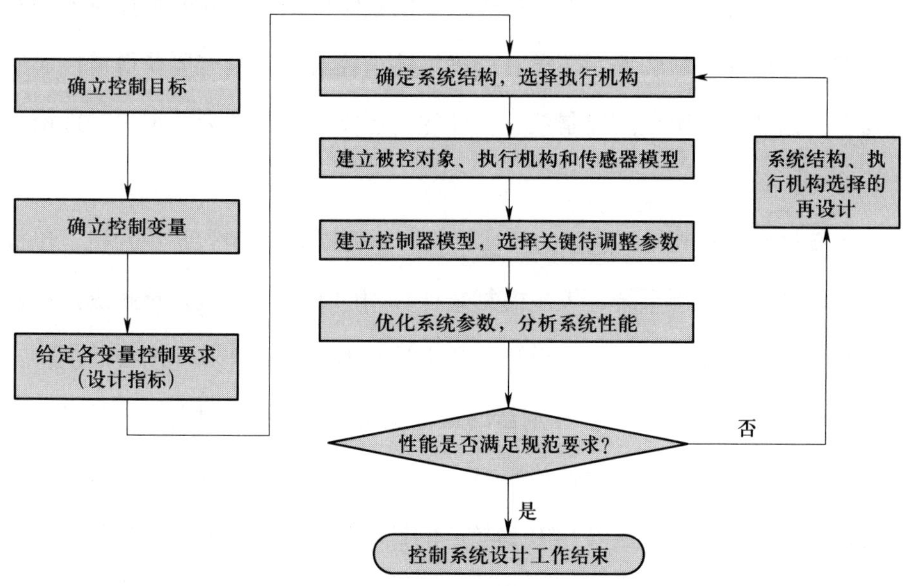

图 3–12　控制系统设计过程图

控制系统设计的性能规范是对所设计的控制系统能达到的性能提出的规范性要求和说明，主要包括：抗干扰能力；对命令的响应能力；产生实用执行机构驱动信号的能力；灵敏度；鲁棒性。

（二）控制系统设计的技术实现分析

控制理论为控制系统设计提供理论基础和方法，而控制工程则更侧重于所设计控制系统的工程技术实现问题。前述的控制系统的设计是指按照控制原理、被控对象、传感器、执行机构的理论模型即数学模型进行的理论设计，即从控制理论角度解决控制工程实际系统设计的问题，也可以称为控制系统的理论设计或者基于模型的控制系统设计。完成这一阶段的设计可以通过系统仿真或者利用诸如 Matlab/Simulink 工具软件来对所设计的控制系统进行仿真与分析。然而从控制工程与控制技术对控制系统设计的实际实现角度来看，需要进一步考虑以下问题。

（1）伺服驱动控制器、传感器信号处理模块等选型设计。

（2）对“被控对象”的认识和理解。基于理论模型设计控制系统的“被控对象”往往是根据自然科学或者社会科学中的某些原理建立起来的理论模型的数学方程来表达的，为了将被控对象复杂系统简化便于控制系统设计，一般会采用线性化的系统方程来描述被控对象和控制系统。显然，被控对象的数学模型与实际的被控对象会有或多或少的偏差。即便能够精确地用数学方程来描述被控对象，也需要获得被控对象的实际物理参数。因此，实用化的控制系统设计往往还需要“系统参数辨识”理论与技术的支持。

（3）计算机作为控制器。这里的“计算机”不仅指 PC，也包括单片机、单板机等微型计算机以及大型控制系统、大规模复杂计算用的大型计算机乃至超级计算机。计算机作为控制器主要是发挥其程序设计、数字计算能力强和计算速度快的优势，核心为 CPU 计算速度以及内存容量。控制器的设计是指按照“被控对象”的某种物理原理建立其数学模型，然后推导或设计控制律，按照控制律编写能够使计算机产生相应控制信号的计算程序。控制器是以 CPU 为核心的计算机硬件和控制程序软件有机结合的统一体。

（4）计算机控制下的计算复杂性与实时控制的问题。控制指令发送、控制器运算及控制器信号输出、伺服驱动器功放信号形成及输出、执行机构动作、传感器采样及反馈等所有的一次闭环反馈控制行为必须在该控制周期内完成，否则，控制系统将无法保证控制性能指标以至于无法运行。因此，计算机的计算程序设计质量、计算量大小、计算速度，计算机与传感器、伺服驱动器之间的通信方式、通信速度都在影响着控制系统的实际运行效果。控制系统实际设计时必须考虑这些因素，并且在所设计的控制系统装备到被控对象物理系统之前，必须做好计算速度、通信速度的测试以保证控制周期的正确执行。控制周期的长短是根据系统的复杂程度、控制系统设计实时性要求具体确定的，一般为几毫秒至几十毫秒。如机器人的运动控制周期越短，则机器人运动轨迹越光滑。若控制器的计算量大，计算速度相对不足，则需要在实时控制周

 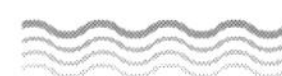

期和计算成本之间谋求平衡，以牺牲实时性要求换取计算精确，或者以简化复杂性计算换取实时性的提高。

（三）控制系统的硬件系统设计

从控制工程、控制技术实现上需要进一步通过计算机技术、伺服驱动与控制技术、传感技术来构筑控制系统，并从技术方法与手段上实现控制系统的自动控制目标。因此，作为控制系统的硬件系统构成所涉及的核心部件是必不可少的。这些关键技术硬件包括作为主控器或者是底层子控制器硬件使用的各类计算机核心硬件、I/O 接口技术硬件、通信设备、工业控制用计算机硬件等。

现代控制系统设计都是以 20 世纪 40 年代设计的、以 0 和 1 二进制逻辑运算为计算原理的冯·诺依曼型数字计算机为控制系统构成和实现的，其中最为核心的是 CPU。因此，各类控制器硬件都是以 CPU 为核心而研发出来的。用作控制器硬件的系统主要包括 PC、单片机、DSP、PLC 之类的工控机等硬件系统。

相应于这些因计算机技术而发展起来的控制系统硬件按照控制技术的不同，又可以分为：① PC 控制。以 PC 作为控制器的控制系统。②工业控制用计算机（简称工控机）控制。以 PLC、PMAC 等为代表的工业控制机作为控制器的控制系统。③单片机控制。以单片机作为控制器的控制系统。④ DSP 控制。以 DSP 作为控制器的控制系统。

不仅如此，根据主控器（主控计算机）与控制器硬件之间的相互关系可分为：①集中控制方式。由一台主控计算机控制所有的被控对象。②分布式控制方式。由多个微型计算机（或以 CPU 为核心的微处理器作为控制器）分别控制各个被控对象，此时涉及各控制器硬件之间的相互通信与协调控制问题。

1. 以 PC 为主控的控制系统

（1）选用 PC 作为主控制器。选择 PC 作为主控器是因为 PC 强大的数字计算能力。比如，基于模型的控制器设计以及控制系统设计中会涉及运动学、动力学尤其是逆运动学、逆动力学计算以及在线参数识别算法的计算等，并且要保证计算速度满足实时控制的要求。对于不需要进行复杂的运动学、逆动力学计算的工业机器人的控制系统设计而言，则只用 DC/AC 伺服驱动与控制底层的 PID 轨迹追踪控制、

PLC 点位顺序控制等即可实现作业要求。而对于末端操作器位姿控制精度要求高且运动速度快、惯性大、末端操作器运动轨迹要求光滑连续、在线生成运动轨迹、实时全自动控制、非固定单一性作业运动，以及需要力控制、力位混合控制的工业机器人作业而言，复杂的机构运动学、动力学（尤其是逆动力学）计算量较大。上述情形中需要 PC 作为上位机控制器或主控制器，以完成大量的复杂的计算工作，包括整个机器人作业的规划、协调与组织等方面的高层控制任务。在这种情况下，一台 PC 甚至于多台 PC 并行处理大量的来自外部设备的数据、计算以及控制工作，如同一个系统的“管家”。

（2）PC 接口技术。以 PC 作为主控制器的控制系统设计需要熟悉 PC 总线接口技术，尤其是总线的详细定义、总线缓冲器、并行 I/O 口（输入 / 输出口）译码电路、中断控制器、可编程序计数器 / 定时器的电路设计技术，以及抗干扰、接地、电场干扰、隔离、电磁场、电源等相关技术。一方面，PC 接口技术用来解决 PC 主控器将外部数字信号或者模拟量转换成数字量 (A/D 转换器）后，将数字信号读入计算机用于控制器计算；另一方面，PC 接口技术也可以用来将计算机控制器计算结果以数字量形式输出给下一级或底层控制器或伺服驱动器作为其控制信号的输入 / 输出。

2. 分布式控制系统设计

在以计算机为信息传递和处理核心部件的各种系统中，分布式系统（distributed system）通常是指将一个个独立的以 CPU、DSP 等信息处理器件为核心的计算机单元通过某种总线连接起来的一种相互之间通过通信来共享信息资源和处理系统任务的计算机网络系统；分散式系统则是指各个以 CPU、DSP 等信息处理器件为核心的计算机单元之间没有资源或信息交换与共享的各自独立且分散的系统。显然，由多个含有 CPU 或 DSP 等单元相互连接在一起的智能装备控制系统必然是分布式系统，而不是分散系统。

（1）智能伺服驱动和控制器单元（简称伺服驱动单元）。现有的 DC/AC 伺服单元制造商生产的智能伺服驱动和控制器单元系统，一般由以 CPU 微处理器为核心的 PID 反馈控制器、功率放大驱动前的 H 桥（或 DC-AC 逆变器）控制器、H 桥（或逆变

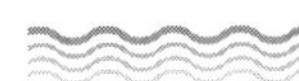

器）以及计算机通信控制器、电源五个主要组成部分。伺服电机的伺服驱动与控制单元（伺服驱动和控制器）可以设置成对于直流伺服电机、交流伺服电机驱动都通用的形式。

（2）RS485 串行通信以及主控计算机与多个 DC/AC 智能伺服驱动单元的 RS485 连接方式。

（3）CAN（controller area network）总线通信是指主控计算机与多个 DC/AC 智能伺服驱动单元的 CAN 总线的连接方式。CAN 总线是工业网络分层通信结构现场总线规格中的一种，处于工业自动化网络分层结构中的控制器下层网络。CAN 总线一般有四个接线端子，用来将多个带有 CAN 总线接口功能的模块单元作为一个个节点连接起来形成 CAN 总线网络，并且进行各个节点之间的相互通信，包括发送数据信息或控制指令，也包括从 CAN 总线网络上的节点读入数据到某一节点用来做状态监测或运动反馈控制。

3. PLC 控制系统

PLC 控制系统是专门为面向工业自动化作业环境下计算机控制应用技术而设计的一种数字运算操作的电子计算机系统，它采用可编程存储器，用来在其内部存储逻辑运算、顺序控制、定时、计数和算术运算等操作的指令，并以数字输入 / 输出、模拟输入 / 输出的方式来实现对各种被控对象的控制功能。这些被控对象绝大多数是工业生产过程中所用的机器或机械系统。PLC 是专门为工业环境下的自动化设备顺序控制而设计的。具有代表性的 PLC 产品制造商有德国的欧姆龙和西门子、日本的三菱、美国的施耐德等。PLC 控制系统的优点如下：

（1）PLC 控制系统抗电磁干扰能力强，可靠性高。

（2）专门面向工业自动控制系统工程实际需要设计，有充足的输入 / 输出接口资源，所用模块通用性强，维护方便。PLC 编程简单易于实现顺序控制功能，系统安装、调试工作量小。

（3）PLC 控制系统可以将顺序控制与运动控制结合起来使用，实现多轴（即多轴原动机驱动系统）的直线或回转运动的位置控制、速度控制、加减速控制。

（4）通信便捷，可以联网通信，可以实现分布式控制（分散控制），集中管理。

（5）可扩展能力强。

（6）体积小、能耗低。

4. 用于 DC/AC 变换的计算机

微型计算机技术和产品的发展史中，最早使用的多芯片型 CPU 是 Z80，之后开始出现了单芯片型 CPU 的 Z80 单片机。此后，作为控制用的计算机被分为以下几类。

（1）PC。这类计算机通常作为主控器，不适合将其与伺服驱动单元模块集成在一起。可以将整台台式计算机或笔记本电脑作为控制器放在被控对象物理实体系统之上或之内，但是对于结构空间狭小、集成化程度高的全自立型机器人系统，将台式计算机或笔记本电脑整机放在机器人本体之上并不合适。

（2）PIC。PIC 为单芯片型 CPU，大小类似于 TTL IC 芯片，价格也很便宜，供初学者学习或者简单控制使用。

（3）单芯片型 CPU 与中高档单片机。单芯片型 CPU 既含有 CPU，同时也含有内存、输入 / 输出接口等 CPU 外围回路的一片 IC 芯片。中高档单片机是将单芯片型 CPU 芯片及其与 PC 连接的通信用接口电路等设计制作在一块印制电路板上而形成实验板或开发板。

（四）控制系统的软件系统设计

一般而言，硬件只有在软件运行下才能发挥作用，除非所有的控制通过由机械中用作控制的机构、控制用的液压阀或气阀，以及电气系统的电子电路，再加上传感器系统的配合，完全由硬件系统实现自动控制。因此，相应于控制系统硬件的相关软件初始化或程序设计与执行是必不可少的。另外，工业控制、航空航天等诸多领域中的控制系统设计都有对系统响应时间的严格要求，这一要求下的系统被称为实时系统。对于智能装备系统而言，给定智能装备控制系统一个指令，智能装备系统本身必须在一定的时间内给出其响应，这个响应时间就是从指令发送给控制系统控制器到智能装备执行完该指令下的运动或作业任务之间所经历的时间。这个响应时间的确定来自智能装备运动或作业任务性能要求，但受到智能装备系统软硬件自身条件的限制。

1. 控制系统的软件环境

智能装备控制系统的软件运行环境也在不断变化。如早期在 PC DOS 运行环境下编写控制系统软件、现在的 Windows、Linux、Unix 等计算机操作系统之下以 C、C++、VC、Matlab 等程序设计语言、汇编语言开发控制系统软件。

对于智能装备控制而言，由于各关节运动是按照时间同步协调运动来实现智能装备本身的运动和执行作业任务的，因此，在现实物理世界中控制的实时性要求是智能装备控制的一项重要指标。在智能装备控制中，用实时控制周期来衡量实时性，如控制周期为 20 ms、10 ms、5 ms、2 ms、1 ms 或更短。

2. 控制系统的实时性的决定因素

控制系统的实时性设计须考虑以下因素。

（1）用于控制系统软、硬件运行的计算机操作系统是否为实时操作系统（RTOS）。

（2）智能装备机构自由度数的多少，即机构运动学、动力学计算复杂性，或者非基于模型的智能学习系统计算的复杂性。

（3）需要传感系统获取状态、采样时间（采样频率）及获取各状态所需解算的复杂性。

（4）控制系统本身对控制指令的响应速度。

（5）各传感器本身感知能力及对外界或内部刺激的响应速度。

（6）控制系统控制方式以及控制器设计。

（7）干扰和噪声等。

实际上所有的这些因素最终都归结为计算机、主控计算机系统、驱动与控制单元、传感系统等硬件系统对实时性的影响。即便是计算机计算最终也是由硬件来实现的，而软件只能在硬件“计算”速度的前提条件下，从如何减少计算量提高算法的计算效率（降低计算成本）的角度来提高实时性。计算机控制下的机器人控制系统的实时控制程度是随着作为计算机计算技术核心的 CPU、MPU（微处理器）硬件技术等的发展而更新的。

3. 计算机实时操作系统

计算机系统最为核心的部件是CPU（相应的也有微处理器MPU），CPU的形态有单芯片型和多芯片型。CPU形态不同，相应的操作系统软件结构和通用性也就不同。

（1）实时操作系统。就是以尽可能地避免时间预测性能低下的机制运行并保证实时性任务处理的操作系统，如计算机实时操作系统、机器人实时操作系统等。

（2）实时操作系统运行的实时性（即时间预测性）保证机制。常用的机制包括优先权、调度和调度算法、优先权逆转问题与共享资源存取协议、中断处理等。

（3）优先权机制。基于时间约束的优先权（也称优先度），优先权可以固定，即为固定优先权；也可以随实时处理的进程根据实际情况加以改变，即为动态优先权。

（4）优先权调度算法机制和实时调度。采用固定优先权进行各个实时处理，优先权调度算法用于周期性实时处理，处理周期越短，优先权越高，代表性的算法如固定优先权（RM）算法。动态优先算法中具有代表性的有最早时限优先（EDF）算法，该算法的机制是截止时间越早，优先权越高。

（5）优先权逆转机制与协议。解决优先级反转（priority inversion）带来的系统可预测性降低以及资源共享加大系统开销等问题。

（6）中断处理。减少系统中I/O中断发生的任意性。通过屏蔽、查询、用户线程优先权等方式来选择、处理I/O中断，可以起到有效减少使系统时间预测性降低的作用。

（7）实时操作系统具备的功能特性。其特性包括多任务、可抢占、任务有优先级、操作系统具有支持可预测的任务同步机制、支持多任务间通信、具备消除优先级转置的机制；还包括存储器优化管理、中断延迟、任务切换、驱动程序延迟等行为、实时时钟服务、中断管理服务等。

实时操作系统的实时多任务内核是最为关键的部分，其基本功能包括任务管理、定时器管理、存储器管理、资源管理、事件管理、系统管理、消息管理、队列管理、信号量管理等。这些管理功能都是通过内核服务函数形式交给用户调用的。

4. 分布式系统

（1）网络通信实时处理。分布式实时系统的基本思想是将实时处理任务通过网络连接的资源协同作业，由网络上的每个节点资源通过相互之间通信的实时性和分配给各节点处理任务的实时性来保证整个分布式系统总体处理任务的实时性。分布式实时系统靠总线通信延迟、带宽等与响应相关的指标等来满足通信实时性要求。这种网络节点间协同作业中的优先权支持方式既有硬件方式也有协议支持方式，也可以同时实现硬实时和软实时通信。

（2）网络节点上的实时处理。对于机器人控制系统而言，网络节点内的实时性主要是伺服驱动与控制单元实时处理的实时性，即机器人控制系统各底层控制器的实时性。现有的智能伺服驱动与控制单元一般采用以 CPU、DSP 或 PLC 为核心的控制器硬件，以 PID 控制算法实现原动机（或关节）位置、速度、力矩等控制方式的实时性达到微秒级实时控制周期，满足底层运动控制的实时性要求。

（3）通信协议。通信的目的是进行正确无误且高效的信息交换，要实现此目的，必须得有预先的约定。为了通信双方或多方能够正确无误且高效地获取各自所需的信息而预先做出的规则约定就是通信协议。对于计算机通信而言，通信协议包括传递信息的硬件介质与接口的定义和信息格式软件定义。软件意义上的通信协议是由表示信息结构的格式和信息交换的进程两部分组成的。

5. 嵌入式实时系统

（1）嵌入式计算机。嵌入式计算机是以面向某些专用设备中信息处理与控制任务而设计的一种计算机，它是针对应用系统特别是专用或专业用途设备、装置的功能、可靠性、成本、体积、功耗、实时性等严格要求而设计开发的计算机。它一般由嵌入式微处理器、外围硬件、嵌入式操作系统和特定的应用程序四部分组成，主要面向工业自动化设备实现控制、监视和管理等功能。软件系统工作方式类似于 PC 的 BIOS，具有软件代码短小、高度自动化和响应速度快等特点，适用于有实时处理和多任务自动化要求的系统。

（2）嵌入式系统的嵌入方式。

整机嵌入式：一个带有专用接口的计算机系统嵌入一个控制系统中作为控制系统

的核心部件，该嵌入式系统功能完整而强大。

部件嵌入式：以部件的形式嵌入一个控制系统中，完成某些处理功能，需要与其他硬件紧密耦合，功能专一。一般选用专用的CPU或DSP器件，如伺服电机的驱动与控制单元多数采用CPU或DSP芯片作为控制器并且由制造商开发其内部的嵌入式软件系统。

芯片嵌入式：一个芯片是一个完整的专用计算机，具有完整的I/O接口，完成专一功能，如显示设备、家用电器控制器等，一般为专门设计的芯片。

（3）分布式嵌入式系统。将多台带有微处理器（嵌入式计算机）的设备以分布式连接方式连接起来的系统，通过分布式系统实现嵌入式应用系统。具体的方法如下：

1）将对运行时间要求严格的关键任务放在不同的CPU中，可以更易于满足它的死线要求。

2）微处理器放在设备上，使得设备间的接口容易实现，在设计上避免舍近求远。

3）按照设备信息处理与控制要求的不同选择不同性能和等级的微处理器。

4）许多嵌入式系统采用分布式系统将各个微处理器（嵌入式计算机）用通信链路连接起来形成网络。通信链路可以采用紧耦合型的高速并行通信数据总线，也可采用串行通信数据链路。

5）制造或过程控制所用的计算机系统一般多为分布式嵌入式系统。

五、智能装备通信网络设计

（一）通信网络的功能要求

智能装备应该通过可连接性和智能特性提高其核心价值，为用户创造价值。通信网络用于接收来自智能装备的监测数据，并将监测数据传输至智能管理云平台；管理客户端用于获取智能装备的管理数据，并将管理数据传输至智能管理云平台；智能管理云平台用于对监测数据进行处理，基于监测数据对监测设备的状态进行监测，以及用于基于管理数据对智能装备进行全生命周期管理。上述流程如图3–13所示。

智能装备网络通信的功能要求：

（1）全面感知。利用射频识别（RFID）、二维码、传感器等技术，通过感知、捕获、测量，对物或人的状态进行全面实时的信息采集和获取。

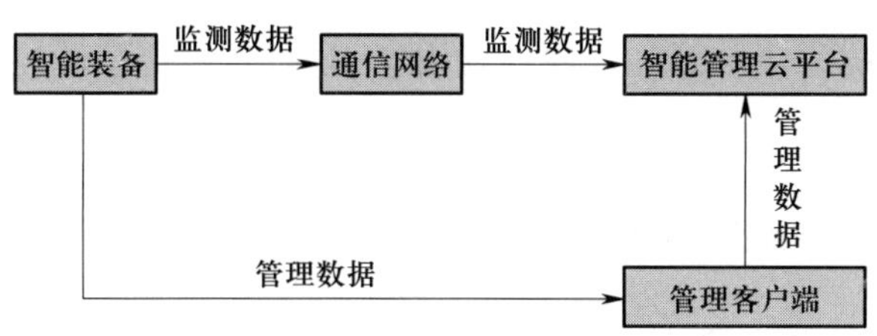

图 3–13　智能装备网络通信的流程

（2）可靠传送。将联网物体接入信息网络，依托各种通信网络，在全球范围内随时随地进行可靠的信息交互和共享。

（3）智能处理。利用计算技术和数据库技术，对海量的感知数据和信息进行分析和处理，实现智能化的决策和控制。

（二）基于物联网的通信网络技术

物联网的技术体系框架如图 3–14 所示，包括感知层、网络层和应用层。

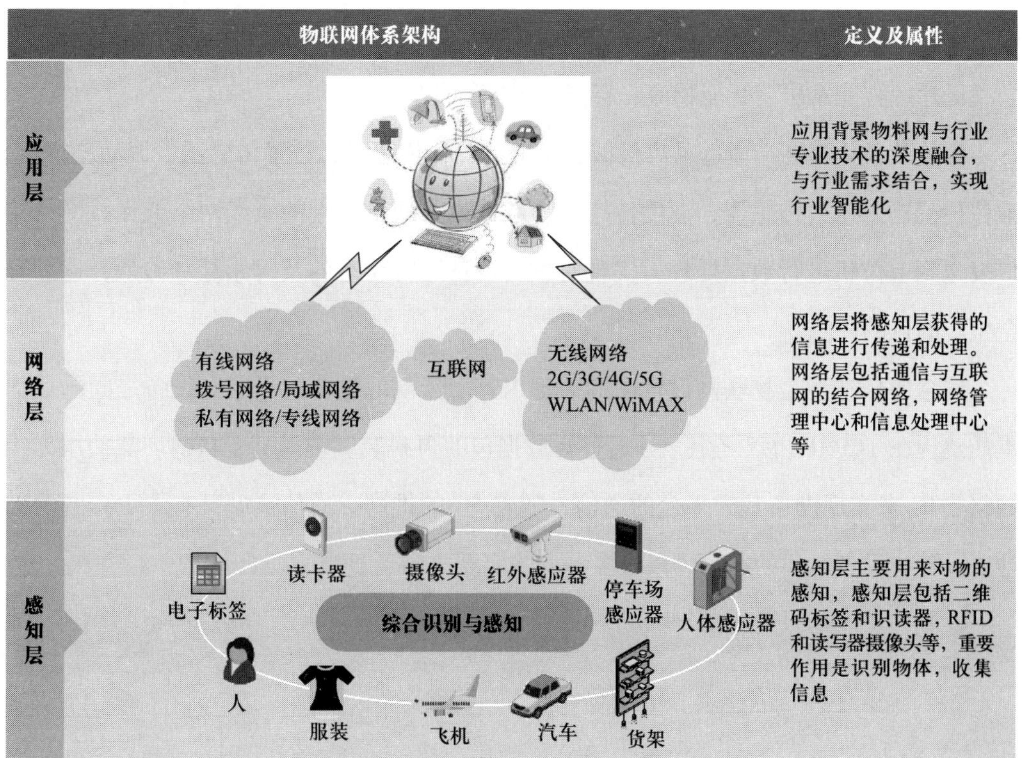

图 3–14　物联网的技术体系框架

1. 感知层

感知层负责数据采集与感知，主要利用 RFID 技术、传感和控制技术、短距离无线通信技术等技术实现，用于采集物理世界中发生的物理事件和数据，包括各类物理量、标识、音频、视频数据。物联网的数据采集传感器网络组网和协同信息处理技术实现了传感器、RFID 等获取数据的短距离传输、自主组网以及多传感器对数据的协同信息处理。

2. 网络层

物联网的网络层建立在现有的移动通信网和互联网基础上。网络层中的感知数据管理与处理技术是实现以数据为中心的物联网的核心技术，其包括传感网数据的存储、查询、分析、挖掘、理解及基于感知数据决策和行为的理论和技术。云计算平台作为海量感知数据的存储、分析平台，是物联网网络层的重要组成部分。

3. 应用层

应用层主要包含应用支撑平台子层和应用服务子层。应用支撑平台子层用于支撑跨行业、跨应用、跨系统之间的信息协同、共享、互通。应用服务子层包括智能交通、智慧医疗、智能家居、智能物流、智能电力等行业应用。

智能装备检测终端通过采集机械装备上的位移传感器、位置传感器、振动传感器、液位传感器、压力传感器、温度传感器等数据，并通过终端的有线网络或无线网络接口发送到上位机进行数据处理，实现对重要设备运行状态的及时跟踪和确认，达到安全生产的目的。

网络通信选型是物联网设计中的关键内容。云端的物联网平台和设备之间的通信本质建构在 TCP/IP 协议之上，并通过对数据包的再封装实现。基于目前广泛使用无线网络、4G 来实现设备和云平台的通信，随着 5G 的推广，通信选型又有了更广阔的天地。设备与设备之间的通信可以有多种方式实现。

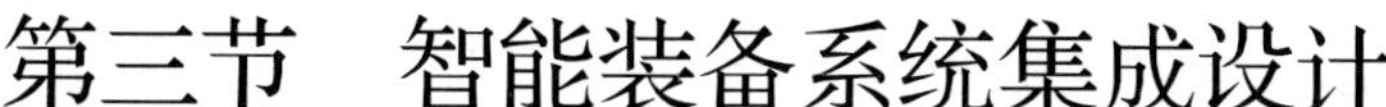

第三节　智能装备系统集成设计

考核知识点及能力要求：

- 掌握智能装备系统集成设计的基本要求。
- 掌握典型智能装备 AGV（自动引导车）机器人的集成开发流程。
- 通过实验掌握智能装备三维建模、虚拟调试、虚实联动等方法。

一、智能装备通信网络设计

系统集成（system integration，SI）通常是指将软件、硬件与通信技术组合起来为用户解决信息处理问题的业务，集成的各个部分原本就是一个个独立的系统，集成后整体的各部分之间能彼此有机协调地工作，以发挥整体效能，达到整体优化的目的。

智能装备是先进制造技术、信息技术和智能技术在装备产品上的集成和融合，体现了制造业智能化、数字化和网络化的发展要求。智能装备的系统集成技术主要是指智能装备、产品设计软件、管控软件、业务管理软件等之间的业务互联技术，具有以下几个特点：

（一）系统集成的共性技术

智能装备研发应聚焦于智能感知、数字化建模与分析、数字孪生建模、质量在线检测、装备故障诊断与预测性维护等共性技术。

（二）系统集成的适用性技术

智能装备还应关注5G、人工智能、大数据、边缘计算等新技术在典型智能装备过程控制、工艺优化、计划调度、设备运维、管理决策等方面的适用性技术。

（三）系统集成的管理方法

智能装备的数字化研发还应充分融合产品全生命周期管理管理理念和基于模型的系统工程（model based system engineering，MBSE），两者为从系统观念出发管理产品研发流程和数据提供了方法论支撑。

（四）复杂设备系统集成的途径

系统集成主要包括设备系统集成和应用系统集成。设备系统集成也可称为硬件系统集成，它是指以搭建组织机构内的信息化管理支持平台为目的，利用综合布线技术、安全防范技术、通信技术、互联网技术等进行装备设计、安装调试、界面定制开发和应用支持。应用系统集成是从系统的高度为用户需求提供应用的系统模式，以及实现该系统模式的具体解决方案和运作方案。应用系统集成又称为行业信息化解决方案集成。

（五）系统集成的实施条件

从技术角度看，系统集成就是要根据用户提出的要求，给用户提供一个完整的解决方案。不仅要在技术上实现用户的要求，而且要满足用户投资的实用性和有效性，遵循技术规范化、工程管理科学化原则。系统集成是一个综合性的工程，是一项复杂且系统的工作，其涉及的不仅是技术和设备的问题，还包括控制、协调、组织、计划等问题。

二、集成产品开发过程

集成产品开发过程（integrated product development process，IPDP）是一种为更好地满足客户需求，制定创造满足或超越客户期望的产品的策略，响应不断变化的客户需求，适应不断变化的市场环境，并结合系统思维产生新的想法，在利益相关方的参与下共同创造价值。IPDP是一个不断开发、持续改进的过程，图3–15列出了IPDP四个阶段执行的主要任务。

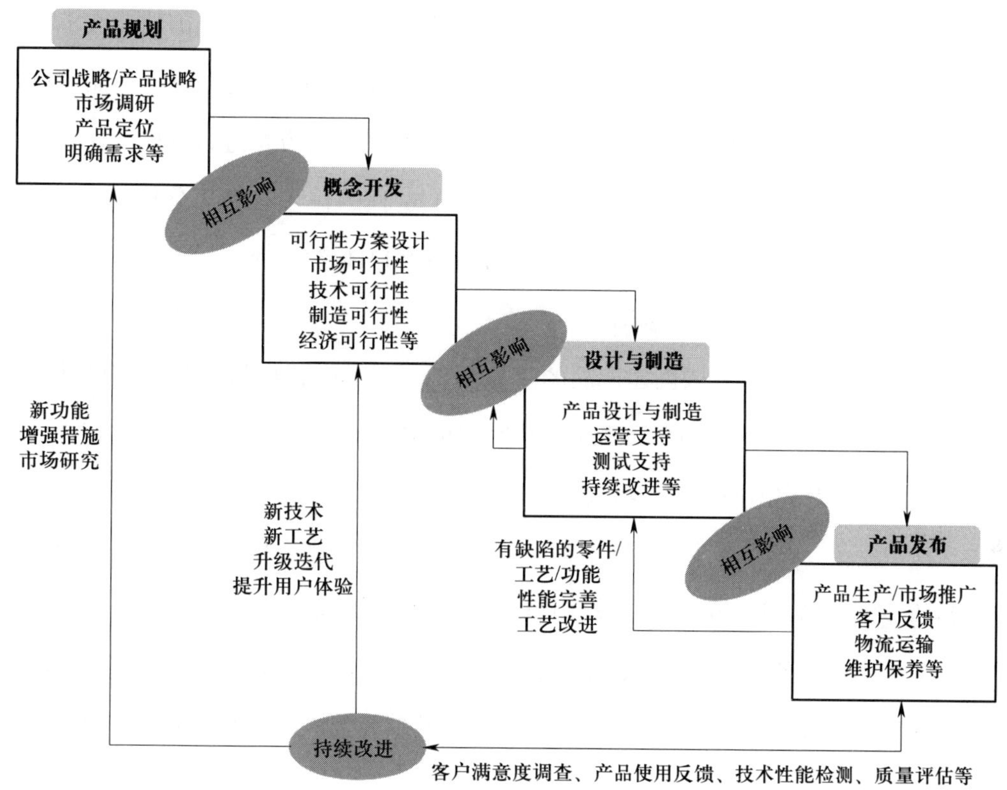

图 3–15　集成产品开发流程

（一）第一阶段：产品规划

IPDP 强调基于市场需求和竞争分析产品创新。为此，IPDP 把正确定义产品概念、市场需求作为流程的第一步，开始就把事情做正确。在该阶段，在确定了企业核心能力与产品策略的契合度的前提下，需要确定产品的地理覆盖范围和市场定位。

此外，在这个阶段，集成产品团队还需要评估所需的技术革新、现有技术的可行性、技术开发的估计时间和成本，以及与市场、财政和技术有关的风险等。该阶段还考虑了持续改进过程的投入，通过开发新特性和改进现有产品，满足新的市场需求或客户需求。

（二）第二阶段：概念开发

概念开发阶段的主要目标是为潜在产品生成可行的系统方案，以满足产品的性能、经济可行性和客户满意度指标。这些概念设计必须确保公司的核心竞争力能够满足生产的要求，同时考虑到市场可行性、可制造性和技术可行性。

在该阶段，企业信息系统识别不同的运行场景和运行模式、产品的功能需求、技术和性能风险，以及产品的主要组成部分和产品之间所需的接口等。根据产品的复杂性，还需要一个系统工程集成团队来确保对所有可能的解决方案进行分析。在这一阶段，来自持续改进（continuous improvement，CI）过程的输入有助于分析新技术 / 过程，包括对现有技术的升级和创建产品，从而提升客户体验。

（三）第三阶段：设计与制造

在设计与制造阶段，从创建产品的工程图纸、产品配置项目规范、“为 X 设计”（DFX）、制造资源计划、生产计划和时间表、测试生产运行以确保产品满足客户要求和质量标准，以及完整的生产、物流和分销计划开始。

在这一阶段，产品设计和制造工程团队与运营经理紧密合作，从端到端的角度管理产品的技术工作。该系统工程活动内容如下：①产品集成、验证和确认计划；②关键场景下产品系统的建模、仿真、测试和评估；③启动准备计划，包括终端用户测试计划、操作准备等。在该阶段，收集设计与生产数据并形成数据管理文件，以正确分析有缺陷的零件、过程或功能。

（四）第四阶段：产品发布

在产品发布阶段，产品被交付到潜在市场。在生产和部署过程中，开发产品售后服务管理系统，以确保产品达到质量标准，满足客户需求，实现业务计划目标。这需要提供客户服务、物流、维护、培训等，并通过 CI 过程来监控产品和产品系统的技术性能和产品质量，CI 过程是通过客户满意度调查和远程或手动观察、记录和分析过程性能指标、技术性能指标、质量指标等广泛的数据收集来实现的。

三、案例分析——AGV 系统集成开发

（一）AGV 控制功能需求分析

信息化及自动化技术的快速发展，为 AGV 的研究与应用提供了广阔的空间。AGV 被广泛应用于各个行业，尤其在自动化仓库、生产车间、生产线、分拣线、组装料、包材载具、货架搬运等领域，AGV 发挥着越来越重要的作用。AGV 具有智能化且动作灵活的优点，能够显著提高工作效率。具体来说，AGV 具有以下特点：① AGV

能够确保重复工作的可靠性，大大提高工作效率；② AGV 导向方便，能够更好促进功能的调整，有利于整体车间设备重新布局；③ AGV 能够自动将货物运送到指定地点，大幅节省了人力和物力；④ AGV 可以更好配合自动仓库系统中的自动运输线，实现货物的自动装卸；⑤ AGV 功能设计须考虑安全因素，如避障、防撞、报警等；⑥ AGV 功能设计须纳入无线网络通信技术，为实现智能调度奠定基础；⑦ AGV 供电电源采用直流电池，噪声污染小，能够有效改善作业环境。

通过将智能制造大赛实验平台进行更多智能装备的融合，AGV 可以使整个系统更优化、更灵活、效率更高，所以也需开发不同类型的 AGV，融入系统解决方案中。根据项目实际需求，需要对项目具体的技术参数进行确定。在多轮的方案讨论与确定后，最终形成具体的 AGV 技术参数，见表 3–6。

表 3–6　AGV 技术参数

类型	项目	需求	备注
基本要求	本体机种	6 轮单向承载式	
	应用场合	生产线、搬运线、分拣线、运输线等	
	本体质量	100 kg 左右	
	底盘高度	50 mm 左右	
	最小运动范围	1 m 半径的圆	
	产品尺寸	693 mm × 585 mm ×（700 ~ 1 200 mm）皮带高度	可承载治具，周转箱，机械臂、滚筒、可拖挂料车等
基本参数	导引方式	激光导航	
	行走方向	双向走行，左右转，分岔，原地旋转	
	定位方式	激光 Slam	
	驱动方式	差速驱动	伺服电机
	驱动控制	单车模式、联网模式	
	驱动电源	DC 48 V	
	运载能力	≥ 150 kg	承载最大质量

续表

类型	项目	需求	备注
基本参数	传送载重能力	≥ 15 kg	
	行走速度	0 ~ 108 m/min	
	导航精度	± 10 mm	
	工作方式	24 h，待机省电模式	
	续航时间	10 h	
	爬坡能力	5°	
	定位精度	± 10 mm	
	充电方式	离线充电、在线充电	
	安全感应范围	≤ 1 m，可调，紧急制动距离小于 20 mm	
	报警形式	声光报警	
	蓄电池	锂电池	可拆换模块
	电池保护	过载，温度检测	
	安全防护	激光 + 超声波 + 防撞条 + 急停按钮	多重防护
	设计寿命	10 年	
移载装置	速度	0.35 m/s（可调）	
	尺寸	400 mm × 500 mm	
通信方式	通信频率	10 Hz	
	传输速度	100 Mbit/s 带宽	
	发射功率	≤ 5 W	
	有效区域半径	100 m	
运行环境	运行噪声	≤ 75 dB	
	抗干扰设计	EMC / EMI /ESD	
软件	状态显示	应用场景切换、电量显示、速度、网络状态、版本信息等	
	车辆管理	中控	

（二）AGV 控制系统集成开发

1. AGV 系统集成方案

智能 AGV 机器人由机械本体、传感系统、控制系统、感知系统等部分组成，相互关系如图 3–16 所示，机械本体由机械结构和驱动系统组成。机械结构包含车体、车轮、转向装置、装卸装置以及安全装置，其他系统还包含电池及充电装置和驱动系统、安全系统、控制与通信系统、导引系统等。

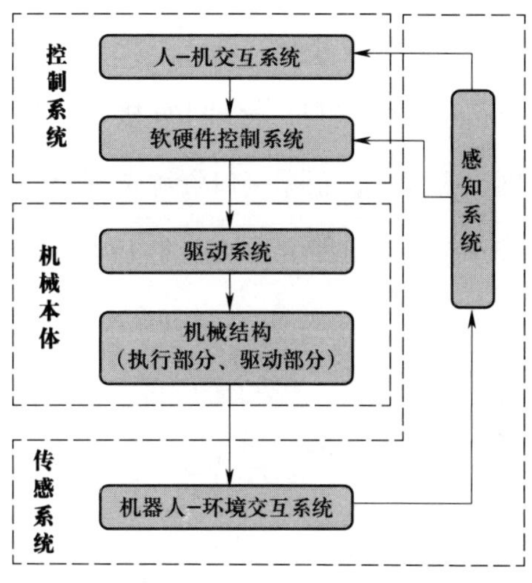

图 3–16　AGV 系统集成方案

2. AGV 控制系统设计

设计开发步骤：根据技术参数要求以及系统模块组成，控制系统体系架构如图 3–17 所示，确认系统各模块之间的通信接口。

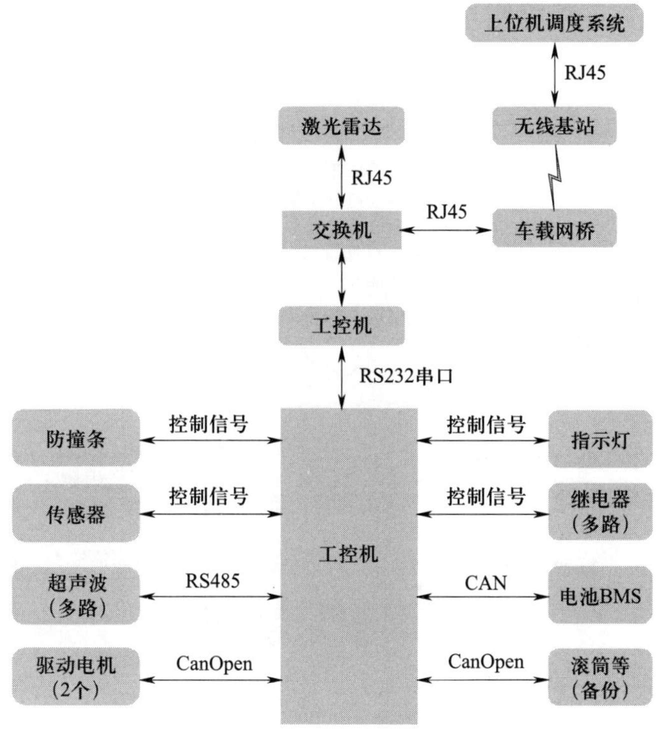

图 3–17　控制系统体系架构

3. AGV 主控系统设计

AGV 主控系统设计可以完成 AGV 本体运动控制、声光告警控制、与工控机通信、电池信息读取、避障处理，以及各个控制信号的读取等工作。

设计开发步骤：确认系统，针对各模块进行设计开发，核心主控板设计，明确所有传感器的接口，梳理 I/O 接口数量以及 RS485 接口、串口、CAN 总线、SPI、USB、网口等接口，根据接口资源选择合适的主控芯片，并进行控制板的开发设计工作。主控系统接口电路设计如图 3–18 所示。

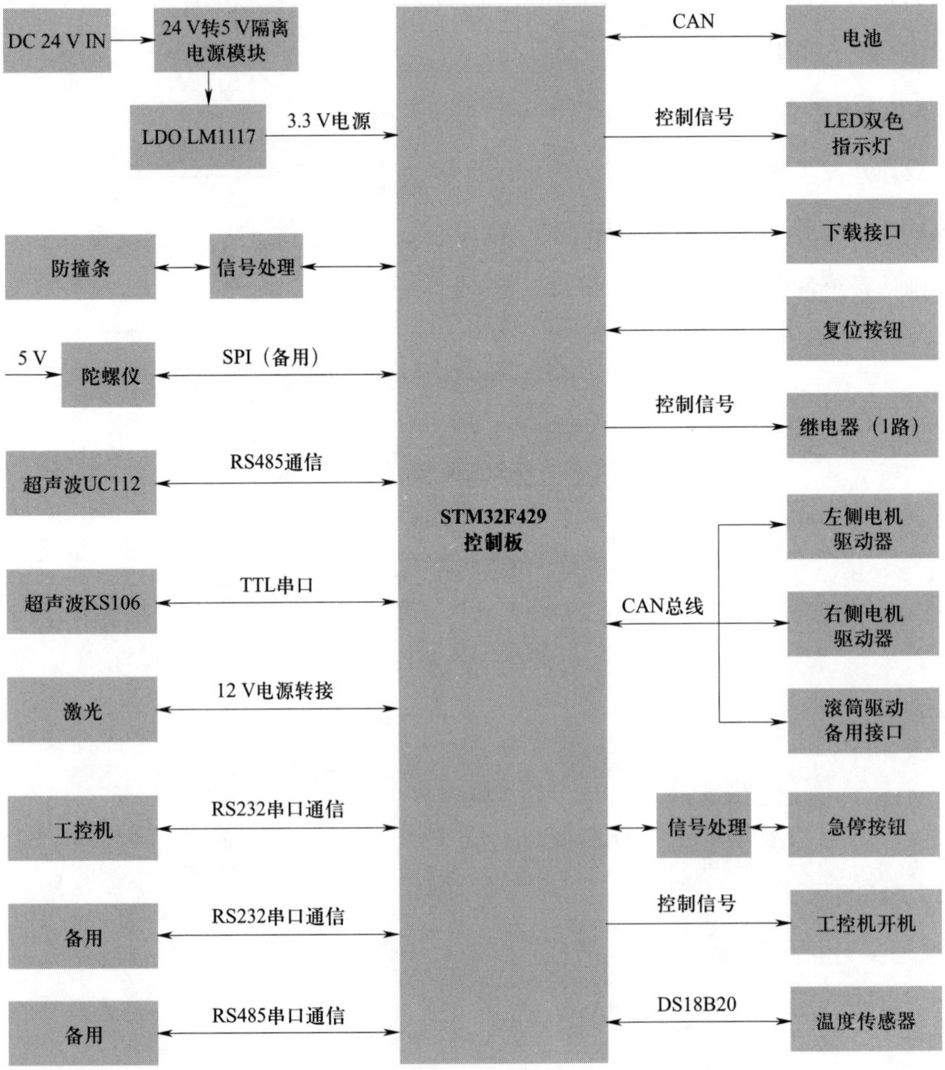

图 3–18　主控系统接口电路设计

4. AGV 电源系统设计

AGV 本体需用到的电压分别有 48 V、24 V、12 V、5 V、3.3 V，需要对电源系统进行细分设计，电池总动力提供 48 V 电源，通过 100 W 开关电源转换成 24 V 给各类传感器、控制板提供动力，48 V 电池电源直接给电机提供动力，控制板将 24 V 细分为 12 V、5 V、3.3 V。电源系统架构设计如图 3-19 所示。

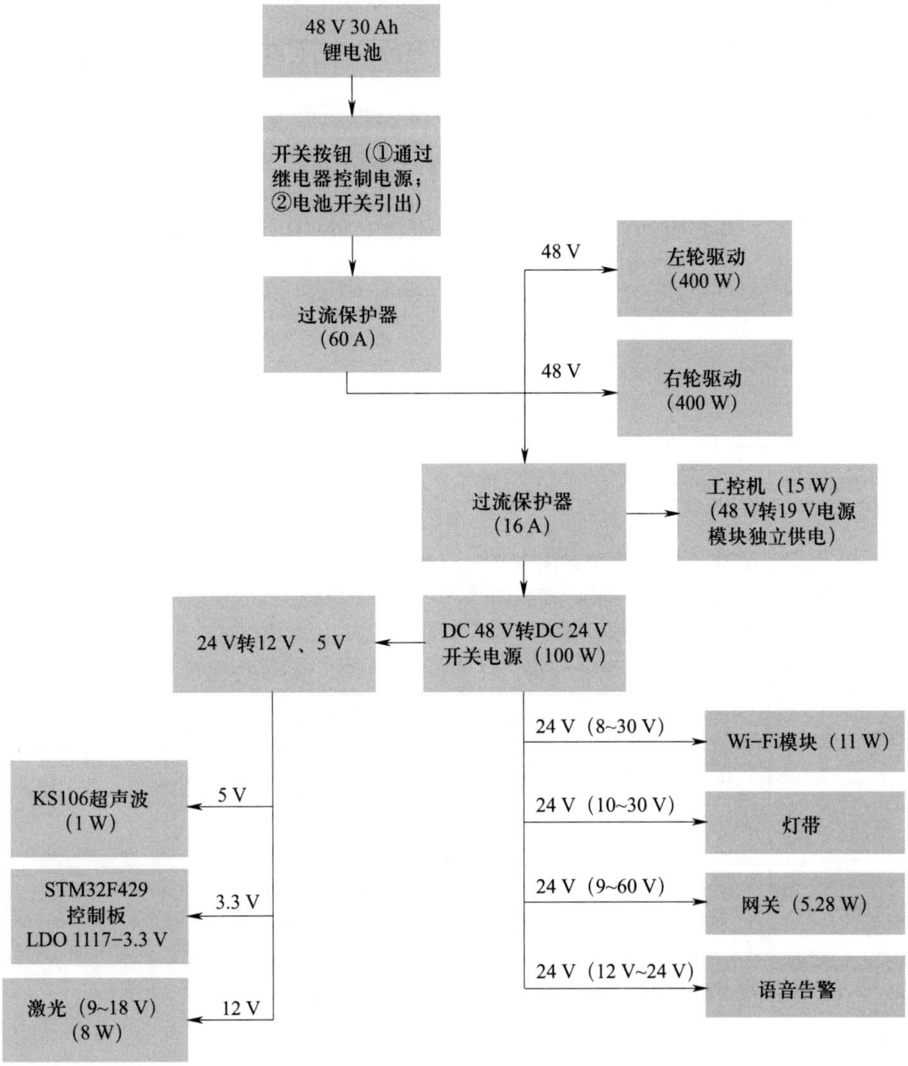

48 V 30 Ah
锂电池
开关按钮（①通过继电器控制电源；②电池开关引出）
过流保护器
(60 A)
48 V
左轮驱动
(400 W)
48 V
右轮驱动
(400 W)
过流保护器
(16 A)
工控机（15 W）
(48 V转19 V电源模块独立供电)
24 V转12 V、5 V
DC 48 V转DC 24 V
开关电源（100 W）
24 V（8~30 V）
Wi-Fi模块（11 W）
5 V
KS106超声波
(1 W)
24 V（10~30 V）
灯带
STM32F429
控制板
LDO 1117-3.3 V
3.3 V
24 V（9~60 V）
网关（5.28 W）
激光（9~18 V）
(8 W)
12 V
24 V（12 V~24 V）
语音告警

图 3-19　电源系统架构设计

5. AGV 安全系统设计

AGV 设计应具有避障、防跌落、机构防撞等安全防护功能，多安全防护部件与机制构成 AGV 本体安全防护系统。AGV 安全防护系统可由激光、超声波、红外、视觉相机、光电测距传感器、防撞机构等多种传感器或部件组成，包含 AGV 的非接触式避障、防跌落及接触式碰撞防护功能。

（1）避障。AGV 避障可分为停障和绕障两种方式。

AGV 停障是指当 AGV 探测到行进路线上的一定距离内有障碍物阻挡时，AGV 发出并执行减速制动指令，待障碍物清除后继续行进的避障方式。AGV 绕障是指当 AGV 探测到行进路线上的一定距离内有障碍物阻挡时，尝试直接绕过障碍物而继续行进的避障方式。该方式通过传感器测算障碍物之外的可行域是否满足 AGV 通过条件，若满足，则 AGV 提前绕过障碍物从可行路径通过。传感器避障类型及工作原理见表 3–7。

表 3–7　传感器避障类型及工作原理

类型	工作原理
激光传感器避障	激光传感器避障原理是通过测距方式来判断障碍物的形状和尺寸特征。其测距方式是由激光发射器发出时间很短的激光脉冲，接收器接收返回信号，根据入射波与反射波的延时，测出与目标的实际距离。激光传感器可以同时测量或计算出可行域的宽度，再参考 AGV 本体尺寸，判断出 AGV 可绕障还是停障
超声波传感器避障	超声波传感器原理是在发出超声波后检测反射波延迟，根据声速计算目标与物体之间的距离。超声波与空气中的速度和湿度、温度有关，需要考虑到这些因素。超声波传感器有效距离一般在 10 m 左右，且会有最小几十毫米的检测盲点，因此需根据场景避障要求进行选择
红外传感器避障	红外传感器大部分采用三角测量方式。首先发射器以一定的角度向待测物体发射红外光束，另一个接收器检测到被物体反射回来的红外光束，从而得到一个偏移值。然后利用几何关系可以根据发射角度计算得到传感器与物体的距离。常见红外传感器的测量距离都比较近，此外，透明物体无法用红外传感器检测距离，因为红外线会穿透透明物体，因此需根据场景避障要求进行选择
视觉传感器避障	视觉传感器避障方式一般使用多个视觉传感器，通过算法计算出物体的形状、尺寸、速度以及深度距离等参数。视觉传感器避障应用场景比较广泛，但需要复杂算法的支持。此外，视觉传感器受环境光线和能见度等因素的影响较大

 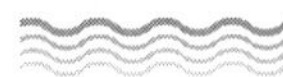

（2）防跌落。AGV 通过光电测距传感器，用于行进道路上沟槽检测。光电测距传感器通过发射光束的方式照射斜下方物体，根据从物体返回的光束来测算物体与 AGV 的距离。当光电测距传感器检测距离发生变化并超过预设的值时，即判定为遇到沟槽，工控机会发出命令使 AGV 紧急停车并发出报警信息，以避免跌落。

（3）机构防撞。AGV 在本体外围处配备防撞条、安全触边等防撞机构，当有物体碰到防撞机构时，防撞机构的接触式开关因为外力碰撞而触发，AGV 主控单元立即发送指令使 AGV 紧急停车并发出报警信息，从而避免 AGV 本体和碰撞物受损。

6. AGV 网络安全规划

（1）无线网络安全。通过以下措施提升无线网络安全：

1）无线口令安全加固。车载端和本地端的无线接入点（AP）采用 WPA2 安全模式，在此基础上，加固无线网络用户口令：采用 16 位由字母（大小写）、数字、字符组成的高强度密码，且密码中不能包含用户名的字母组合；每隔 6 个月修改一次登录密码；理论上 16 位复杂密码采用暴力破解需要 1 万年时间。

2）隐藏无线网络的 SSID。设置 AP 无线网络接入点 SSID（网络接入点的服务集标识），使攻击者无法扫描到无线网络接入点，降低被攻击的概率。

3）启用无线认证。启用 MAC 地址过滤功能，只将 AGV 内部网桥设备加入该接入点 AP 的 MAC 地址访问控制列表中，确保只有合法设备才可接入无线网络。

4）限制无线网络覆盖范围。无线网络的覆盖范围取决于设备发射功率。在工程实施时，根据不同站所的大小和环境，在满足机器人正常通信前提下，调整发射功率至最低值，以限制无线网络覆盖范围。

（2）本地局域网安全。车载子系统与本地监控后台上位机和下位机都设置软件防火墙出入站规则，仅在白名单中的 IP 可以进行网络通信，从而降低非法 IP 设备接入的风险。

车载子系统与本地监控后台通过软件防火墙进行交互，通过设置软件防火墙的入站、出站规则，仅允许通过合法端口进行网络通信。

（3）内网（专网）安全隔离。本地端与远程集控端通过硬件防火墙和专网连接，使用多种攻击防范技术，可以防范网络上存在的大多数攻击。

（4）主机与数据库。信息网络安全最常见的威胁之一就是计算机病毒，为了保证系统内数据不受病毒破坏而正常运行，需要在客户端、工控机服务器等设备上安装防病毒软件，防止病毒入侵服务器并扩大影响范围，实现 AGV 系统的病毒安全防护。在安装防病毒软件的基础上，定期更新防病毒软件的数据，以阻止新病毒的破坏。从技术层面来看，杀毒软件从四个方面确保系统安全，即预防、检测、杀毒、免疫。

（三）AGV 智能调度应用开发

1. 系统架构设计

AGV 智能调度系统需要满足多车联合调度的要求，可以确保在行驶路线有干涉情况下，AGV 不会出现撞车、不会同车间内其他物料配送产生路线冲突，可以确保生产效率。除此之外，还需要实现对于 AGV 异常情况、电量以及位置的监控处理，并且还可以在系统中显示其运行状态，在 AGV 空闲或者电量过低时，能够自动回到充电桩进行充电。针对以上需求，AGV 智能调度控制系统硬件架构设计如图 3–20 所示。

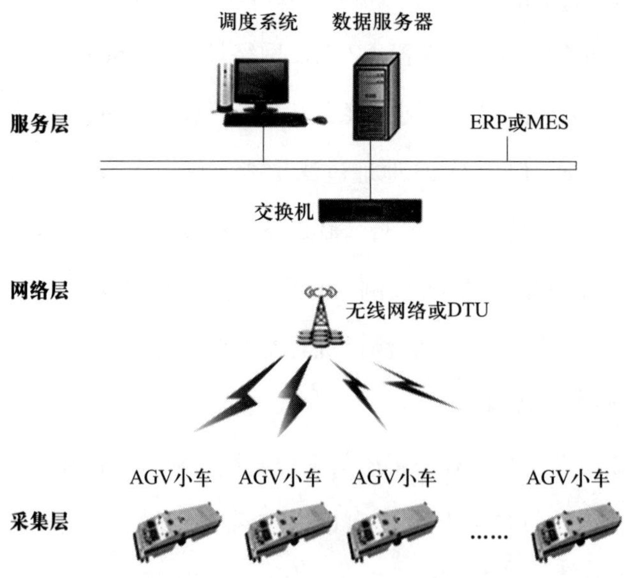

图 3–20　AGV 智能调度控制系统硬件架构设计

2. AGV 调度系统功能设计

AGV 调度系统接口程序通过局域网或者无线终端设备（DTU）控制现场 AGV，同时，调度系统能够提供接口上传数据至 ERP 或 MES。AGV 调度系统主要功能见表 3–8。

表 3-8　　AGV 调度系统主要功能

功能名称	功能含义
AGV 任务调度	任务调度就是与 AGV 进行通信，从空闲 AGV 中选择一台，并指导 AGV 按照一定的路线完成运输的功能
实时路径规划	根据选中的 AGV 所在的位置，以及目标产线单元位置，对 AGV 的行进路线进行最优规划，并指导 AGV 按照规划路线行进，以完成运输功能
交通管制	在某些特定区域，由于空间原因或工艺要求，只能有一辆 AGV 通过，或者两辆 AGV 不能对头行驶，因此需要调度系统对 AGV 进行管理，指导某一 AGV 优先通过，其他 AGV 再按照一定的次序依次通过
现场设备信号采集与动作控制	客户现场有些设备需要与 AGV 进行物理对接，实现物料的自动装卸车，在此情况下，必须通过调度系统采集现场设备的运行状态信息，并且在某些时候需要发送信号控制现场设备的动作
MES 或 ERP 接口	调度系统任务信息可能来自 MES 或 ERP 系统，同时也有义务向 MES 或 ERP 汇报任务执行结果
状态查询	MES 或 ERP 查询系统中所有 AGV 状态信息，包括：AGV 当前产线单元、运行状态（待命、启动、停车、急停、电压不足等）、传感器状态（因障碍物减速等）、当前运行速度、扩展输入输出端口状态、当前电池电量等
任务查询	MES 或 ERP 查询调度系统中当前正在执行或排队等待执行的任务信息，包括：任务标识、任务类型（特定 AGV 任务、随机任务、长时间任务、充电任务等）、任务详情（起始工位、目标工位、产品类型、产品数量等）、任务优先级、任务执行状态（正在执行、已经执行完毕、正在等待执行、取消执行等）、任务起止时间等
任务下达	MES 或 ERP 向调度系统下达任务信息，调度系统向 MES 或 ERP 返回任务标识。任务信息包括：任务类型（特定 AGV 任务、随机任务、长时间任务、充电任务等）、任务详情（起始工位、目标工位、产品类型、产品数量等）、任务优先级等
设备工况监控	对 AGV 的运行状态及任务信息等进行监控，以图形化的界面对 AGV 行进路线与位置信息进行显示，并具有任务信息历史、AGV 工作状态日志查询等功能

四、AGV 集成设计与开发实验

实验一：AGV 虚拟装配工艺规划

1. 实验目的

利用三维设计软件 SolidWorks 进行 AGV 的虚拟装配及优化。

2. 实验设备

三维设计软件 SolidWorks，计算机。

3. 实验内容

（1）根据设计要求，导入 AGV 各子装配体的三维模型，完成虚拟装配。

（2）针对虚拟装配问题，进行 AGV 某一模块的设计优化。

4. 实验步骤

利用三维设计软件 SolidWorks 进行 AGV 虚拟装配工艺规划及模块优化，具体实验步骤如下：

（1）打开 SolidWorks 软件，打开文件提供的 AGV 三维模型，如 AGV 的万向轮、AGV 悬挂系统、AGV 的驱动系统、AGV 导航系统、AGV 避障系统、AGV 升降杆、AGV 移载装置等。

（2）完成 AGV 的虚拟装配。

（3）针对虚拟装配问题，分析 AGV 三维模型的待优化模块和零件。

（4）针对优化方案，重新设计零件和模块。

（5）将优化后的模块和零件虚拟装配，形成最终的装配工艺规划。

实验二：AGV 嵌入式硬件控制系统设计

1. 实验目的

掌握使用 EDA 软件来设计 AGV 控制板硬件原理图。

2. 实验设备

依托智能制造综合实验平台进行 AGV 嵌入式硬件控制系统设计。主要实验软件和硬件模块如下：

（1）PADS9.5 软件。

（2）AGV 各个控制模块。

3. 实验内容

AGV 硬件控制系统的原理图设计，包括电源模块、驱动模块、通信模块、控制模块等。

4. 实验步骤

（1）根据所选电源型号以及控制电路需求，设计电源模块并满足输入 / 输出电压电流要求及纹波要求。

（2）根据所选电机与驱动型号，设计驱动模块并满足输入 / 输出电压电流要求及通信线路要求。

（3）根据所选通信模块，设计通信模块并满足输入 / 输出电压电流要求及通信线路要求。

（4）采用 STM32 芯片作为控制器，设计控制模块并满足输入 / 输出电压电流要求及通信线路要求。

（5）将以上模块集成，完成整体的控制系统设计。

实验三：AGV 嵌入式软件控制系统设计

1. 实验目的

掌握使用 Keil 软件来设计 AGV 嵌入式控制系统。

2. 实验设备

依托智能制造装配实验平台进行 AGV 嵌入式控制系统设计实验。主要实验软件和硬件模块如下：

（1）Keil 软件。

（2）AGV 各个控制模块。

3. 实验内容

（1）AGV 各控制模块的通信程序开发。

（2）AGV 的运动控制与安全防护。

4. 实验步骤

（1）部署 UCOSIII 多任务系统。

（2）在 UCOSIII 系统内开发基于 CAN 总线协议的电机驱动控制程序。

（3）在 UCOSIII 系统内开发基于 TCP 协议的上位机通信接口。

实验四：AGV 与 MES 集成实验

1. 实验目的

本实验旨在通过使用 Socket 编程和 C++ 语言开发一个与 AGV 集成的中间件，让学生掌握网络编程的基本概念和技术，并掌握 Socket 与 C++ 的基本用法。通过本实验，学生将学会使用 Socket 库在客户端建立 TCP 连接、接收和发送数据，并能够实现简单的客户端与服务器之间的通信。

2. 实验设备

（1）一台支持 C++ 编程的计算机。

（2）操作系统：Windows、Linux 或 macOS。

（3）开发环境：编译器（如 GCC、Visual Studio 等）。

3. 实验内容

（1）掌握 TCP/IP 协议栈和 Socket 的基本概念。

（2）掌握 Socket 编程的基本流程和函数调用方法。

（3）熟悉 TCP 连接的建立、数据传输和断开的过程。

4. 实验步骤

（1）配置开发环境导入 Socket 所需头文件。

（2）创建 Socket。创建 Socket 用于通信，并指定对应的 IP 协议、数据传输格式、传输协议。

（3）设置服务器的 IP 与端口号。为客户端设置服务器 IP 地址以及端口。

（4）按照表 3–9 要求编写发送给服务器的数据。首先需要编写发送数据的程序，收到服务器返回的命令后，识别执行效果。

（5）通过连接 AGV 进行测试。连接上 AGV 服务器后，按照表 3–9 分别发送 AGV 编号数据一次、AGV 是否空闲数据两次，以及其他随意数据一次查看是否与表 3–9 服务器返回数据格式一致。

表 3–9　　AGV 数据接口及规定

接口名称	服务器接收数据格式	服务器返回数据格式
AGV 编号	FC 0B 01 00 00 00 00 CF	FC 0B 01 00 00 02 00 CF （2 为编号值）
AGV 是否空闲	FC 0B 02 00 00 00 00 CF	FC 0B 02 00 00 01 00 CF （01：空闲；00：占用，每次查询切换）
其他	除了上面两种	FC 00 00 00 00 00 00 CF

思考题：

1. 智能装备设计与开发目标主要包括哪些内容？
2. 智能装备系统由哪些部分组成？
3. 智能装备关键支撑技术有哪些？
4. 基于 CPS 的分层结构设计有什么特点？
5. 智能装备机械本体系统设计一般包括哪几部分？
6. 智能装备驱动系统分为哪几类？请简要说明各类驱动系统选型的基本要求。
7. 智能装备传感系统设计中选用的传感器有哪些类型？
8. 简述智能装备控制系统设计的主要步骤。
9. 简述基于物联网技术的智能装备网络通信设计的三层技术体系的特点。

第四章 智能产线规划与设计

本章面向智能装备与产线开发工程师，旨在培养其具备先进的智能产线规划与设计能力。内容包括产线布局与仿真优化、智能产线规划、智能产线工艺设计及仿真、智能产线虚拟调试。读者将学习产线布局原则，并基于模型来优化布局；能进行智能装备和产线整体设计、各单元模块设计、单元模块间工作流程与布局设计，通过仿真分析提前发现问题并进行优化，以实现高效生产。

- **职业功能：**智能装备与产线开发。
- **工作内容：**进行智能产线的规划与设计。
- **专业能力要求：**能进行智能产线的工艺设计与仿真；能进行智能装备和产线各单元模块、单元模块间工作流程与布局的设计与仿真分析；能进行智能装备与产线的三维建模。
- **相关知识要求：**产线规划与仿真技术；CPS 系统与架构；虚拟测试分析技术。

第一节　产线布局与仿真优化

考核知识点及能力要求：

- 掌握智能产线布局基本概念。
- 掌握智能产线布局数学模型。

生产线布局设计是指利用组合优化方法求解带约束多目标优化问题的方案设计过程。生产线布局设计是制造系统设计的重要组成部分之一，本节主要阐述生产线布局设计的基本概念和计算机仿真布局优化方法。

一、生产线布局设计的基本概念

设备布局是在确定了厂房空间和车间设备的前提下，按照一定的优先原则，对车间的设备进行排列组合和优化的过程，其中优化的对象往往是车间物流运输当量。这些优化原则通常是生产加工中的重要因素，如不同工位之间的运输密度、总物流当量、运输的时间成本等。布局优化不仅能够保障生产过程的顺利运行，而且能够提高生产率，同时也为车间员工的工作环境提供了安全保障。

布局问题不仅要看设备的摆放是否影响设备的正常运行，还应该考虑生产调度、安全可靠性、仓储物流等因素。因此，布局的合理性对车间的生产加工有直接影响。此外，布局规划时还应考虑在现有条件的基础上，对未来可能的布局调整进行规划分析。规划布局与车间其他因素的关系如图 4–1 所示。

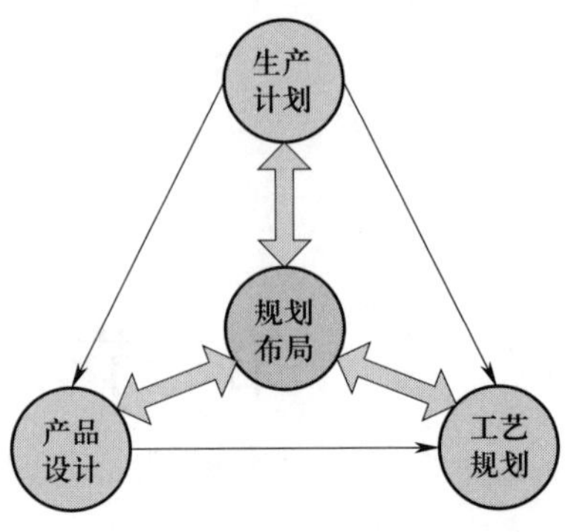

图 4–1　规划布局与生产计划、产品设计和工艺规划之间的关系

设备布局包含 6 个基本要素：布局空间、布局对象、布局目标、输入参数、约束集合和算法集合。

（一）布局空间

布局空间是指设备布局中需要进行设计的空间场所，通常简化为矩形。在进行布局设计前需要获取布局空间的具体尺寸参数，确保能容纳所有设备。

（二）布局对象

对一般制造企业而言，设备布局对象是指要布置在布局空间里的制造资源，如机床设备、物料运输设备、检测设备等。

（三）布局目标

布局问题属于多目标优化问题，各个目标之间相互影响制约，为了统一目标，需要为各个目标赋予不同的权重。布局的模型见式（4–1）：

$$o=\sum_{i=1}^{n}\delta_i E_i \tag{4–1}$$

式中　δ_i——第 i 个目标的加权值；

E_i——第 i 个目标函数。

（四）输入参数

输入参数主要包含待布局空间的尺寸参数和形状参数、设备的数量、每台设备的几何尺寸参数、设备间的间隔距离参数，以及设备间的物流强度等。

（五）约束集合

在进行布局设计中，设备间的相互位置有一定的约束，例如：一台设备只能布置在一行中，并且只能出现一次；同一行内的两台设备之间应当避免出现干涉或重叠的现象等。

（六）算法集合

求解设备布局问题通常要用到模拟退火算法、遗传算法、蚁群算法等。

综上所述，设备布局可以用式（4–2）来描述：

$$Layout=\left(LS,\bigcup_{i=1}^{n}P_i,\bigcup_{f=1}^{m}O_i,\bigcup_{k=1}^{p}X_k,\bigcup_{j=1}^{q}C_j,\bigcup_{l=1}^{s}F_l\right) \tag{4–2}$$

式中　LS——布局空间；

$\bigcup_{i=1}^{n}P_i$——布局对象；

$\bigcup_{f=1}^{m}O_i$——目标集合；

$\bigcup_{k=1}^{p}X_k$——参数集合；

$\bigcup_{j=1}^{q}C_j$——约束集合；

$\bigcup_{l=1}^{s}F_l$——算法集合。

二、生产线布局的基本原则和主要因素

生产线布局设计的目标是让生产设备在确定的空间内得到科学合理的安排，以达到物流成本最低、效率最高等目标，使企业获得最大的效益，因此它需要遵循若干原则。

（一）生产线布局的基本原则

1. 产品原则布局

产品原则布局也称流水线式布局，是指按照产品制造的工艺流程对设备进行布局的方式，如图 4–2 所示。采用产品原则布局方式，生产设备或单位一般按照某种或几种（这几种具有相同或类似的工艺流程）产品的加工路线进行安排。典型的案例是流水线生产，符合产品的生产工艺流程，因此生产过程比较顺畅；工序之间连接紧密，不易在每个工位前形成大量库存，同时物料在各个工位之间的搬运也较少；生产过程简单，速度快，同时减少了对工人的培训时间和培训费用。但是，也正是基于它的连续性，若其中某一环节中断，将会导致整条生产线陷入瘫痪，而且对于新订单新产品来说，需要对老的生产线进行重新布置，会引起较大的经济损失；同时，重复操作容易引起工人疲劳，不利于车间内的生产加工和产品的质量保障。

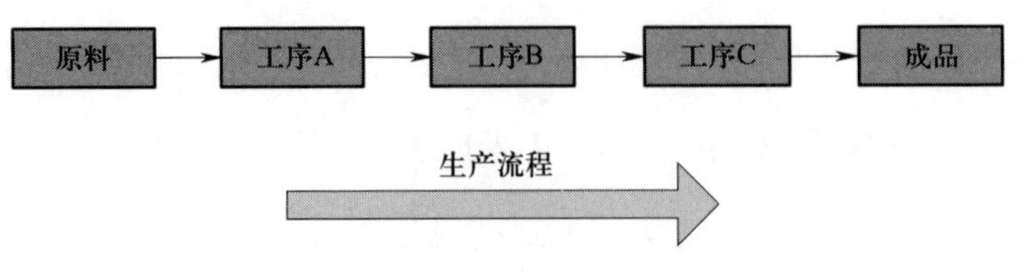

图 4–2　产品原则布局

2. 成组技术布局

成组技术布局又称单元式布局，方式如图 4–3 所示。在实际的生产组织中，一个生产单位既有按照工艺原则布局的单位，又有按照产品原则布局的单位，成组技术布局是将不同的机器按照生产工艺的要求进行成单元块布置，使每一个单元能够生产特定的零部件，但是相应的产品种类较少。这种生产布局方式具有很多优点，如使工人组成一个小的团队，增加了团队合作机会；在一定的加工周期内重复程度高，有利于工人技术水平的提高；同时能够减少物料流，提高生产率。同时它也有一定的缺点，对团队要求较高，在每个单元之间会存在较多在制品。

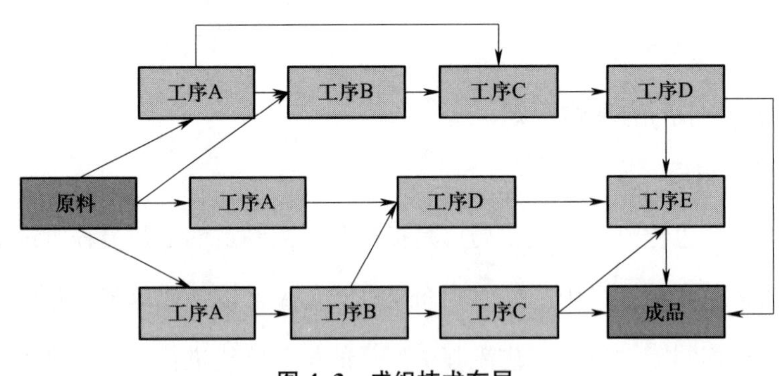

图 4–3　成组技术布局

3. 工艺原则布局

工艺原则布局是指依照产品的工艺特征来设计设备布局的方式，如图 4–4 所示。在这种布局形式下，类似的生产设备或单元聚集在一处。例如，机械制造厂常将车床、铣床、磨床等设备分类布局，形成特定的车工车间、铣工车间、磨工车间。各类的机床组或车间保持一定的顺序，按照大多数零件或产品的加工路线来排列。该方法具有较大的生产柔性，适用多品种小批量加工，对于航天大型零件来说，该方法具有很好

的应用前景。但是，该方法无论在管理上还是在物流搬运上都较为复杂，连续性较低，不利于生产速度要求较高的订单。

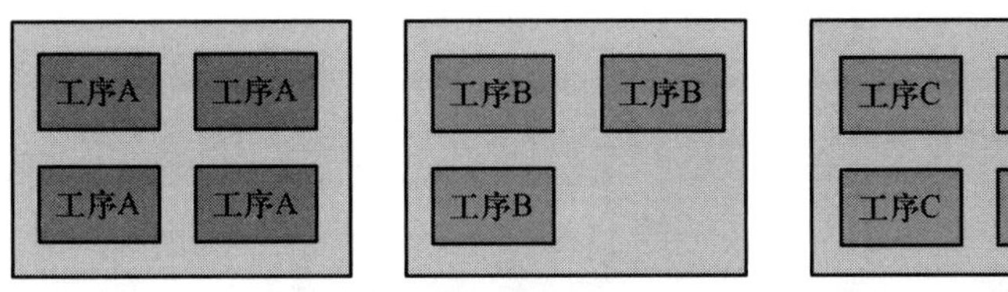

图 4-4　工艺原则布局

4. 固定工位布局

固定工位布局是指将要加工的对象固定在一个位置，生产设备移动到加工对象处而不是加工对象移动到生产设备处的布局方式。这种布局方式通常适用于生产体积和质量都非常大、不易于移动的产品，且通常只能以单件或小批量生产的产品，如船舶、飞机、建筑等领域的大型件。

此外，设备布局还存在许多的分类方式与标准，设备布局还可以分为静态布局和动态布局。静态布局就是传统意义上的布局，然而，随着经济的发展，人们的需求日益呈现多样化的趋势，许多企业为了对多变复杂环境做出快速响应，要在产品的功能、数量等因素发生变化的基础之上进行重新布局。因此，现代生产中具有较强鲁棒性的动态布局逐渐取代了传统的静态布局。

上述四种布局方式的比较如图 4-5 所示。从车间所加工的产品种类和产品数量两个角度来看，成组技术布局和工艺原则布局两种方式多针对产品种类较多的车间布局，特别是对于目前需要满足客户的特性定制要求的智能制造过程；产品原则布局方式则多针对产品数量较大的制造环境，在传统的生产模式下（如批量生产）可满足大众需求的产品；固定工位布局方式的生产柔性不足，应用已越来越少。

（二）影响生产线布局的主要因素

在生产线布局过程中，并不只是简单地对模块单元进行排列，而是将多种影响因素考虑进去，比较重要的是车间物流、厂房面积、产品工艺流程、工位制约因素等，影响生产线布局的主要因素具体有以下方面：

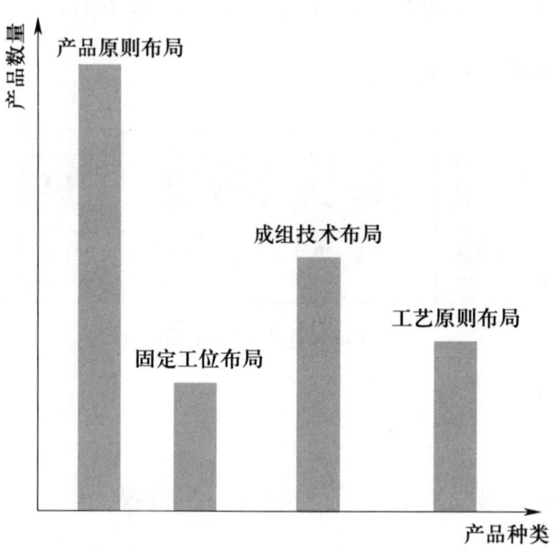

图 4-5　四种布局方式比较

1. 车间物流

工厂内部粗坯和半成品流动称为生产车间物流。一般的布局过程必定考虑物流量的变化，因为它对车间生产率以及生产成本的制约较其他因素更大，关系到珩车或者 AGV 的运行次数。对该问题进行分析，能够明显提高生产率。一般需要考虑运输过程中的碰撞问题以及最短距离问题。

一般将物流运输当量作为设备布局的目标函数进行数学建模和求解。这主要是企业对整个车间进行分析。一般在新建厂房或者厂房优化时进行分析，以适应企业的生产需求和减少浪费，同时也切实关系到是否能够尽可能实现精益生产和零库存的情况。通过对物流的分析，不仅能够降低成本，而且有利于有序化管理车间。

2. 厂房面积

在布局工厂设备的过程中，需要考虑车间面积的大小。面积制约是一个特定的限制条件，布局的设备不能超过车间总面积，在进行设备选择初期就需要对该因素进行考虑，防止因设备过多或者过大导致厂房面积不足的问题。同时在实际布局过程中，厂房的结构也是非常重要的影响因素，如厂房内的支柱所占的面积是否会影响到设备的布置，厂房内已有的工人休息区已占一定面积等。

3. 产品工艺流程

产品的加工工艺需要具体问题具体分析，不应只考虑零件的种类、个数，也应考虑车间布局、生产设备和组织形式等。工艺流程主要对产品质量产生影响，因此应关注提高产品精度，减低能源消耗，以提高加工效率。制定工艺流程主要有三个原则。首先是先进性，是指技术水平的先进性和经济上的合理性。加工技术和利润之间是相互影响的，因此生产过程中需要考虑物料浪费量、回收利用难易度、能耗高低等问题。其次是流程是否可靠，是否能够按照试制流程生产。最后是流程是否合理，要从本国国情出发，从人民消费水平、设备技术水平和“三废”排放标准进行分析。

4. 工位制约因素

每一个工厂都具有一定的自身特点，这些细节因素制约着布局规划。例如，对于大型车间的布局来说，由于零件较大，需要的检测设备一般也较大，因此需要建造一个专业的设备存放区间，而且该检测区间需要固定，所以在进行布局过程时需考虑将其相邻工艺的工位布置在其周边。

5. 其他制约因素

在进行工厂布局时，除了工位约束等限定条件，还存在其他约束，如设备摆放是否整齐、工人操作是否方便等，最重要的是对安全性的考虑。这些条件在不影响主要条件约束的前提下应尽可能实现。

（三）生产线布局的数学模型

生产线布局模型是指在一定的约束条件下对设备进行布置，一般以距离或者物流成本等标准作为目标函数。本小节主要介绍生产线布局模型相关的内容，包括其分类、目标以及约束条件。

在进行布局建模时，优化目标的选取是非常重要的，因为它直接影响整个系统的布局方案。在实际的工程项目中，由于每个车间加工的零件、生产设备、工艺流程等的不同，因此目标值的选取也不相同。通常设备布局的指导性原则有以下几点。

一是在保证零件加工路线的前提下，尽量减少零件的搬运次数，还应尽量减少在零件运输过程中出现交叉、迂回或阻塞的情况，最大限度地提高生产率。

二是充分利用空间，生产区域或储存区域的空间要得到充分有效的利用，追求布局设计紧凑，以节约面积。

三是设备布局设计应具有柔性，灵活可变，使企业能够对市场变化做出快速响应。

基于上述原则，一般生产线布局的优化目标如图 4–6 所示。

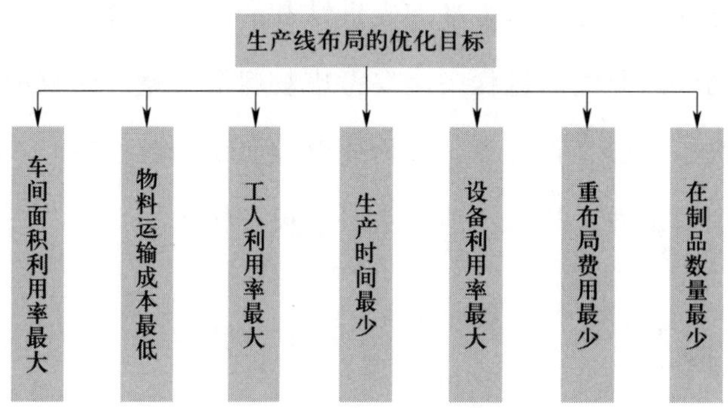

图 4–6　生产线布局的优化目标

上述目标值根据具体情况选取。对于大部分企业来说，减少厂内物流运输费用是主要目标，有时也会将面积利用率考虑进去。如需更精确地建模，可进行多目标建模，但是目标越多，过程就越复杂，求解过程的难度越大。在建模过程中还需考虑细节问题，如相邻工位之间的关系、设备的整齐、零件出厂位置、安全通道位置等。同时还要考虑到一些特殊零件的加工要求，避免在厂内长距离运输影响零件的精度。包括一些特殊工位，如大型零件的探伤区域较大，需要置于一个固定区域，并采用轨道运输等。

布局数学模型的建立多使用单目标进行研究。技术人员深入研究发现，有些目标值有时并不能很好地解决一些复杂的布局问题，因此技术人员开始研究通过改进目标值的方法进行建模。

1. 搬运矩

在建立设备布局模型时，以前往往单一地考虑缩短物料搬运的时间或距离，而忽略零件本身的属性（如尺寸、重量等）或部件在生产系统中的差异情况，于是有人提出了目前建模中比较常用的“搬运矩”的概念，它是指在搬运工件时，所搬运工件的重量与搬运路程的乘积。

2. 再布局因素

随着科技的发展，产品的种类和数量日益增多，更新换代的速度越来越快，因此，在加工生产过程中就需要对工厂进行再布局以满足产品的加工制造要求，适应生产柔性。

3. 多目标优化

由于工厂布局是离散型事件，在布局过程中往往需要考虑多目标进行优化，因此对数学模型的改进可以将单一目标修改为多目标。但是，多目标优化需要考虑多个目标之间的结合方式，大致可分为两类。其一，通过权重值的配比进行多目标优化。该方法将多目标转化为一个值，重点是配比是否合理，合理的配比能够完美地将多个目标结合起来。该方法相对简单，能够直观反映解的情况，使用较多。其二，使用帕累托（Pareto）方法。该方法通过多次对多目标设置权重，进而求得多个解，然后比较得出最佳解，但是该方法较为复杂，一般对解的精度要求较高时使用该方法。

4. 再布局成本

再布局成本是指移动或更换设备的费用和物料搬运费用的总和。有些行业市场波动性强，产品更替周期短。企业为了做到对市场的快速响应，常常要改变产品结构，原有的设备布局一般不适合改变后的产品结构，因此要对厂房、车间进行再布局设计，此时考虑再布局成本具有一定的实际意义。

（四）生产线布局的约束条件

在车间设备布局设计中，约束条件是对设备布局要求的描述。从约束条件的必要性出发，布局问题的约束条件可以分为硬约束和软约束两大类。硬约束是指布局设计问题中必须满足的要求，如设备之间不能产生干涉，如果方案中硬约束没有满足，则这个方案设计失败。软约束需要被满足的要求程度相对硬约束要低一些，只是在一定程度上需要被满足的要求。从软约束的定义出发，通常设备布局优化模型中的目标函数是反映设计目标，设计目标的高低并不能说明设计方案的有效和无效，它仅仅表达出设计目标被满足的程度，由此可见目标函数是一种典型的软约束。将约束的分类细化，又可以分为目标约束、形状位置约束、尺寸几何约束、特性约束、派生约束和导向约束等。在车间设备布局层面，布局约束条件有以下几种：

1. 目标约束

在车间设备布局设计问题中，第一目标就是物流效率。这个约束条件属于软约束的范畴，也是一种启发式规则。只有当所有的硬约束条件都满足后才依据此约束条件的满足情况进行方案的筛选。

2. 形状位置约束

形状位置约束涵盖了布局设计问题中设备与车间的相互位置关系约束条件，例如，车间内设备之间不允许相互干涉，要保持一定的安全距离；保证工人必要的安全操作空间；车间内有禁止使用的空间和障碍物。

3. 特定约束

在实际生产中需要根据车间的具体情况考虑特定约束条件。比如，在机械加工车间中，对气温有较高要求的机床不应该放置在门口；在车间再布局时，高精密的机床为了保持其精度，应尽量不移动等。

4. 其他约束条件

其他约束条件主要指设计者主观上的约束条件或一些性能约束条件，例如不平衡性、稳定性、连通性、整体的美观性等。此类约束条件都属于软约束的范畴。

设备布局问题中的约束条件常常需要按照生产企业的类型、车间的形状、设备的类型和产品的特定加工工艺做出综合的、科学合理的设定。例如，在生产线的设备布局中，约束一般考虑：设备之间最小间距约束，避免设备间产生干涉或重叠的现象；设备在长度与宽度方向的布局不能超出车间的空间。在本书的研究模型中，二次分配问题（QAP 问题）需要满足设备和位置之间的一一对应，在多行布局的问题上要考虑布局方案中的行数划分不超出车间空间。

（五）生产线布局优化的数学模型

本书中产线布局模型的主要研究对象是混合整数规划（MIP）模型，这是在二次分配问题上扩展而来的一种模型。本书先介绍 QAP 模型，然后重点阐述 MIP 模型。

假设有设备台数和位置总数为 n，a_{ij} 是设备 i 在位置 j 的布局和加工费用，f_{ik} 是设

备 i 到设备 k 的物流，c_{jl} 是位置 j 到位置 l 的单位物流运输成本；设备 x_{ij} 在 i 位置时赋值为 1，否则赋值为 0。则设备布局的 QAP 问题可以数学描述为：

$$\min\sum_{i=1}^{n}\sum_{j=1}^{n}a_{ij}x_{ij}+\sum_{i=1}^{n}\sum_{j=1}^{n}\sum_{k=1}^{n}\sum_{l=1}^{n}f_{ik}c_{jl}x_{ij}x_{kl} \tag{4-3}$$

$$\sum_{i=1}^{n}x_{ij}=1;\ i=1,2,\cdots,n;\ \sum_{j=1}^{n}x_{ij}=1;\ j=1,2,\cdots,n \tag{4-4}$$

$$x_{ij}=1\text{ or }0;\ i,j=1,2,\cdots,n$$

如果设 P_{ijkl} 为单位时间设备 i 布置在位置 j 和设备 k 布置在位置 l 的物流运输成本，则：

$$P_{ijkl}=\begin{cases}f_{ik}c_{jl}(i\neq k\quad j\neq l)\\f_{ik}c_{jl}+a_{ij}(i=k\quad j=l)\end{cases} \tag{4-5}$$

式（4–5）可以简化为：

$$\min\sum_{i=1}^{n}\sum_{j=1}^{n}\sum_{k=1}^{n}\sum_{l=1}^{n}P_{ijkl}x_{ij}x_{kl} \tag{4-6}$$

在实际布局设计问题中，可能出现设备数少于位置数的情况，此时引入虚拟设备数，使两者相等，从而可以继续使用上述模型。

相对于 QAP 模型来说，MIP 模型可以更加准确地描述实际布局中的条件和要求。在给定的空间约束 $L\times W$（长度 × 宽度）内，布置 n 个面积不等、大小为 $l_i\times w_i$ 的设备，寻找一种科学合理的布局方案，使得物料的物流成本和设备面积利用率最高。这里的设备面积定义为包括设备本身所占面积和设备运行、维护等状态下额外需求的面积两部分，如图 4–7 所示。其中，设备运行时所需面积已经包括物料运输时所需要的设备之间的距离，因此，将两者结合起来考虑，在布局建模约束时可以不用考虑设备间距这一约束条件，这也在一定程度上简化了数学模型。

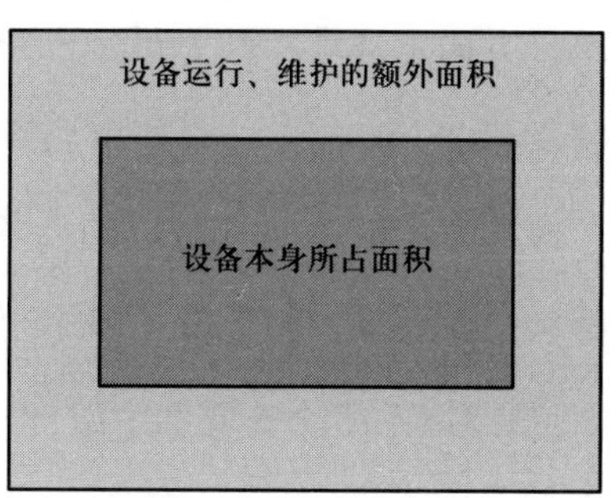

图 4–7　设备所需面积定义

实际上，线性多行的设备布局问题就是典型的混合整数规划问题，因此可以使用 MIP 模型。令 x_i 和 y_i 分别表示设备 i 的中心线到参考线的垂直距离和水平距离，即横坐标和纵坐标，决策变量为：

$$z_{ik}=\begin{cases}1, & \text{设备 } i \text{ 分配在 } k \text{ 行} \quad 0\\ 0, & \text{其他} \quad\quad\quad\quad\quad 0\end{cases} \tag{4-7}$$

则 MIP 模型的数学描述为：

$$\min \sum_{i=1}^{n-1}\sum_{j=i+1}^{n} c_{ij}f_{ij}d_{ij} \tag{4-8}$$

$$st.\ |x_i-x_j|z_{ik}z_{jk}\geqslant\frac{1}{2}(l_i+l_j)；\ i,j=1,\cdots,n \tag{4-9}$$

$$y_i=\sum_{k=1}^{m}l_0(k-1)z_{ik}；\ i=1,\cdots,n \tag{4-10}$$

$$\sum_{k=1}^{M}z_{ik}=1；\ i=1,\cdots,n \tag{4-11}$$

$$\sum_{k=1}^{m}z_{ik}\leqslant n；\ k=1,\cdots,m \tag{4-12}$$

$$x_iy_i\geqslant 0；\ i=1,\cdots,n \tag{4-13}$$

$$z_{ik}=0,1；\ i=1,\cdots,n；\ k=1,\cdots,m \tag{4-14}$$

$$\begin{cases}x_{\max}-x_{\min}+\dfrac{l_{\max}+l_{\min}}{2}<L\\ y_{\max}-y_{\min}+\dfrac{w_{\max}+w_{\min}}{2}<W\end{cases} \tag{4-15}$$

式中：n 为待布置的设备总数量；m 为行数；f_{ij} 是设备 i 到设备 j 的物流；c_{ij} 是设备 i 到设备 j 的单位距离物流运输成本；d_{ij} 是设备 i 到设备 j 的最短距离；l_i 是设备 i 的长度；l_j 是设备 j 的长度；x_i 是设备 i 的中心线相对垂直参考线 l_v 的水平距离即横坐标；y_i 是设备 i 的中心线相对水平参考线 l_H 的垂直距离即纵坐标；$x_{\max}$，$x_{\min}$ 是布局水平方向上离参考线 l_v 最远和最近的设备的横坐标；$y_{\max}$，$y_{\min}$ 是布局垂直方向上离参考线 l_H 最远和最近的设备的纵坐标；$l_{\max}$，$l_{\min}$ 是对应的设备长度；$w_{\max}$，$w_{\min}$ 是对应的设备宽度；L，W 是布局空间的长度和宽度。多行设备布局如图 4-8 所示。

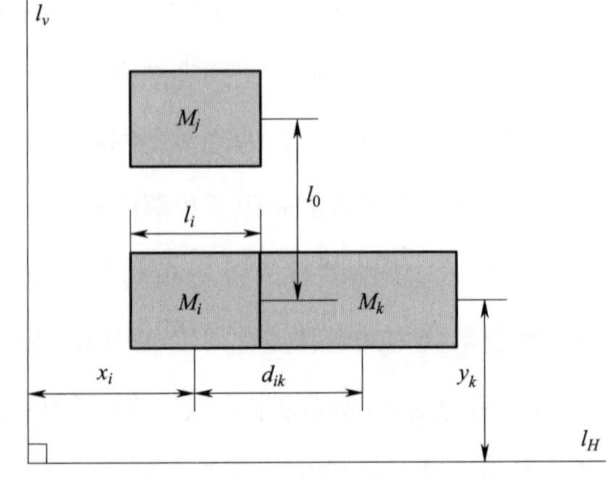

图 4-8　多行设备布局示意图

MIP 模型描述的布局问题非常接近真实的情况，因而模型中会包含比较多的约束条件。式（4–9）确保了任意两台设备不发生重叠；式（4–11）、式（4–12）确保了一台设备只出现在一行上；式（4–15）确保了所有的设备处在给定的布局空间内，即整个布局方案的长和宽都不能超出给定布局空间的长和宽。从式（4–10）可以看出，模型中的 y_i 变量可以根据 z_{ik} 来确定，因此变量 y_i 是不必要的，但是有助于理解整个 MIP 模型。

从该模型可以看出多行设备布局主要包括两项任务：分配设备到某一行（确定垂直方向的坐标，变量 y_i）；在每一行内为设备寻找最佳的位置（确定水平方向的坐标，变量 x_i）。

值得注意的是，第一个任务是组合优化问题，第二个任务是简单的 QAP 问题。因为行间物流成本的存在，每行的最优解并不是整个问题的全局最优解。因而，如果简单地将这个问题当作多个 QAP 问题来处理，容易得到局部最优解，这是不科学的，也是不合理的。

上述模型中，目标函数是最小化物流成本，但实际情况中，车间面积利用率也是非常重要的一个目标函数，本书将考虑多个目标函数，得到一个综合目标函数，进而得到多目标优化数学模型。

车间面积利用率最大化用公式表示为：

$$\max \frac{\sum_{i=1}^{n} S_i}{S_t} \tag{4–16}$$

式中：S_i 是设备 i 占用的面积；S_t 是布局方案最后确定结果的包络矩形总面积；n 为待布置的设备总数目。式（4–16）中的 S_i 的总和是一个固定值，所以公式可以简化为 $\min S_t$。

将两个目标函数赋予权重，得到生产线布局的综合目标函数：

$$\min V = c_1 \sum_{i=1}^{n-1} \sum_{j=i+1}^{n} c_{ij} f_{ij} d_{ij} + c_2 S_t \tag{4–17}$$

式中：c 是权重因子，并有 $c_1+c_2=1$；d_{ij} 为物料搬运距离，它是目标值计算中的重要组成部分。设备距离 d_{ij} 的计算方式一般有以下几种：

1. 直线距离

直线距离是指直接对两台设备的中心距进行计算，也称为欧几里得距离，方式如图 4–9 所示，这是设备之间的直接距离。该方法一般用于单行布局过程，但在实际加工过程中该方法不太适用，因为现实中物料的流动肯定不能按照直线进行运动，还会受到工厂内部其他设备或者工厂运行规则的影响。

2. 实际距离

实际距离是指通过实际情况进行现场测量得出的距离。该距离在计算过程中比较难应用，其精度较高，测量过程复杂，一般较少使用。

3. 曼哈顿距离

在进行计算过程中较多使用曼哈顿距离。该距离是在迪杰斯特拉算法中计算最短距离简化而来的，是较为准确的计算方法。该距离又称为矩形距离，方式如图 4–10 所示。

图 4–9　直线距离　　**图 4–10　曼哈顿距离**

至此，布局优化目标模型中涉及的参数和建模过程都已完成。

（六）仿真技术在生产线布局中的应用

计算机技术日新月异，仿真技术也日趋成熟，被广泛应用到实际生产过程中。特别是在全球化的经济大环境下，建立动态、复杂的生产制造系统是企业追求的目标。面对如此复杂的生产制造系统，要对其设备布局进行优化，传统的优化研究方法显得苍白无力。计算机仿真技术正好弥补了这一短板。仿真技术能较全面系统地反映制造系统的情况，如设备故障率、机床使用率等一系列复杂的实际情况。通过建立制造系统的仿真模型并运行，制造系统的实际情况被直观地表现出来，使用者可以直接观察系统的运行状况，分析各个生产单位的物流量、设备利用率、阻塞情况等，找出制造系统的不足，进而提出改进方案，达到优化制造系统的设备布局的目标。

1. 仿真技术

早在 20 世纪 70 年代，仿真技术已经在设备布局和物流优化的实际问题解决中得到广泛的应用。在世界范围内，许多公司纷纷采用计算机仿真技术来完善设备布局和物流系统的设计。

仿真是一系列基于模型的动作，涉及的知识和经验是多方面、复杂的。这里的“动作”是指系统的抽象化、仿真模型建立、计算机仿真实验。这也是仿真的三大要素：系统、模型和计算机。三要素之间的关系如图 4–11 所示。

（1）系统。从广义上讲，系统的概念范围很广，大到宇宙，小到原子，都可以称为系统。但是系统无论大小都必然存在三个要素：实体、属性和活动。实体是系统的具体对象，属性是实体的特征，活动是指随着时间的推移系统内部的变化。

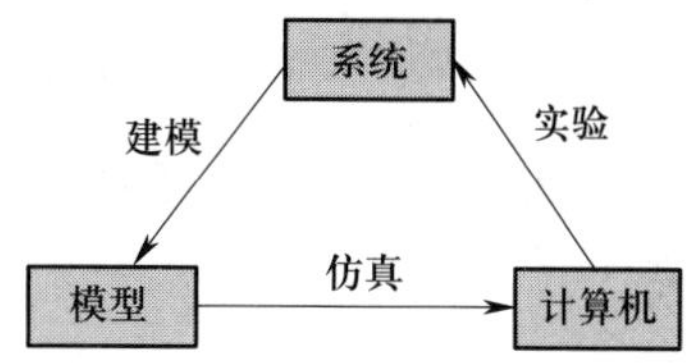

图 4–11　仿真三要素关系图

（2）模型。模型是研究系统的实验对象，是对系统的一种模拟或抽象。计算机不具备直接认知和处理真实物理系统的能力，所以要建立一个可以反映真实物理系统的数学模型。数学模型是按照真实物理系统的数学关系构建的模型。

（3）计算机。仿真也被称为系统仿真，在系统相关模型建立以后，以模型替代真实系统进行各种实验，进而可以研究系统各方面的性能。计算机是仿真的主要工具，通过计算机仿真，可以在不干扰系统正常工作的同时，对现有系统在拟定的工作条件下的性能进行分析和评价，从而可以预测系统未来的发展并提出改进方案。

与传统的设备布局优化方法相比，基于计算机仿真技术的设备布局优化有以下几方面的特点：第一，计算机仿真具有前瞻性，可以提前预测设备布局方案中的弊端。在真实的物理制造系统中，设备的布局调整会带来许多不必要的投资，而计算机仿真技术只需要修改一下仿真模型，更加简单且成本相对较低。因此，计算机仿真可以节约企业的投资。第二，与传统的布局方法相比，基于计算机仿真技术的设备布局具有很强的柔性，只需要在仿真模型中改变相应的参数，就可以得到不同的布局方案，而使用传统的布局方法，要得到不同的方案需要大量返工。第三，基于计算机仿真技术的设备布局优化方法具有可视化的优点。设计者可以较为直观地发现方案中设计不足的地方。同时这一特点也方便设计者之间、设计者和客户之间的交流，大大提高了工作效率，缩短了设计周期。

基于计算机仿真技术的设备布局仿真优化方法一般有以下几个步骤：第一，根据初始的布局方案建立初始布局仿真模型。该模型包含了设备、工位安排以及物流系统等物理信息，也包含了工艺流程等逻辑信息。第二，对初始布局仿真模型进行仿真与评估。第三，根据评估结果，分析初始布局中的不足，建立多目标优化模型，利用智能优化算法进行求解，最后将优化的结果反映到模型中去，从而得到第一次优化后的模型。第四，重复第二步骤和第三步骤直到得到最优的布局方案。

基于计算机仿真技术的设备布局仿真优化方法的流程如图 4–12 所示。

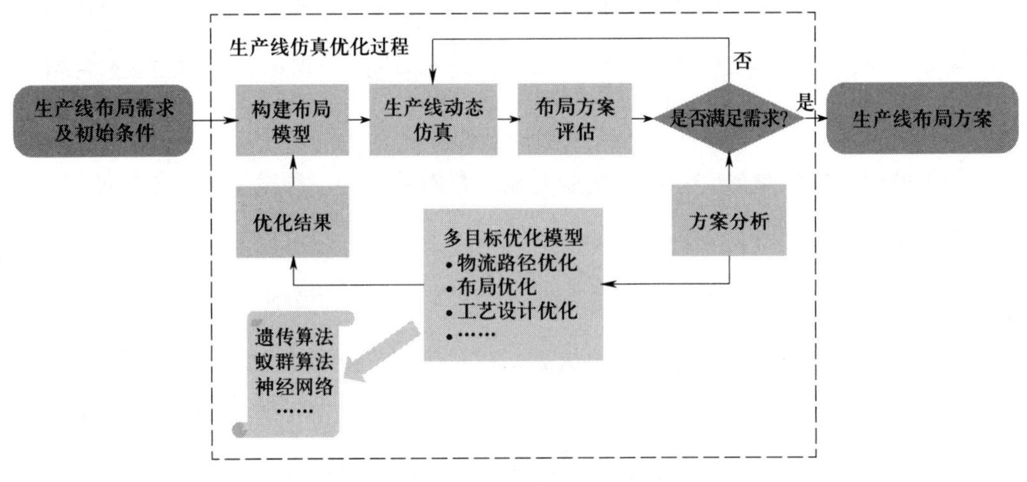

图 4–12　设备布局仿真优化方法的流程

2. 常用的仿真软件

仿真软件包含的常见功能模块有模型描述及处理、仿真实验的执行和控制、仿真结果的分析和可视化、模型和数据的存储和检索。随着仿真方法学和计算机技术的发展，以及系统工程和自动化控制技术的不断创新探索，仿真软件也层出不穷，功能模块也不断成熟与完善，常用的仿真软件包括 AutoMod、DELMIA/QUEST、E–Factory、Witness、Plant Simulation 等。

本小节介绍了计算机仿真技术的概念和常用的车间布局仿真软件，下文将基于 Plant Simulation 软件对生产线布局优化问题进行仿真，并以实际案例介绍 Plant

Simulation 内置的遗传算法和布局优化过程。

（七）遗传算法求解生产线布局优化模型

当车间设备布局问题的模型建立以后，将选择合适的算法进行求解和优化。本小节介绍遗传算法的操作流程，并将其应用于生产线布局问题的数学模型寻优。

1. 遗传算法的基本原理

遗传算法是一种随机搜索算法，运用了生物学上的自然选择与遗传机理。它把问题的解用“染色体（chromosome）”的形式表示，这些染色体随机的组合构成初始解，称为“种群（population）”。染色体在自然选择中不断进化，称为遗传。在每一代中需要对染色体进行优劣评价，这个评价指标称为“适值（fitness）”。生成的下一代染色体称为“后代（offspring）”。父代染色体经过遗传操作得到后代，常见的遗传操作有交叉（crossover）和变异（mutation）两种。在种群进化过程中，根据优胜劣汰的原理，适值高的染色体被留下来的概率较高。如此反复，算法收敛于最好的染色体。遗传算法的基本流程如图 4–13 所示。

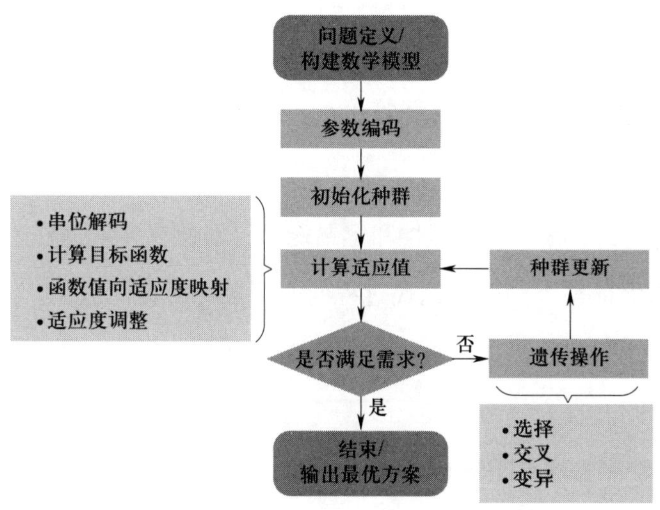

图 4–13　遗传算法基本流程

从图 4–13 可以得出，遗传算法搜索最优解的过程是一个迭代过程，主要的工作内容和步骤如下：

（1）选择遗传编码方式，把参数集合 X 和域转换为遗传结构空间 S。

（2）定义适应值函数 $f(x)$。

（3）确定遗传运行参数及遗传算子，包括种群体大小 n，选择、交叉、变异的方法，以及确定交叉概率 p_c、变异概率 p_m 等。

（4）随机生成初始种群 P。

（5）计算种群中个体的适应值 $f(x)$。

（6）按照步骤（3）确定的遗传策略产生后代染色体组成新的群体。

（7）判断是否满足停止准则，或者已经达到预先设定的迭代次数，不满足则返回步骤（6），或者修改遗传策略再返回步骤（6）。

上文简要介绍了遗传算法的基本思想。可以看出，相对于其他求解算法，遗传算法具有以下特点。

（1）遗传算法的处理对象是问题的编码，而非问题变量本身。因此，某些很难用具体的数值表达的问题可以通过编码方式来描述。针对不同问题的遗传算法，只需简单修改或者加入特定问题领域的相关知识或者和已有算法相结合就可以较好地解决某一类复杂问题，具有较好的延展性，因而遗传算法的应用领域非常广泛。

（2）遗传算法的搜索过程对优化函数连续性没有要求，对优化函数的导数是否存在也没有要求，通过优良染色体基因的重组，可以有效处理传统上复杂的优化函数求解问题。

（3）遗传算法具有很强的鲁棒性和容错能力，即使在搜索过程中出现了非法解，遗传算法也可以保证整个种群的迭代过程向全局最优的方向进化，因而具有较好的全局最优求解能力。此外，遗传算法具有很高的并行性，这显著提高了算法的搜索效率。

（4）遗传算法中概率性地进行选择、交叉、变异操作，随机的搜索方式既保证了种群多样性，又不丢失优良解，并且遗传算法的基本设计已有一定的框架，实现起来简单，便于应用到具体问题中去。

2. 生产线布局问题的遗传算法求解

遗传算法针对复杂的系统优化求解问题提供了一个通用的框架，在生产线布局问题中的遗传算法设计过程如图 4-14 所示。

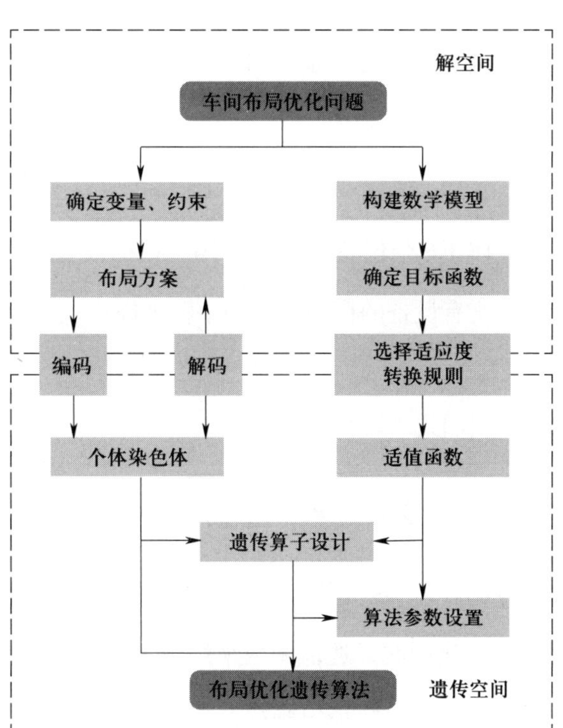

图 4–14　生产线布局问题遗传算法设计过程

具体步骤及内容如下。

（1）将生产线布局问题转化为数学描述，确定决策变量、约束条件。

（2）将布局方案和步骤（1）的结果建立优化模型。

（3）将车间布局方案的解用染色体的形式描述，即确定编码与解码策略。

（4）根据步骤（2）中的数学优化模型中的目标函数，设计适值函数。

（5）设计遗传算法中选择、交叉、变异等遗传算子。

（6）确定遗传算法的控制参数。

单行车间设备布局是线性生产线布局问题中最特殊的一种情况，这类问题可以简化为设备的排序问题，最优解是设备的排列序列。所以设备布局可以分为两个步骤：求解最优的设备排列序列；实际设备布局的设计。

（1）编码方式确定。对于单行车间设备布局问题，编码方式用整数的顺序编码方式可以将问题清楚地描述出来，例如 5 台设备的排列序列是［m_1，m_3，m_4，m_5，m_2］，

其中 m_i 代表第 i 台设备，则染色体 v_k 可以表示为 v_k=［1，3，4，5，2］。

（2）适值函数设计。假设有 n 台设备的单行车间设备布局问题，染色体 v_k 可以定义如下：

$$v_k=[m_1^k \quad m_2^k \quad m_3^k \quad \cdots \quad m_n^k] \tag{4-18}$$

式中：m_i^k 代表第 k 条染色体第 i 个位置的设备号码。根据设备的排列序列和设备的几何尺寸约束，可以计算出所有设备的横坐标，即 x 轴坐标：

$$x_k=[x_1^k \quad x_2^k \quad x_3^k \quad \cdots \quad x_n^k]$$

第 k 条染色体的总费用如式（4–19）所示：

$$P_k=\sum_{i=1}^{n-1}\sum_{j=i+1}^{n} c_{ij}f_{ij}d_{ij}=\sum_{i=1}^{n-1}\sum_{j=i+1}^{n} c_{ij}f_{ij}\left|x_i^k-x_j^k\right| \tag{4-19}$$

式中：f_{ij} 是设备 i 到设备 j 的物流；c_{ij} 是设备 i 到设备 j 的单位距离物流运输成本。车间设备布局问题属于最小值优化问题，适值函数采用标定法，即将原始函数进行一个转换，这里目标函数 p_k 都是正数，可将适值函数设计成式（4–20）：

$$f_k=1/P_k \tag{4-20}$$

式中：f_k 是第 k 条染色体的适值函数。

（3）遗传算子设计。遗传算法的核心内容在于根据实际情况设计出相应的科学合理的遗传算子，包括交叉算子、变异算子、选择算子。

①交叉算子。遗传算法的常用交叉算子有 PMX、OX、CX 等。整数的顺序编码方式在进行简单的单点或双点交叉时，容易产生非法染色体。

PMX 带有特别的修复程序来解决整数或字母排列的顺序编码在简单两点交叉因而得到非法染色体的问题，其操作步骤如下：

Step1. 在编码串上随机选出两点，称这两点定义的子串为映射段。

Step2. 交换父代的两个映射段，产生原始子代。

Step3. 确定两映射之间的映射关系。

Step4. 按照映射关系将子代合法化。

图 4–15 详细展示了 PMX 的操作过程。

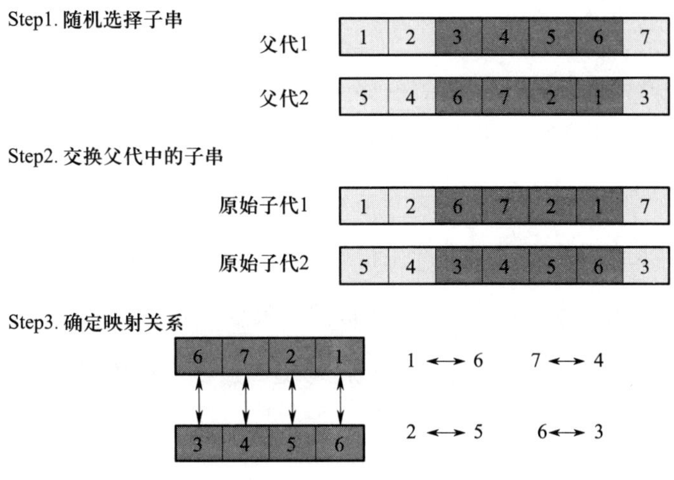

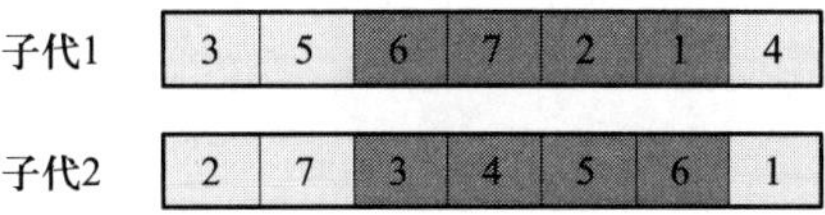

图 4–15　PMX 操作过程

OX 可以看作一种带有不同修复程序的 PMX 的变型，其操作步骤如下：

Step1. 在第一个父代中随机选中一个子串。

Step2. 将子串复制到一个空的子串的相应位置，得到一个原始子代。

Step3. 删除第二个父代中该子串已有的基因，得到原始子代中还缺失的基因顺序。

Step4. 按照这个基因顺序，从左至右将这些基因定位到原始子代的空缺位置上，得到子代。图 4–16 展示了 OX 的操作过程。

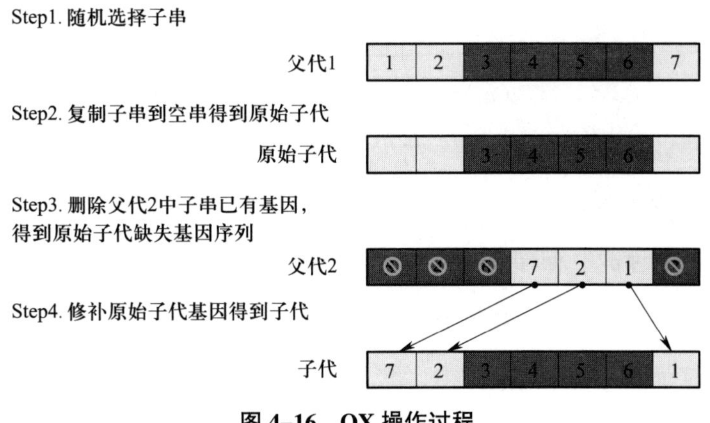

图 4–16　OX 操作过程

在单行车间设备布局问题中，采用整数的顺序编码方式，PMX 算子或者 OX 算子是常用的两种交叉算子。

②变异算子。当进行交叉操作后得到的后代个体的适应值和它们的父代相比并不更具优势，而此时又并没有达到问题的全局最优解，这种情况称为成熟前收敛或早熟收敛。这时候引入变异算子通常会产生很好的效果。原因如下：一方面，引入变异算子可以保持群体中的个体差异，防止发生成熟前收敛；另一方面，当种群规模较大时，在交叉操作的基础上引入适度的变异，也能够提高遗传算法的搜索效率。适用于整数编码的变异方式有四种，如图 4–17 所示。

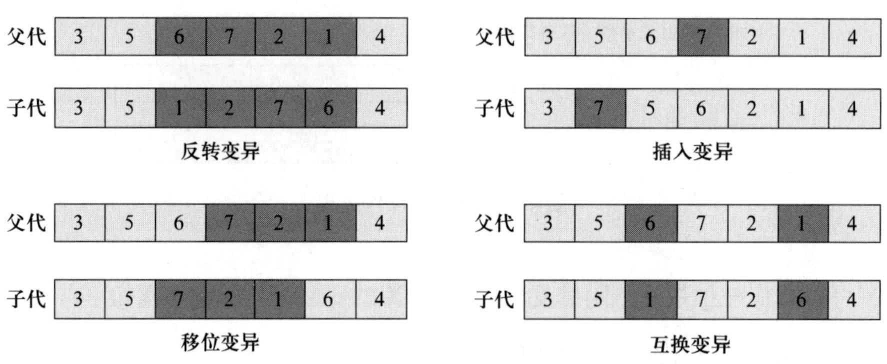

图 4–17　四种变异方式

③选择算子。由适值函数设计可知，适应度均为整数，选择算子可以使用著名的 Holland 正比选择（也称轮盘选择）。对于给定的规模为 n 的群体 $P=\{a_1, a_2, \cdots, a_n\}$，个体 $a_j \in P$ 的适应值为 $f(a_j)$，则其选择概率计算公式如式（4–21）所示。

$$P_s(a_j)=\frac{f(a_j)}{\sum_{i=1}^{n} f(a_i)} \quad j=1,2,\cdots n \tag{4-21}$$

轮盘选择的步骤如下：

Step1. 计算出种群中所有个体的适应值 $f(a_j)$ =1，2，…，n。

Step2. 按照式（4–21）计算每个个体的选择概率 $P_s(a_j)$，j=1，2，…，n。

Step3. 计算个体的累积概率：

$$P_m = \sum_{j=1}^{m} P_s(a_j), m = 1, 2, \cdots, n \tag{4-22}$$

Step4. 由 Step3 得到一个轮盘，如图 4–18 所示，并在［0，1］产生一个随机数 r。

Step5. 若 r<P_1，则选择个体 1；若 $P_{m-1}<r<P_m$，则选择个体 m。

Step6. 旋转轮盘（重复操作 Step4 和 Step5）*pop_size* 次，即 n 次。

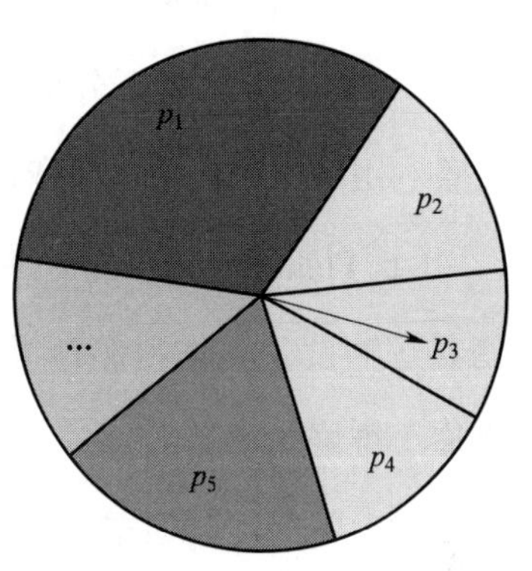

图 4–18　轮盘选择

最后进行运行参数的设计，整个遗传算法设计就结束了。控制参数设计没有严格的理论指导，一般通过多次试验来选定。

第二节　基于 Plant Simulation 的智能生产线仿真规划

考核知识点及能力要求：

- 掌握基于 Plant Simulation 的产线布局优化方法。

一、Plant Simulation 仿真软件

Plant Simulation 是用 C++ 语言实现的关于生产、物流和工程的仿真软件，它是面向对象的、图形化的、集成的建模和仿真工具。Plant Simulation 可以对各种规模的工

厂和生产线进行建模、仿真和优化生产系统，分析和优化生产布局、资源利用率、产能和效率、物流和供应链等工作。

Plant Simulation 主要应用于生产系统与生产过程的建模与仿真优化。用户可以在 Plant Simulation 环境下分析和优化生产系统的各种性能指标，如生产率、在制品水平、设备利用率、工人负荷平衡情况、物流顺畅程度等。Plant Simulation 具有以下特点：

（1）Plant Simulation 提供了典型生产设备对象库，包括上下物料工位、生产工位、物料运输设备、物料储存设备、工人等，并支持自定义设备参数，如加工时间、故障率、维修时间等。

（2）用户可以根据实际需要，自定义符合要求的生产设备对象，并将其添加至自己构建的模型中，扩展系统的对象库。此外，因为是面向对象的仿真软件，“继承性”是面向对象的特性之一，提高了建模的效率和有效性，在系统建模时，可以根据需要复制一个已有的模型，并且可以选择非继承复制。

（3）Plant Simulation 支持以层式结构的形式建模，用户可以在不同的层对系统进行不同精细程度的建模，比如随着层数由高到低，对系统的描述越来越精细，并且 Plant Simulation 可以很方便地降低某一层次的结构，并“嵌入”到高一层次中去。

（4）Plant Simulation 提供了许多分析工具，用户使用这些分析工具可以轻松地分析产量、“瓶颈”等现象。此外，统计分析图表可以显示缓存区、设备、工人的利用率，用户可以创建各种统计数据和图表对生产线工作负荷、设备故障、利用率等生产线性能参数进行动态分析。

（5）Plant Simulation 提供了智能优化算法，并且针对优化对象问题，利用 SimTalk 编程实现许多优化算法。

（6）Plant Simulation 支持多种形式和类型的软件接口，能够和其他应用软件进行通信，并使仿真模型既能从其他软件中获得数据，又能够将仿真结果反馈给其他软件。

二、Plant Simulation 软件建模原理及基本元素

在 Plant Simulation 中，物体、资源、机器和厂房在其中各有不同的表现形式。物

体在处理过程中不断移动，所以是“移动对象”；资源需要从各地运输到加工地，所以是“物流对象”；机器和厂房同样如此，所以是“生产类物流对象”；加工件还需要人的操作才能最后完成，人的服务就属于“资源类物流对象”，即人力资源。这样，在 Plant Simulation 中，对象的参数就代表了实体的属性，对象的参数值代表了实体的属性值。事件的程序执行就代表了真实情况下事件的发生。建模是以对象为基础的，把许多对象连接在一起就能解决实际问题。

Plant Simulation 中的基本建模对象按照功能可以分为物流对象、信息流对象和移动对象三类。

（一）物流对象

具有改变移动对象参数能力的对象称为物流对象，如仓库、加工机床以及堆放区等。按照不同的要求可以将物流对象分为控制和框架类物流对象、生产类物流对象、运输类物流对象、资源类物流对象四类。

控制和框架类物流对象主要用于搭建模型的基本框架及控制，此类对象主要应用于所有的仿真模型。控制和框架类物流对象及其功能见表 4-1。

表 4-1　　控制和框架类物流对象及其功能

对象图标	对象名	主要功能	对象图标	对象名	主要功能
	Connector	连接物流对象		Interface	层式结构接口
	Event Controller	仿真事件控制		Flow Control	分流控制
	Frame	表示某个 Frame 窗口			

生产类物流对象主要表示工作站、机床及仓库等设施。生产类物流对象及其功能见表 4-2，其中 Source 对象代表专门产生 MU（可移动单元）的物流对象，Drain 对象代表专门回收 MU 的物流对象。

表 4–2　　生产类物流对象及其功能

对象图标	对象名	主要功能	对象图标	对象名	主要功能
	Source	产生 MU		Store	存储站
	Drain	回收 MU		Place Buffer	带产线单元的缓冲区
	Single Proc	单个工位		Buffer	缓冲区、暂存区
	Parralle Proc	并行产线单元		Sorter	带排序功能的缓冲区
	Assembly	组装产线单元		Cycle	循环控制
	Dissassembly	拆卸产线单元			

运输类物流对象主要代表与运输活动相关的设备，比如传送带等。

资源类物流对象主要是为其他物流对象提供相应的“服务”。资源类物流对象主要是提供和调配仿真运行过程中的资源，它也决定资源如何以及何时从待工作地点达到工作场所。

（二）信息流对象

信息流对象指系统控制、传递以及收集信息的对象，Plant Simulation 中信息流对象大多以表格的形式出现的。信息流对象及其主要功能见表 4–3。

表 4–3　　信息流对象及其主要功能

对象图标	对象名	主要功能	对象图标	对象名	主要功能
	Method	控制系统活动，由 SimTalk 程序代码构成		Trigger	定时触发
n=1	Variable	全局变量，在系统中传递信息		Attribute Explorer	属性浏览器

续表

对象图标	对象名	主要功能	对象图标	对象名	主要功能
	Table File	提供信息或记录结果		Generator	缓冲区、暂存区
	Card File	提供信息或记录结果		XML Interface	XML 数据交换接口

（三）移动对象

移动对象是指可以移动的对象，比如流水线中被加工的零件、运输零件的托盘和车辆等。移动对象在物流中被存储、处理，或者通过物流对象之间的 Connector 对象实现物流对象之间的移动。建模者也可以通过编写 Method 来控制移动对象。移动对象及其主要功能见表 4–4。

表 4–4　　移动对象及其主要功能

对象图标	对象名	主要功能
	Entity	系统中的工件、被处理对象
	Container	工件等容器
	Transporter	运输设备

三、生产线布局优化案例分析

以 M_i=（i=1，2，…，n）表示作业单位 i，n 个工作地点是确定的，且间距已知，则生产线布局问题实际上已转换为作业单位的排序问题。以 n=3 为例，3 个作业单位分别用 M_1，M_2，M_3 表示，M_1 在工作地 1，M_2 在工作地 2，M_3 在工作地 3；类似的，M_3，M_2，M_1 表示 M_3 在工作地 1，M_2 在工作地 2，M_1 在工作地 3。以此类推，n 个作业单位就存在 n！种序列。Plant Simulation 提供了通用的遗传算法求解工具 GAwizard，可以用图形化的方式进行布局问题求解。用户只需要提供编码方式即可。

如某车间有 8 台设备 M_1 ~ M_8，设备两两间的物料搬运量见表 4–5。

表 4–5　　8 个设备间的物料搬运量

设备	M_1	M_2	M_3	M_4	M_5	M_6	M_7	M_8
M_1		175	50	0	30	200	20	25
M_2			0	100	75	90	80	90
M_3				17	88	125	99	180
M_4					20	5	0	25
M_5						0	180	187
M_6							374	103
M_7								7
M_8								

合理的布局就是将 $M_1 \sim M_8$ 分配到 8 个工作地点 A ~ H，使得总物流量尽可能小。8 个工作地距离从至表见表 4–6。

表 4–6　　8 个工作地点距离从至表

工作地点	A	B	C	D	E	F	G	H
A		1	1	2	3	3	4	4
B			2	1	3	3	4	4
C				1	1	2	3	3
D					2	1	3	3
E						1	1	2
F							2	1
G								1
H								

要求：在空间约束 200 m × 30 m 以及各个作业单位的面积约束 $L_i \times W_i$，车间内设备之间的物流搬运量 W_{ij}（车间设备 i 流动到车间设备 j 的物料搬运量），寻找一种合适的布局，使得“目标函数”最小。

四、优化目标的拟定

确定布局优化目标的具体内容之前，要先考虑以下原则：

$\min V=\sum_{i=1}^{n}\sum_{j=1}^{n}W_{ij}D_{ij}$ 物流量最小原则，即布局应使工厂在物流方面的成本最小。

$\min S=L\times\sum_{k=1}^{k}H_k$ 占地面积最小原则，即布局所占地面积最小。

以上两式中：L 为面积长度约束；W 为面积宽度约束；W_{ij} 为物料搬运量（车间设备 i 流动到车间设备 j 的物料搬运量）；S 代表的是布局完成后作业单位的面积。

实际优化时，优化目标可以是上述目标中的某一种，也可能需要同时考虑多种因素，即多目标的布局优化，此时需要对多目标加权平均处理。本书考虑的优化目标以物流量最小为原则。

五、仿真建模过程

参考搬运量从至表和搬运距离从至表及初试数据，观察模型的构建过程如下：

（1）在模型中创建表 Machine Sequence，命名为设备序列表。设备序列表中存放 8 台设备（原意是 8 道工序，简单起见，1 道工序看作 1 台设备）对应 A ~ H 的 8 个工作地。例如，序列 M_1，M_2，…，M_8 和 8 个工作地的对应关系参见表 4-7 的第一行，M_3，M_1，M_5，M_8，M_2，M_7，M_4，M_6 和 8 个工作地的对应关系参见表 4-7 第二行。

表 4-7　　设备与工作地对应关系

序列	A	B	C	D	E	F	G	H
序列 1	M_1	M_2	M_3	M_4	M_5	M_6	M_7	M_8
序列 2	M_3	M_1	M_5	M_8	M_2	M_7	M_4	M_6

（2）一旦某设备的工作地确定下来，仿真系统必须为刚才确定的工作地指派相应的设备，用 SingleProc 物流对象来表示设备。

如果模型中原来有设备及其前面的缓存区，现将这些对象删除，具体方法是在程序 InitPartsTable 最后添加如下 SimTalk 语句：

```
for i: =1 to Number_Of_Machine loop
    MachineName : = sprint (“M”, i); // 为 MachineName 变量循环命名
```

```
    if existsObject(MachineName)then
        Machine : = str_to_obj(MachineName);
      Machine.deleteObject; // 循环删除所有 MachineName 对象
    end;
    BufName : = sprint( "BF" , i); // 为 Buffer 变量循环命名
    if existsObject(BufName)then // 循环删除所有 Buffer 对象
        Buf : = str_to_obj(BufName);
      Buf.deleteObject;
    end;
next;
```

（3）从模型内设备序列表 Machine Sequence 的第一单元格开始读取单元格内的设备序列号，将每一个单元格内的设备放在相应的工作地，如图 4–19 所示为 8 道工序对应设备的位置。

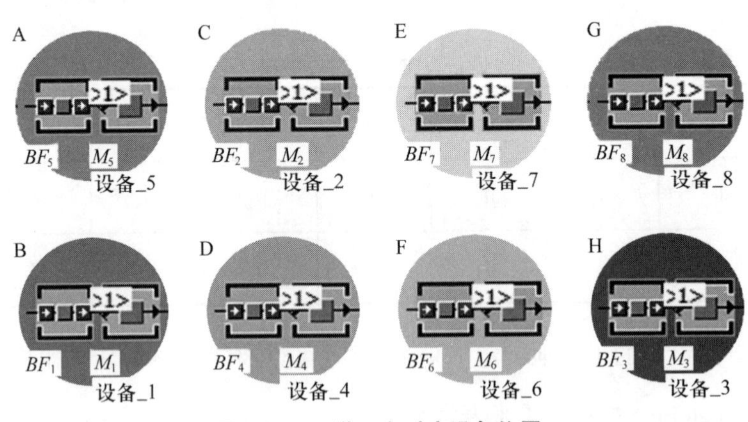

图 4–19　8 道工序对应设备位置

（4）为了将 8 台设备分配到 8 个工作地，系统首先依次读取设备序列表中的设备名称，然后将其转化为数字代码。

具体做法：读取设备名称的第二位代码，用其来代表设备的序列号，如 M_2 设备的数字代码为 2。然后根据读取的设备数字代码查阅 W_From_To_Chart 即设备搬运量

对照表中的第几行数据（例子中为第二行，里面记载着 M_2 设备的搬运量信息），可以获知该设备同哪些设备有物流运输交易。如果查表发现该设备有物料输入 / 输出，就指派小车运送规定数量的物料到相应设备，以这种方式模拟物料搬运过程，与设备有关的数据记录在 PartsTable 零件表中。

（5）Source，即“源”通过逐行读取零件表内的订单数据，生成订单规定数量的相应零件。

（6）对设备出口编程，检查每一个在本设备上加工完成准备送出的零件属性，如果零件属性值显示本设备加工为该零件最后一道工序，则将该零件送出模型，计算一次加工完成；如果零件属性值显示还有其他工序，则将该零件投放到其他工序对应的缓存区中，等待加工。以上逻辑运行关系如图 4–20 所示。

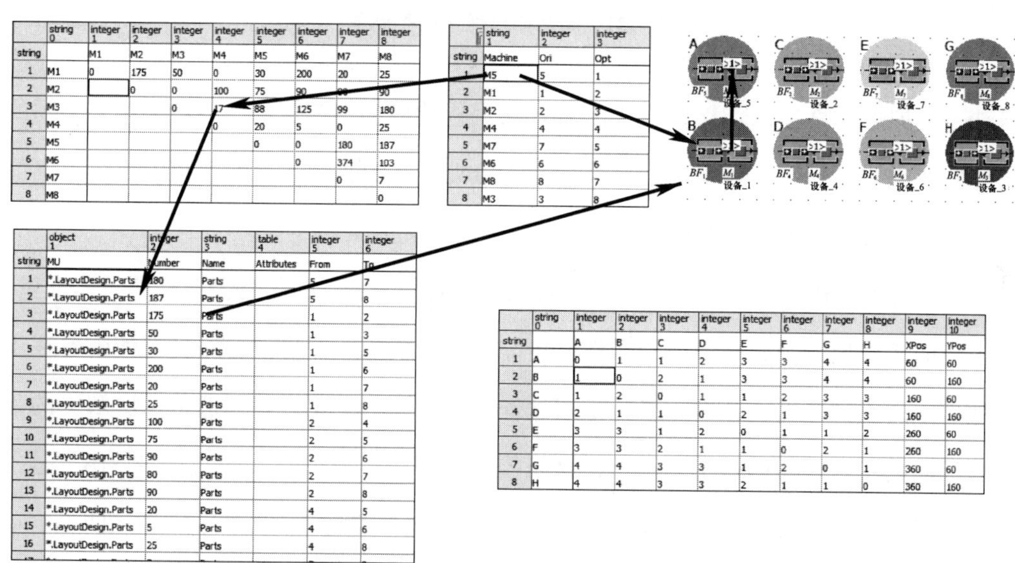

图 4–20　布局模型程序运行逻辑

最终搭建的车间布局优化实验模型如图 4–21 所示。

六、GAwizard 求解布局模型的排序问题

布局专家使用数学算法来研究布局问题已经有很长一段时间了，人们为不同条件下的布局问题编写了不同的算法：从较早出现的 SHAPE、CHAFT 算法到最近的遗传

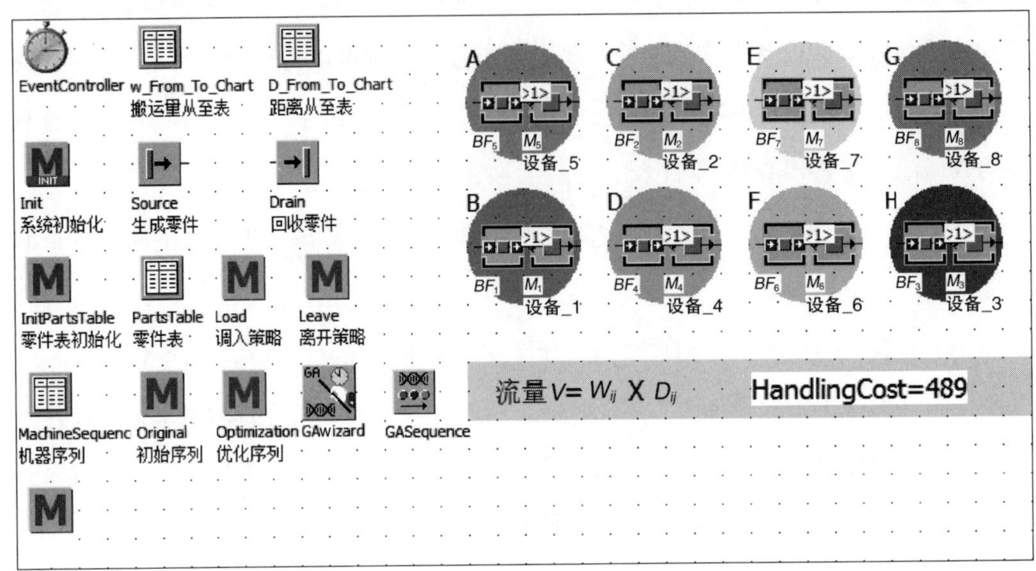

图 4–21　车间布局优化实验模型

算法、模拟退火算法，以及基于 Petri 网的布局优化模型及其算法。一般来说，车间的排序问题很难用简单的数学模型描绘，加之随机事件的影响，很难用数值方法得到最优解，此时，计算机仿真无疑是解决布局问题的最优方案。

对遗传算法进行初始设置时，将设备工作地看作常量，将设备及其代码看作变量，将不变的工作地点及其字母序号看作遗传信息中的染色体，将设备序号看作附着在工作地点上的不同基因。这样一来，车间设备布局问题就转化为使用遗传算法解决的二次分配问题了。要做的是编码工作，这里按照设备序列来编码。如“75438216”是一种车间布局，表示 M_7，M_5，…，M_6 共 8 台设备依次布置到 A ~ H 八个空置区间上。

Plant Simulation 仿真软件自带的 GAwizard 功能用于求解遗传算法问题，可以通过简单的编程设置描述待解决问题及求解，遗传算法初始化设置如图 4–22 所示。

（一）遗传算法编码操作

本书涉及的布局优化是按照图 4–22 所设参数进行的。实际仿真过程中，需要经常变换交叉因子和变异因子，以寻求更优解。交叉算子和变异因子的选择如图 4–23 所示。

GASequence 提供两种常用的交叉算子：部分映射交叉 PMX 和次序交叉 OX。

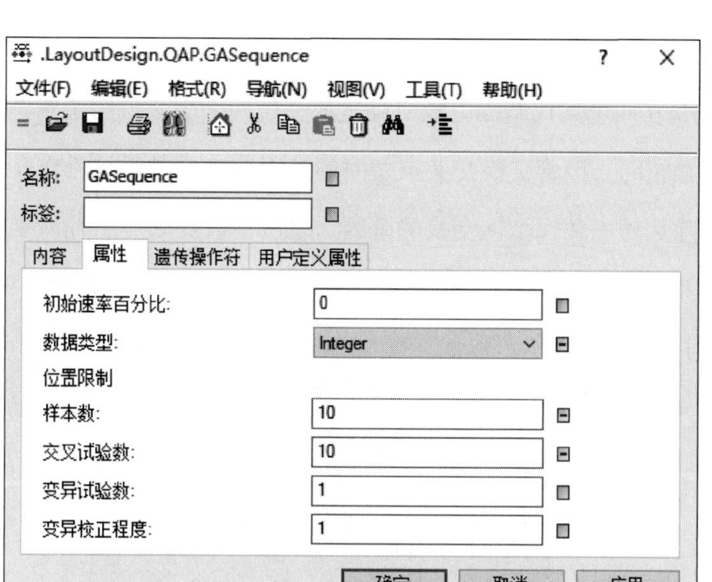

图 4–22　遗传算法初始化设置

部分映射交叉 PMX：首先在两个父代染色体片段中随机选择前、后两个交叉点（两个父代的交叉点位置相同），将前、后交叉点内的基因片段直接交换，那些前、后交叉点外的片段，检查其是否与已有片段重复，如果重复那么就通过映射来决定，逐个检查基因片段中的数值，直到没有重复的基因为止，如图 4–23 所示。

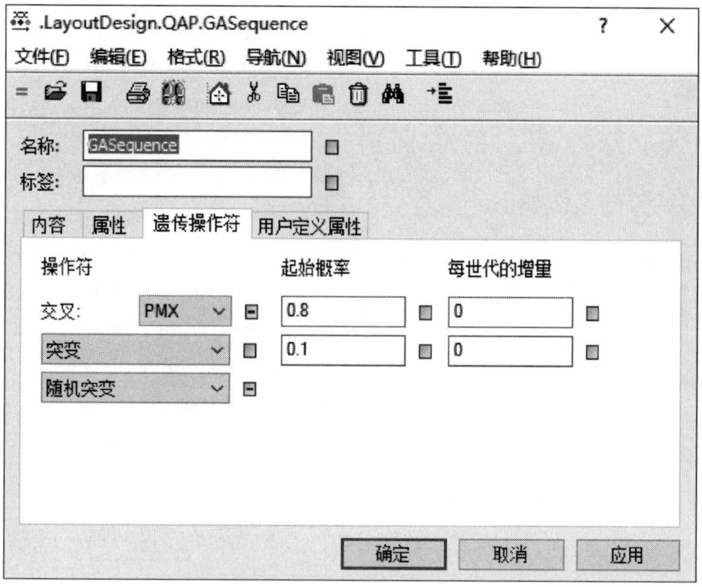

图 4–23　遗传算法设置

次序交叉 OX 的染色体遗传方式与 PMX 的计算过程类似，其过程也可以参考图 4–24。首先是在两个父代基因上随机确定前、后两个交叉点的位置，并保持两个父代的交叉点位置相同，接着交换交叉点之间的基因数字，然后从后交叉点起在第一代基因个体中删除从另一父代个体交换的基因，之后在后交叉点后补入剩余待录入的基因。而后将其填入就得到后代个体为 q_1= {4，3，5，1，8，7，6，9，2}，相应地可以得到个体 q_2= {2，1，6，7，3，5，8，9，4}。

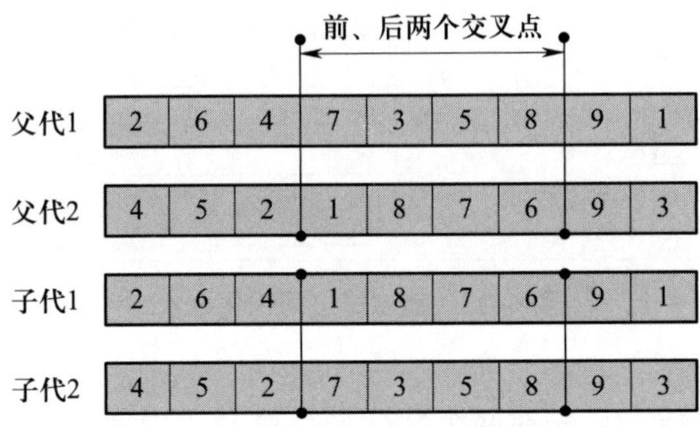

图 4–24　PMX 交叉遗传

（二）遗传算法向导操作

至此，遗传算法的后台设置全部完成，双击打开模型中的 GAwizard 选项，进行遗传算法向导设置。

如图 4–25 所示为 GAwizard 的 Model 选项卡，这里需要调整的工作如下：

Optimization problem——希望通过 GA 解决的问题通常有一个优化目标值，该选项指算法优化目标是目标值的最大值还是最小值。

Number of generations——描述遗传算法的进程终止条件，即算法迭代多少代后结束，防止不收敛导致的死循环。

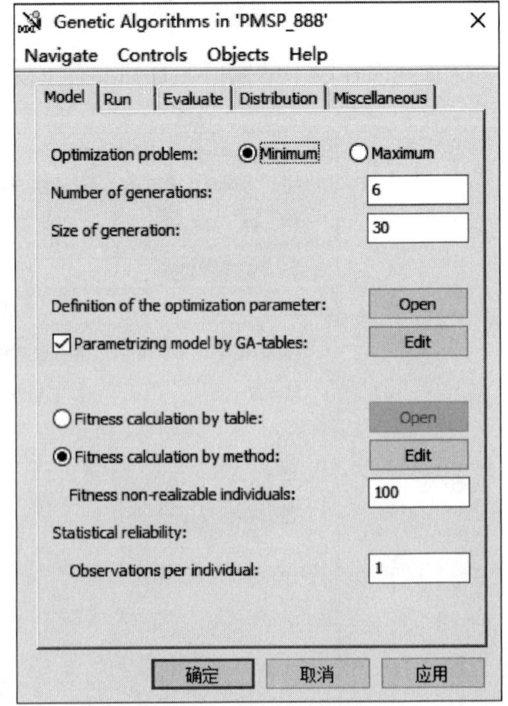

图 4–25　GAwizard 的设置

Size of generation——一代个体的容量大小。

Parametrizing model by GA-tables——GA 工具会将计算的结果存储在 GA-table 中，要将其中比较好的染色体提取出来，应该在这里编写相应的程序。

Fitness calculation by method——在这里编写计算适应度的 SimTalk 代码。

选择 GAwizard 主菜单中的 Objects-GA Control 选项卡，调出控制遗传算法进程，如图 4-26 所示。

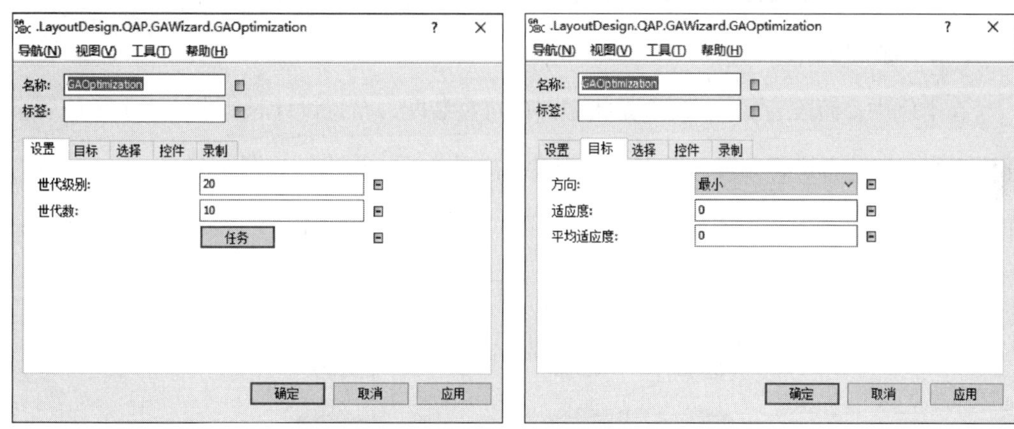

图 4-26　GAwizard 主菜单

（1）设置：Generation level 可以输入父代个数，该数值表示在一代中的亲属数量。Number of generations 表示代数。

（2）目标：Fitness 适应度最小值为零。

（3）选择：个体求解结果评估将基于绝对值还是相对值；对于父代的选择是确定性选择还是随机性选择；Clone best solution 是一个可选项，表示是否克隆最优解。

（4）录制：记录父代 / 子代的中间计算结果，以及记录多少个最优解等。

以上各项均按图 4-26 所示设置，另外在 GA-tables 选项卡中编写程序，将每次优化的结果导出到模型中的设备顺序表，以便计算优化结果对应的物流量大小。

由于本例优化目标不是完工时间而是最小化物流总量与占地面积，因此，必须自己定义适应度 Fitness。单击 Fitness calculation by table 后面的 Edit，优化目标设置如图 4-27 所示，这里的目标值为车间总物流量，权重为 1。

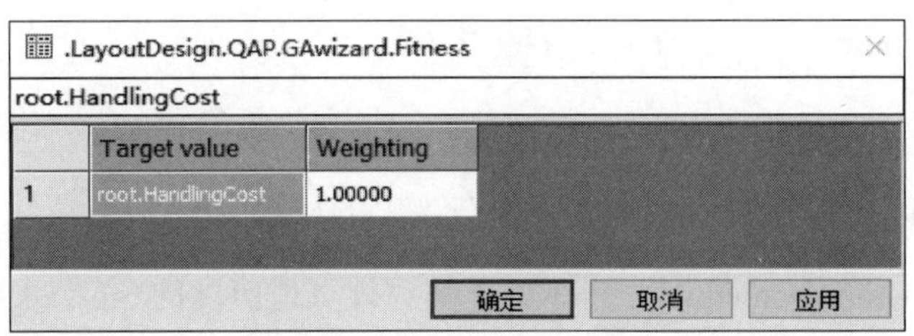

图 4–27　优化目标设置

至此，遗传算法的具体设置全部完成，可以进行优化过程了。

（三）添加约束

在本例中，筒段装配 1、2、3 是指最终的成型装配，布置设计时要求这三个工位尽量靠近车间出口位置进行布置，以方便大型设备产品的运入运出。如图 4–28 所示：F 位置为车间出口位置，有卡车将成品直接托运离开，对于这一类约束情形，需要考虑布局约束。

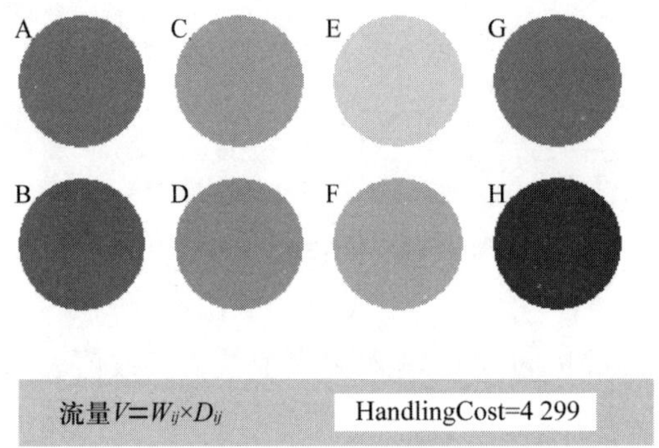

图 4–28　工位布置

8 个工位中，要求 3 个总装工位靠近车间出口，即添加约束：将筒段装配 1、2、3 安置在 C、E、G 工位。此外，无损探伤工位在车间建造时就已经安排在车间左上角，即 A 工位，也应该添加约束。

具体做法是新增一个 InitSeq 方法，并为其添加代码：

```
is
    i: integer;
do
    GASequence.delete;                        // 清空 GASequence
```

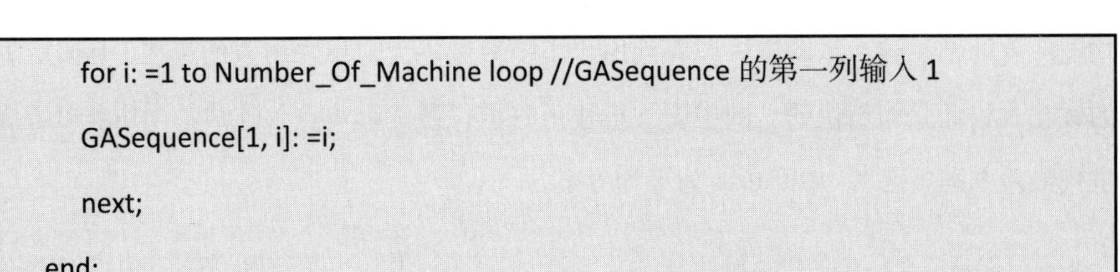

```
    for i: =1 to Number_Of_Machine loop //GASequence 的第一列输入 1
    GASequence[1, i]: =i;
    next;
end;
```

添加约束的操作如下：

（1）打开 GASequence，在 Contents 标签页内的相应设备位置输入 postab。

（2）如图 4–29 所示，双击 postab，在打开的表格中输入工位对应的约束位置。

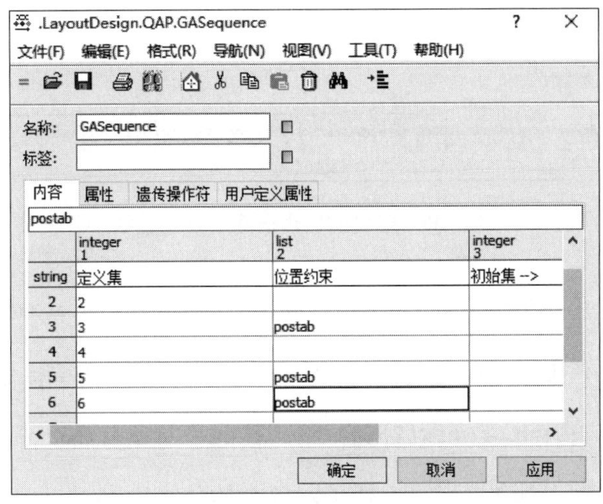

图 4–29　添加约束

当将某一位置固定在一个固定的约束位置可能导致没有最优布置解，原因在于 GA 试图找出序列位置限制问题的满意解，通常先尝试得到有效解，也就是一个比较满意的初始解，然而，该初始解往往因位置约束条件而无法找到。这时，可以设置通过其他方法确定有效初始解，具体做法是设置一个小的测试运算样本数及交叉种子数，做一个测试运算去寻找可行的初始解。

优化模型的相关设置全部设置完毕，在 GAwizard 中单击 Reset 按钮，再单击 Start 按钮开始优化过程。

（四）优化结果可视化

由之前的设置可知，优化世代数为 10，世代大小为 20，图 4–30 所示即优化的世代适应度评估过程，从图中可以看到由于工位数量不大，加之约束的存在，因此，总的优化过程还是相当快的。图中下方折线由每世代最优解（点）连成，上方折线是每世代最差方案（点），中间折线为平均方案。

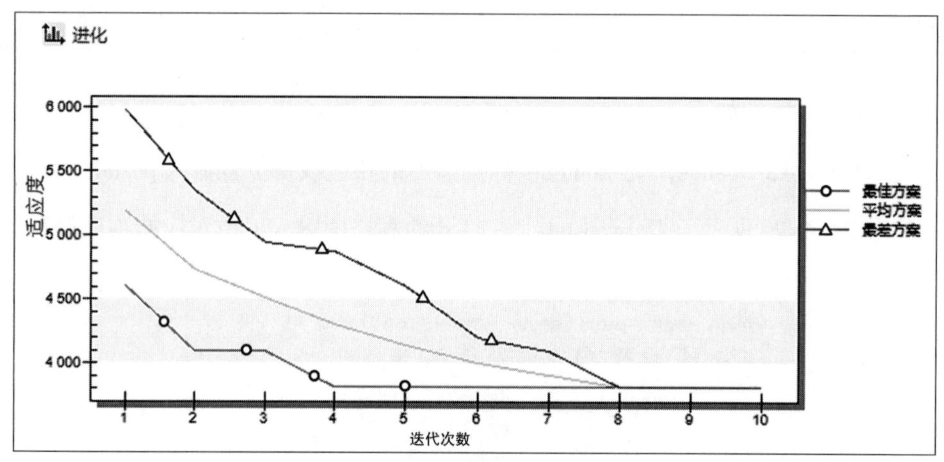

图 4–30　优化的世代适应度评估过程

由于遗传代数为 10 代，因此，总共要进行 10 次子对象个体评估，在此仅列出第六代子对象已评估个体图（图 4–31）和第十代子对象已评估个体图（图 4–32）作为参考，对比图 4–31 和图 4–32 可以看到，第六代的子对象分布已经呈现一定的规律性（适应度在 4 500 左右浮动），而第十代子对象个体分布已经接近完全收敛，满足遗传算法的收敛性条件。

图 4–33 为全十代后代子对象适应度散点图，观察图 4–33 可以发现遗传算法迭代到第十代时，子代适应度仍然有少数发散现象，这也与图 4–32 相吻合，如果继续迭代下去收敛情况会有所改善。遗传算法因其简单有效而得到广泛应用，不过仍然存在算法过于陈旧、收敛速度不够快等问题，当面对专业的布局问题时，使用新式算法，如模拟退火算法等启发式算法效果更好。

图 4–34 是最终优化结果布局图。根据优化理论，在相关约束条件下，如图 4–34 所示的车间布局能使单位时间内总的物流量最小。因此，优先选择这样的车间布局方式。接下来的仿真模型搭建过程大抵以此种布局方式作为参考指导。

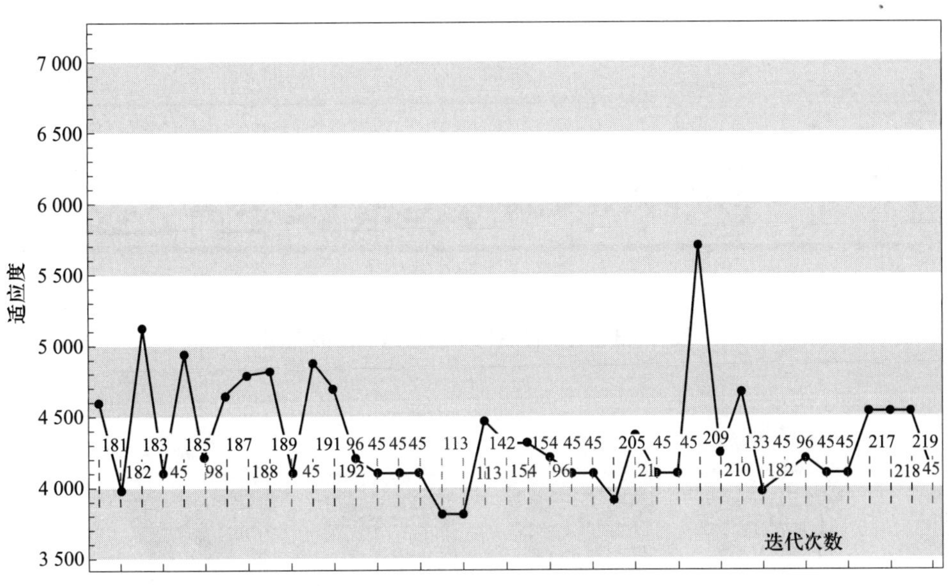

图 4-31　第六代子对象已评估个体

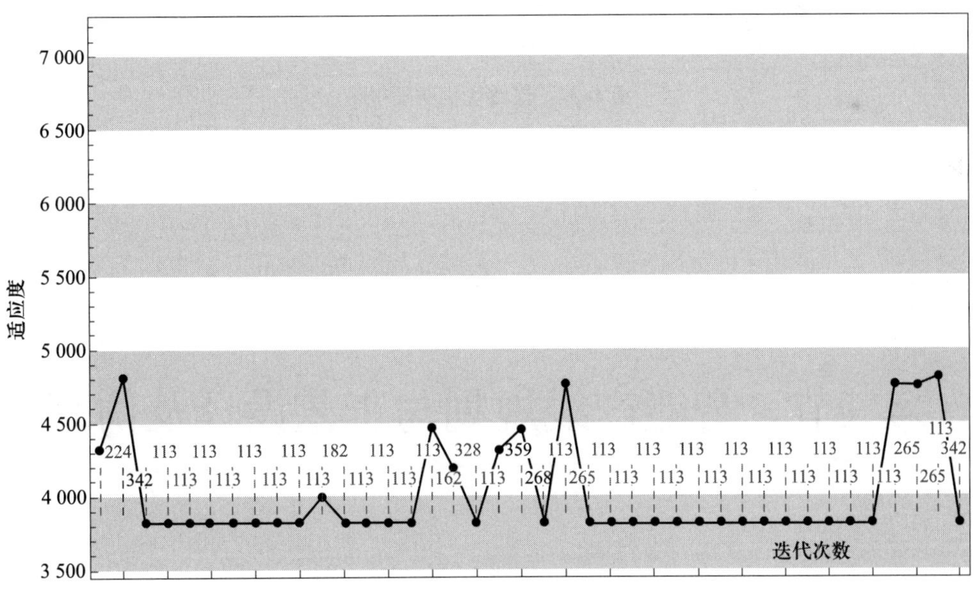

图 4-32　第十代子对象已评估个体

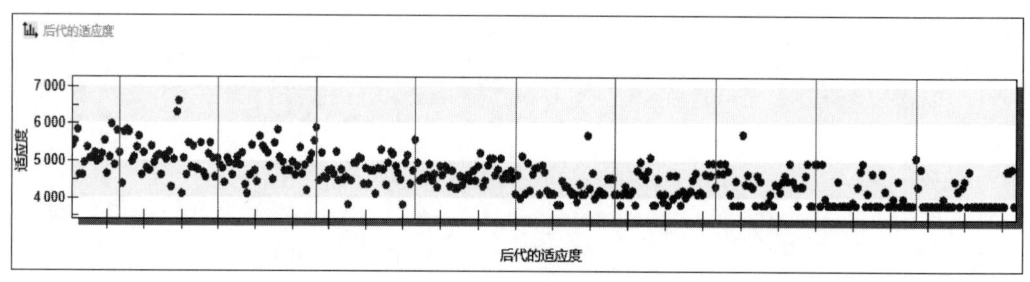

图 4–33　全十代后代子对象适应度散点图

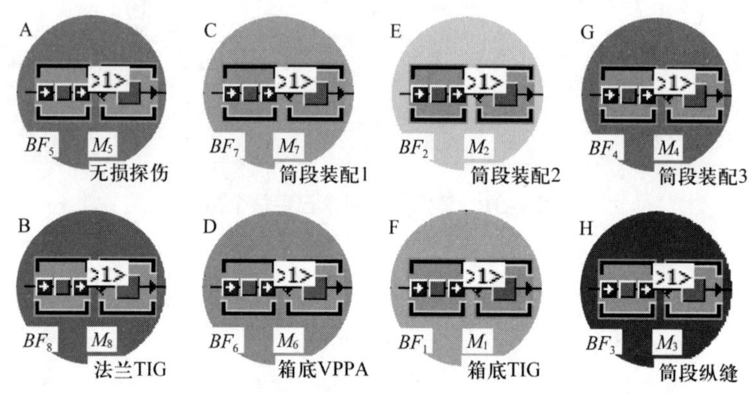

图 4–34　最终优化结果布局

第三节　智能产线规划与工艺设计及仿真

考核知识点及能力要求：

- 了解智能产线的组成要素，熟悉智能产线的典型单元结构。
- 熟练掌握智能产线整体设计、单元设计、控制系统设计及设备零部件选型方

法，完成从设备到单元、从单元到产线的整体规划与详细设计。

- 熟练掌握智能传感设备与工业物联网的相关知识。

一、智能产线与产线单元设计

（一）智能产线整体设计

智能产线是指通过物联网、人工智能、大数据等技术手段，对传统的生产线进行改造，实现生产过程的智能化、自动化和数字化的生产线。智能产线的核心是将生产过程的各个环节、设备、机器等进行互联互通，实现信息的实时采集、传输、处理和共享，从而实现生产过程的高效、智能、灵活和透明。

智能产线整体设计是根据产品的工艺过程，将产线按照生产单元组织起来，形成一条满足工艺要求的自动化、数字化和智能化的产线。智能产线数字化主要是应用制造数据的精确表达，实现生产过程的精确控制以及流程追溯，代替或辅助人进行决策，实现生产过程的预测、自主控制和优化等。

智能产线要素主要包含智能应用层、智能管理层、现场控制层以及现场设备层。智能产线的层与层之间、设备与设备之间都通过智能传感设备和工业网络连接在一起，实现现场设备数据实时采集与上传，实现上层应用对生产过程实时监控、实时决策及优化。智能产线要素如图 4–35 所示。

（二）智能产线单元设计

1. 智能产线单元整体设计

智能产线单元种类繁多，设计时要既要考虑实现产品的装配工艺，满足要求的生产节拍，又要考虑输送系统与各专机之间在结构与控制方面的衔接，通过工序与节拍优化，使生产线的结构最简单、效率最高，获得最佳的性价比。

完成总体方案设计之后需要组织专家对总体方案设计进行评审，发现总体方案设计中可能的缺陷或错误，避免造成更大的损失。

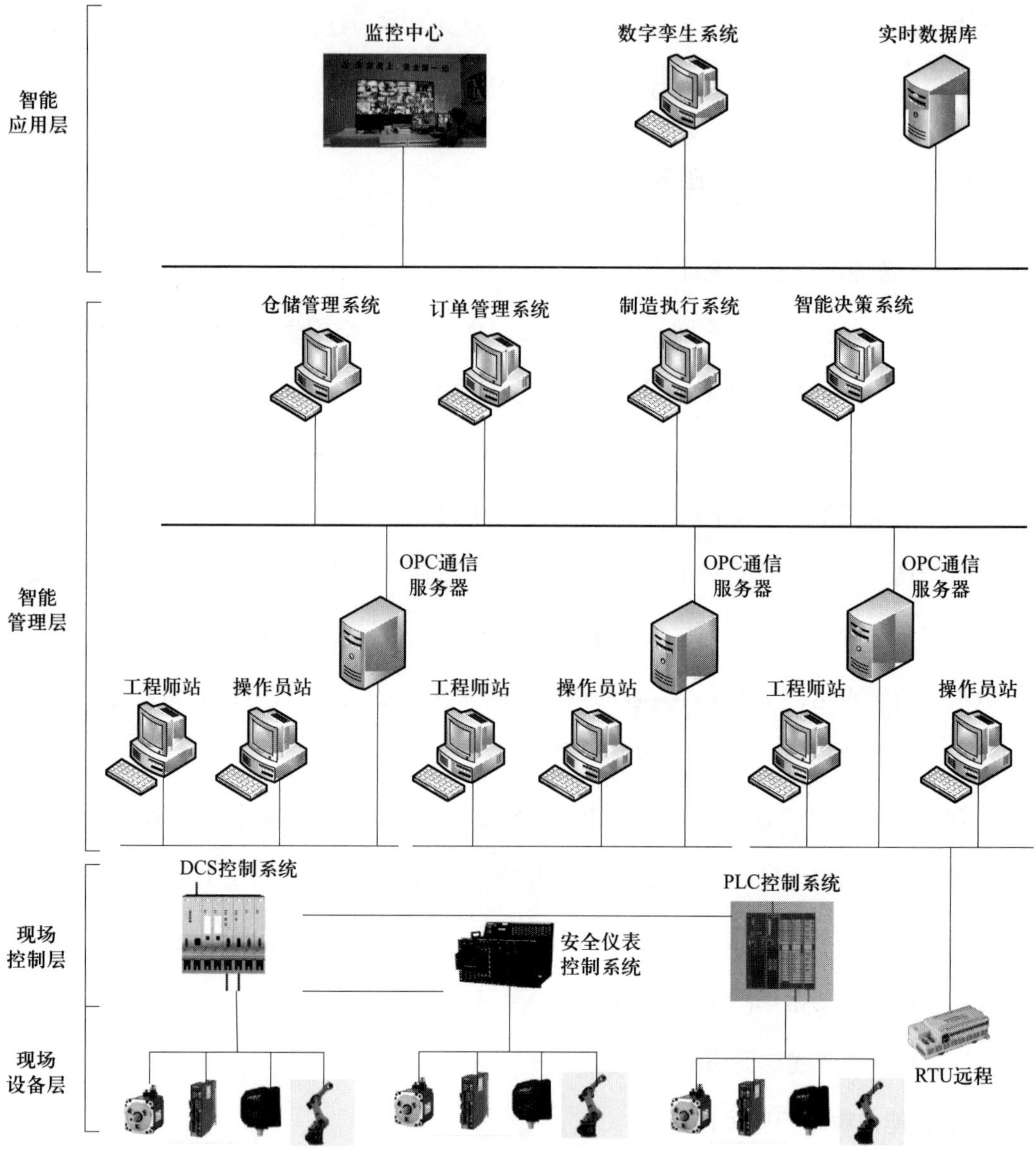

图 4–35　智能产线要素

2. 智能产线单元结构设计

智能产线单元的整体结构与智能装配机械类似，通常由以下基本的结构模块根据需要搭配组合而成：自动输送及自动上下料机构、辅助机构、执行机构、驱动及传动系统、传感器与控制系统等。

（1）自动输送及自动上下料机构。工件或产品的移送处理是智能装配的第一个环节，包括自动输送、自动上料、自动卸料动作，替代人工装配场合的搬运及人工上下

料动作，该部分是智能装备或生产线不可缺少的基本部分，也是智能产线单元设计的基本内容。其中自动输送通常应用在生产线上，实现各机构之间物料的自动传送。

输送系统包括小型的输送装置及大型的输送线。小型的输送装置一般用于专机，大型的输送线则用于智能生产线，在人工装配流水线上也大量应用了各种输送系统，没有输送线，智能生产线也就无法实现。如图 4–36 所示为皮带输送系统。

自动上下料系统是指智能专机在工序操作前与工序操作后专门用于自动上料、自动卸料的机构。在智能专机上，要完成整个工序动作，首先必须将工件移送到操作位置或定位夹具上，待工序操作完成后，还要将完成工序操作后的工件或产品卸下来，准备进行下一个工作循环。如图 4–37 所示为自动上下料系统。

图 4–36　皮带输送系统

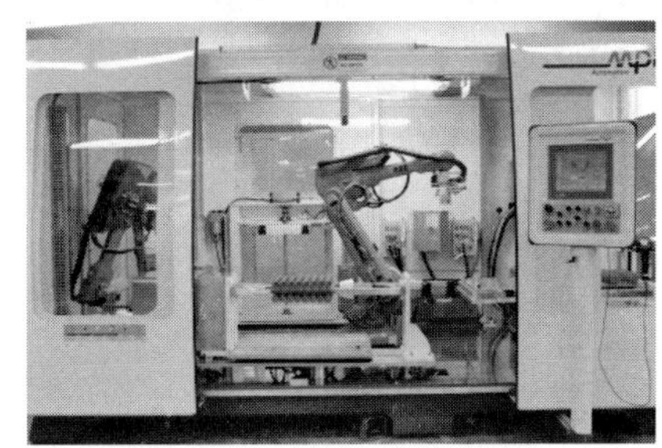

图 4–37　自动上下料系统

智能产线单元中最典型的上下料机构主要有机械手、利用工件自重的上料装置（如料仓送料装置、料斗式送料装置）、振盘、步进送料装置。

（2）辅助机构。在各种智能加工、装配、检测、包装等工序的操作过程中，除自动上下料机构外，还经常需要以下机构或装置：定位夹具，夹紧机构，换向机构，分料机构。

上述机构分别完成工件的定位、夹紧、换向、分隔等辅助操作。由于这些机构一般不属于智能产线单元的核心机构，所以通常将其统称为辅助机构。

（3）执行机构。任何智能产线单元都是为完成特定的加工、装配、检测等生产工序而设计的，机器的核心功能就是按具体的工艺参数完成上述生产工序。通常将完成机器上述核心功能的机构统称为执行机构，它们通常是智能产线单元的核心部分。例如自动机床上的刀具、自动焊接设备上的焊枪、螺钉自动装配设备中的气动螺丝机、自动灌装设备中的灌装阀、自动铆接设备中的铆接刀具、自动涂胶设备中的胶枪等，都属于机器的执行机构。如图 4–38 所示为气动锁螺丝机。

（4）驱动及传动系统。

1）驱动部件。任何智能产线单元最终都需要通过一定机构的运动来完成要求的功能，不管是自动上下料机构还是执行机构，都需要驱动部件并消耗能量。

智能产线单元最基本的驱动部件主要有：由压缩空气驱动的气动执行元件，由液压系统驱动的液压缸，各种执行电机。如图 4–39 所示为伺服电机。

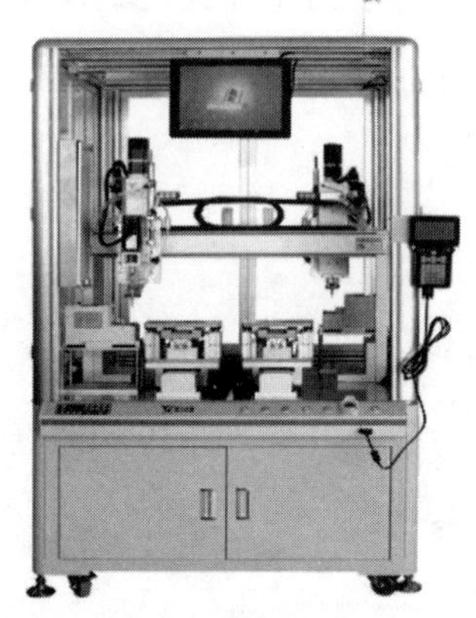

图 4–38　执行机构：气动锁螺丝机

图 4–39　伺服电机

2）传动部件。气缸、液压缸可以直接驱动负载进行直线运动或摆动，但在电机驱动的场合则一般需要相应的传动系统来实现电机扭矩的传递。智能产线单元中除采用传统的齿轮传动外，还大量采用同步带传动和链传动。同步带传动与链条传动因具有价格低廉、采购方便、装配调整方便、互换性强等众多优势，目前已经是各种智能产线单元中普遍采用的传动结构，如输送系统、提升装置、机器人、机械手等。如图 4–40 所示为行星减速机。

（5）传感器与控制系统。在控制系统中，一般由继电器或 PLC 来控制电磁换向阀，继而控制气缸的运动方向。在今天的制造业中，PLC 控制系统已经成为各种智能专机及智能产线最基本的控制系统，结合各种传感器，通过 PLC 使各种机构的动作按特定的工艺要求及动作流程进行循环工

图 4–40　行星减速机

作。电气控制系统与机械结构系统是智能产线单元设计及制造过程中两个密切相关的部分，需要连接成一个有机的系统工作。

（三）智能产线单元详细设计

总体方案确定后就可以进行详细设计了。详细设计阶段包括机械结构设计和电气控制系统设计。

1. 机械结构设计

详细设计阶段耗时最长、工作量最大的工作为机械结构设计，包括各专机结构设计和输送系统设计。设计图纸包括装配图、部件图、零件图、气动回路图、气动系统动作步骤图、标准件清单、外购件清单、机加工件清单等。

由于目前智能产线单元行业产业分工高度专业化，因此在机械结构设计方面，通常并不是全部的结构都由企业自行设计制造，例如输送线经常采用整体外包的方式，委托专门生产输送线的企业设计制造，部分特殊的专用设备也直接向专业制造商订购，然后进行系统集成，这样可以充分发挥企业的核心优势和提升竞争力。从这种意义上讲，智能生产线设计实际上是一项对各种工艺技术及装备产品的系统集成工作，核心技术就是系统集成技术，可见总体方案设计在智能产线单元设计制造过程中的重要性。

2. 电气控制系统设计

电气控制系统设计的主要工作是根据控制要求设计、编制出设备制造和使用维修过程中所必需的图纸、资料等，主要包括用于工件或机构检测的传感器分布方案、电气原理图、接线图、输入输出信号地址分配图、PLC 控制程序、电气元件及材料外购清单等。控制系统设计人员必须充分理解机械结构设计人员的设计意图，并对控制对象的工作过程有详细的掌握。

由于目前产业分工高度专业化，因此在智能产线单元行业，大量的专用设备、元器件、结构部件都已经由相关的企业专门制造生产。设计完成后马上就进行各种专用设备、元器件的订购及机加工件的加工制造，二者是同步进行的。

二、智能产线单元

智能产线单元面向制造业各种行业，在形式上多种多样。虽然智能产线单元是千差万别的，但各种产品的制造过程是按一系列的工序次序对各种基本生产工艺进行集成来完成的。

根据智能产线单元用途的区别，可以将智能产线单元分为以下几种典型的类型：

（一）智能仓储产线单元

智能仓储产线单元涵盖了工业 4.0 智能仓储与物流关键技术的实验设备。该套设备由立体货架、堆垛机、出入库托盘输送机系统、通信系统、自动控制系统、计算机监控系统等设备组成，采用先进的控制、总线、通信和信息技术，按照工业 4.0 系统集成理念设计、开发而成。智能仓储产线单元可完成物料与成品的自动化入库、出库，结合仓储管理系统，可实现对库位的智能化管理，可开展智能立体仓储涉及的工程组态、伺服运动控制、RFID 通信、仓储管理软件开发及以上内容的系统集成等内容的实验，如图 4–41 所示。

（二）智能加工产线单元

智能加工产线单元由六轴工业机器人、数控加工中心、PLC、传输线、定位机构、气动抓手、RFID 读写器等组成，采用先进的控制、总线、通信和信息技术，按照工业 4.0 系统集成理念设计、开发而成，可开展数控加工、机器人上下料、自动化控制、产线单元综合调试等实验。

通过数字化技术和自动化设备，智能加工产线单元能够完成对产品的自动化加工和加工过程的实时监控。在智能加工产线单元中，可以进行各种不同的加工操作，包括铣削、钻孔、车削、磨削、喷涂等，如图 4–42 所示。

图 4–41　智能仓储产线单元

图 4–42　智能加工产线单元

（三）智能装配产线单元

智能装配产线单元由六轴机器人、PLC、传输线、定位机构、螺丝拧紧机、气动抓手、旋转上料台、冲压机构、RFID 读写器等组成，采用先进的控制、总线、通信和信息技术，按照工业 4.0 系统集成理念设计、开发而成，如图 4–43 所示。智能装配产线单元可开展工业机器人应用、自动化控制、RFID 应用、智能装配产线单元综合调试等实验。

通过自动化设备和数字化技术，能够完成产品的自动化组装和组装过程的实时监控。在组装产线单元中，产品的各个部件可以通过自动化设备进行快速、准确的组装，从而提高生产率和产品质量。

（四）智能检测产线单元

智能检测产线单元由工业相机、镜头、视觉识别软件、工控机、PLC、传输线、三轴机械手、RFID 读写器等构成，采用先进的控制、总线、通信和信息技术，按照工业 4.0 系统集成理念设计、开发而成，如图 4–44 所示。智能检测产线单元可开展自动化控制、机器视觉系统安装与调试、机器视觉应用、图像处理与识别等实验。

视觉系统采用总线形式与控制系统连接，主要对产品进行自动化检测和检测过程实时监控。在智能检测产线单元中，产品可以进行各种不同的检测操作，包括尺寸检测、重量检测、外观检测、电性能检测等。

图 4–43　智能装配产线单元

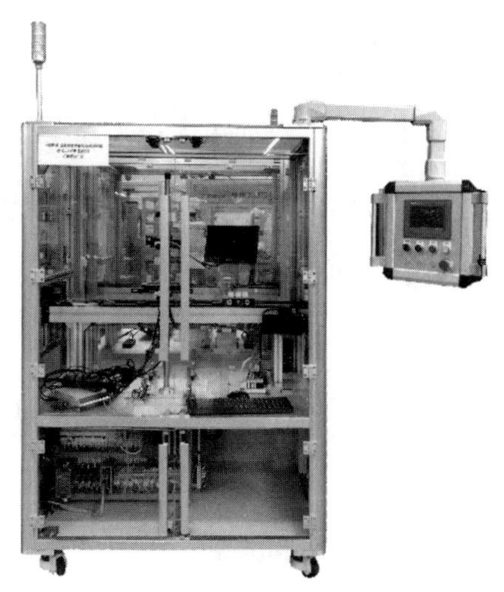

图 4–44　智能检测产线单元

（五）智能包装产线单元

智能包装产线单元一般作为智能生产线中的最后一道工序，它的主要作用是将成品进行自动化的包装和对包装过程实时监控，如图 4–45 所示。在智能包装产线单元中，可以进行各种不同的包装操作，包括装箱、封箱、打标、喷码等。

图 4–45　智能包装产线单元

三、智能产线与单元控制系统设计

（一）产线控制系统设计

随着信息技术的快速发展和制造业转型升级，智能制造逐渐成为制造业的重要发展方向。智能产线管控系统作为智能制造的重要组成部分，为企业提供了实现智能化生产的关键手段。现代企业面临日益激烈的竞争环境和市场需求的快速变化，需要通过提高生产率、降低生产成本和优化产品质量来保持竞争力。智能产线管控系统通过实时监控和智能决策支持，帮助企业实现生产过程的精细化管理和优化，以获得更高的经济效益和更有力的竞争优势。

20 世纪 90 年代的产线管控系统相对简单，主要依赖于传统的控制器和监控设备。基于 PLC（可编程逻辑控制器）和 SCADA（监控与数据采集系统）等技术，实现了设备状态监控、数据采集和报警功能。数据通常通过专用网络传输到中央监控室，由操作人员进行分析和决策。

现在，随着信息技术和工业互联网的发展，智能产线管控系统更加复杂和先进。

现代的智能产线管控系统通常采用制造执行系统（MES）、物联网技术和人工智能等，实现了更高级别的实时监控、自动化控制和智能决策。数据可以通过云平台进行存储和分析，操作人员可以通过移动设备实现远程监控和控制。同时，智能产线管控系统还能与供应链系统、质量管理系统等进行集成，实现全面的生产管控和工艺优化。

1. 基于 PLC 和 SCADA 的产线管控的优势

（1）高度可靠性。PLC 是专门设计用于工业环境的控制设备，具有强大的抗干扰能力和稳定性，能够在恶劣的工业条件下可靠运行。

（2）实时响应。PLC 具有高速的信号处理和响应能力，可以实时监测生产线上的各种信号和参数，并迅速作出相应的控制动作。

（3）分布式控制。PLC 支持分布式控制架构，可以通过网络连接多个 PLC，实现多台设备的协同控制，提高生产线的整体效率和灵活性。

（4）可靠的输入 / 输出接口。PLC 控制系统提供了多种类型的输入 / 输出接口，可以与各种传感器、执行器和外部设备进行连接，实现对生产线的全面控制和监测。

（5）可视化界面。PLC 控制系统通常与人机界面（HMI）相结合，通过直观的可视化界面，操作人员可以实时监测和控制生产线，并获取相关的运行状态和报警信息。

2. 使用 PLC 和 SCADA 的产线管控的不足

（1）缺乏整体性。PLC 通常用于控制单个设备或工艺单元，而对于复杂的生产线或整个工厂来说，可能需要集成多个 PLC 进行协调控制。这可能导致系统的复杂性增加，难以实现全局的生产优化和协同工作。

（2）缺乏灵活性。PLC 的编程通常是基于特定的硬件和软件平台，对于较大规模或复杂的生产线，可能需要进行复杂的编程和配置，且修改和调整较为困难。

（3）有限的处理能力。相对于现代计算机系统，PLC 的处理能力较为有限，对于大规模数据处理、复杂算法或高级数据分析等任务，可能存在性能瓶颈。

（4）通信限制。PLC 控制系统通常使用特定的通信协议和接口，与其他设备或系统的集成可能需要额外的配置。这可能会导致数据集成和系统协同方面的困难，尤其是在多供应商、多协议的环境中。

（5）维护困难。PLC 控制系统通常由专门的工程师进行设计、配置和维护，对于非专业人员来说可能难以理解和维护。此外，PLC 控制系统通常与硬件紧密结合，出现故障时可能需要更换整个 PLC 模块，维修成本相对较高。

（6）不适用于复杂控制策略。某些复杂的控制策略，如模糊控制、神经网络控制等，可能超出了 PLC 的能力范围，需要额外的软硬件支持。

（7）缺乏高级数据分析和智能决策支持。传统 PLC 控制系统主要用于实时数据采集和基本控制功能，对于复杂的数据分析、故障诊断和智能决策支持，可能需要额外的软件系统或算法集成。

3. MES 的主要功能

MES 从更高的维度实现了对产线的智能管控，从更高的层面解决了上述使用 PLC 和 SCADA 的产线管控存在的缺点，MES 的主要功能包括以下方面：

（1）生产计划与调度。MES 能够生成和管理生产计划，并根据生产需求和资源可用性进行调度。它可以协调和优化各个生产环节的任务和顺序，确保生产任务的准时完成。

（2）资源管理。MES 可以管理和优化生产所需的资源，包括设备、人员、物料和工具等。它可以监控资源的可用性、使用情况和性能，提供资源分配和调度的决策依据。

（3）工艺流程控制。MES 可以管理和控制生产过程中的工艺流程。它可以定义和执行工艺步骤、参数设置和规范要求，确保产品工艺的一致性，进而保证产品质量。

（4）实时数据采集与监控。MES 可以实时采集和监控生产过程中的数据。它可以连接到各种设备和传感器，获取实时数据，包括设备状态、工艺参数和质量数据等。

（5）质量管理与追溯。MES 可以实施质量管理措施，包括质检计划、质量控制点和异常处理等。它可以记录和跟踪产品的质量数据和检验结果，实现产品质量的可追溯。

（6）数据分析与报表生成。MES 可以对采集到的数据进行分析和统计，生成各种报表和指标。这些报表可以用于生产绩效评估、质量分析、资源利用分析和决策支持等。

（7）协同与协作。MES 可以促进各个部门和团队之间的协同和协作。它提供信息共享、任务分配和协作工具，促进跨部门的协同工作和信息流通。借助这些功能，MES 可以实现对产线的智能管控，提高生产率、产品质量、可靠性及灵活性。MES 与

其他系统集成，可以实现全面的生产管控和数据流通。

4. 智能产线管控系统和 MES 的联系

智能产线管控系统和 MES 之间存在密切的联系和互动，它们在生产管理领域中扮演着不同但相互补充的角色。智能产线管控系统是一种基于智能化技术和解决方案的生产线管理系统，旨在实现生产线的智能化运行、故障预测和自动化控制。它通过数据采集、实时监控、智能算法和自动化决策等功能，提高生产线的效率、质量和灵活性。MES 用于集成和管理制造过程中的各个环节，包括计划排程、物料管理、工序控制、质量管理、数据采集与分析等。MES 的主要目标是实现生产过程的监控、协调和优化，以提高生产率、质量和可追溯性。智能产线管控系统和 MES 的联系在于：

（1）数据交互与共享。智能产线管控系统通过数据采集和实时监控，获取生产线的实时数据。这些数据可以与 MES 进行交互和共享，为 MES 提供实时、准确的基础数据，用于制订生产计划和监控生产过程。

（2）监控与调度。智能产线管控系统可以实时监控生产线的运行状态，并根据预设的规则和算法进行调度和优化。监控和调度的结果可以反馈给 MES，用于协调不同环节的生产活动和资源分配。

（3）故障诊断与预防。智能产线管控系统可以通过故障诊断和预防性维护功能，提前识别潜在故障和设备问题。这些信息可以与 MES 共享，用于设备管理和维护计划的制订，以减少生产中断和设备故障带来的影响。

（4）数据分析与决策支持。智能产线管控系统可以进行数据分析和智能算法运算，提供更深入的生产线数据分析和决策支持。这些分析结果可以为 MES 提供更准确的数据指导，用于制订更科学的生产计划和决策。

综上所述，通过智能产线管控系统与 MES 的相互关联，可以实现生产过程的全面管控和优化。同时，MES 可以为智能产线管控系统提供更全面的生产管理和资源调度指导，以实现整体生产过程的协调和优化。

（二）单元控制系统设计

1. 控制系统架构设计

控制系统架构设计是指对控制系统的各个组成部分进行系统性的规划、设计和布局，以实现控制和协调系统的功能。控制系统架构设计的目的是通过明确控制系统各个组成部分之间的关系和交互，实现控制系统的优化和高效运行。

（1）控制系统硬件架构设计。控制系统硬件架构设计是指针对控制系统硬件组件的安装、连接和布局等方面进行的系统设计。控制系统硬件架构设计的目的是实现控制系统的控制和协调功能，并提高控制系统的可靠性和效率。

控制系统硬件架构设计通常包括以下几个方面：

1）控制器。控制器是控制系统的核心组件，通常采用 PLC、DCS、计算机等实现。在控制器的硬件架构设计中，需要考虑控制器的运行速度、内存容量、通信方式等因素。

2）传感器。传感器是用于获取控制系统中各种物理量的组件，如温度、压力、流量等。在传感器的硬件架构设计中，需要考虑传感器的类型、精度、范围、通信方式等因素。

3）执行器。执行器是控制系统中用于执行各种动作的组件，如电机、气缸、阀门等。在执行器的硬件架构设计中，需要考虑执行器的类型、规格、功率等因素。

4）通信设备。通信设备是控制系统中用于传输数据和控制指令的组件，如网络交换机、工业以太网、现场总线等。在通信设备的硬件架构设计中，需要考虑通信速率、通信方式、通信协议等因素。

5）电源和电气配电设备。电源和电气配电设备是控制系统中用于提供电源和分配电力的组件，如 UPS（不间断电源）、变压器、开关柜等。在电源和电气配电设备的硬件架构设计中，需要考虑电源类型、电压范围、负载容量等因素。

在进行控制系统硬件架构设计时需要考虑多个因素，如控制系统的功能需求、安全性要求、可靠性要求、实时性要求、灵活性要求等。同时，需要考虑控制系统的规模和复杂度，以及所采用的技术和设备的特点和限制。

（2）控制系统软件架构设计。控制系统软件架构设计是指针对控制系统软件之间的关系和交互方式进行的系统设计。控制系统软件架构设计的目的是提高控制系统的可靠性和效率。

控制系统软件架构设计通常包括以下几个方面：

1）控制算法。控制算法是控制系统的核心，用于实现控制系统的各种复杂控制功能。在控制算法的软件架构设计中，需要考虑算法的复杂程度、实时性要求、算法优化等因素。

2）人机界面。人机界面是控制系统中用于与操作人员进行交互的软件组件，如触摸屏、键盘、鼠标等。在人机界面的软件架构设计中，需要考虑界面的易用性、信息呈现方式、交互方式等因素。

3）数据处理。数据处理是控制系统中用于处理各种数据的软件组件，如数据采集、存储、分析等。在数据处理的软件架构设计中，需要考虑数据的类型、处理方式、处理速度等因素。

4）通信协议。通信协议是实现各个组件之间通信的基础。在通信协议的软件架构设计中，需要考虑通信方式、通信速率等因素。

在进行控制系统软硬件架构设计时，需要考虑多个因素，如控制系统的功能需求、安全性要求、可靠性要求、实时性要求、灵活性要求等。同时，需要考虑控制系统的规模和复杂度，以及所采用的技术和设备的特点和限制。

2. 控制系统算法设计

控制算法作为控制系统的核心，用于对系统进行监控、分析和控制。控制算法的设计和实现对于控制系统的性能和可靠性具有重要影响。

控制系统算法设计的目标是开发出满足特定需求的控制算法，使得系统能够满足预定的控制要求。在设计控制算法时，需要考虑控制系统的特点、所需控制的对象、控制精度、干扰等多个因素。

控制领域常用控制算法有 PID 算法、模糊控制算法、神经网络算法、遗传算法等。本节主要对 PID 控制算法以及模糊控制算法进行详细介绍。

（1）PID 控制算法。PID 控制算法是一种常见的自动控制算法，它根据误差信号（当前实际值与目标值的差）和上次误差信号的变化率，计算出一个控制输出信号，将其输出到被控对象（如电机、阀门、温度控制器等）上，以调整被控对象的状态，使其逐步趋向目标值。

在 PID 算法中，比例项（P 项）的作用是根据误差信号的大小调整控制输出信号，使其与误差信号成正比；积分项（I项）的作用是消除系统静态误差，根据误差信号的积分调整控制输出信号；微分项（D项）的作用是根据误差信号的变化率调整控制输出信号，避免系统产生振荡。

PID算法的计算公式如下：

$$u(t)=K_p e(t)+K_i\int e(t)\mathrm{d}t+K_d(\mathrm{d}e(t)/\mathrm{d}t) \tag{4-23}$$

式中 $u(t)$——控制输出信号；

K_p、K_i 和 K_d——分别表示比例、积分和微分系数；

$e(t)$——当前的误差信号；

$\mathrm{d}e(t)/\mathrm{d}t$——误差信号的变化率。

通过不断调整比例、积分和微分系数，可以使系统的响应速度、稳定性和精度等性能达到预期要求。

PID算法在自动引导车（AGV）中是一种常见的控制算法，它被用来控制AGV的运动轨迹和速度，以实现精确、稳定和快速地到达目标位置。

在AGV中，PID算法的应用主要包括轨迹控制和速度控制两个方面。在轨迹控制方面，PID算法可以根据车辆当前位置和目标位置之间的误差信号，计算出需要施加的控制力或者角度，使车辆沿着预定轨迹精确行驶；在速度控制方面，PID算法可以根据车辆当前速度和目标速度之间的误差信号，调整车辆的加速度、减速度和设定速度，以实现平稳的加速和减速过程。

在实际应用中，AGV的PID算法还需要根据具体的控制任务和车辆特性进行优化和调整，例如选择合适的控制参数以及不断地优化和调整，可以使得PID算法在AGV的轨迹和速度控制方面达到更高的精度和稳定性。

（2）模糊控制算法。模糊控制算法是一种基于模糊逻辑理论的控制方法，它可以处理具有不确定性和复杂性的非线性系统控制问题。模糊控制算法使用模糊规则和模糊推理来描述系统的行为和控制策略，从而实现对系统的控制。

模糊控制算法的基本原理是将输入变量和输出变量表示为模糊集合，并通过模糊规则来描述输入和输出之间的关系。每个模糊规则由一组条件语句和一条结论语句组成，其中条件语句由输入变量和它们的隶属度函数组成，结论语句由输出变量和它的

隶属度函数组成。模糊控制器根据当前输入变量的隶属度和模糊规则的权重，通过模糊推理得出模糊输出变量，然后将其转化为实际的控制信号。

模糊控制算法主要包括模糊集合的构建、模糊规则的设计和模糊推理的实现三个方面。模糊集合的构建涉及选择隶属度函数、确定模糊集合的类型和范围等问题；模糊规则的设计需要结合控制任务和系统特性，制定合适的规则库和权重；模糊推理的实现需要选择适当的推理方法和算法，如最大隶属度法、平均加权法和模糊神经网络等。

相较于传统控制算法，模糊控制算法可以更好地处理非线性、时变、模糊和复杂的控制问题，具有较高的灵活性和鲁棒性。

模糊控制算法在 AGV 中主要应用在以下几个方面：

1）避障控制。模糊控制算法可以根据 AGV 的传感器数据，设计模糊规则来判断前方障碍物的位置、大小和形状等信息，从而实现避障控制。模糊控制算法可以在不同的情况下，灵活地调整 AGV 的速度和转向角度，从而避免与障碍物发生碰撞。

2）跟随控制。模糊控制算法可以根据 AGV 与目标物体之间的距离、角度和速度等信息，设计模糊规则来控制 AGV 的运动方向和速度，实现跟随控制。在复杂的环境中，模糊控制算法可以根据不同的情况选择不同的控制策略，从而保证 AGV 与目标物体之间的距离和角度的稳定性。

3）路径规划控制。模糊控制算法可以根据 AGV 的当前位置和目标位置，设计模糊规则来控制 AGV 的运动路径，实现路径规划控制。模糊控制算法可以根据不同的路径规划算法，灵活地调整 AGV 的速度和转向角度，从而在复杂的环境中实现精确的路径规划。

相较于传统控制算法，模糊控制算法可以根据不同的环境和任务，灵活地调整控制策略，从而实现更为精确和稳定的控制效果。因此，模糊控制算法在 AGV 中具有广阔的应用前景。

3. 控制系统接口设计

控制系统接口设计是指控制系统与其他设备或系统之间的通信接口设计，主要包括硬件接口和软件接口两个方面。控制系统接口设计的主要内容如下：

（1）硬件接口设计。硬件接口是指控制系统与其他设备之间的物理连接方式和电气特性。在硬件接口设计中，需要考虑信号的传输方式、通信协议、信号电平等因素，以确保不同设备之间可以进行正常的数据交换和通信。

（2）软件接口设计。软件接口是指控制系统与其他系统之间的软件通信接口，主要包括应用程序接口（API）、数据传输格式、消息协议等方面。在软件接口设计中，需要考虑不同系统之间的数据格式和数据传输方式，确保数据能够正确传输和解析。

（3）数据传输安全。在控制系统接口设计中，数据传输安全是一个非常重要的方面。通过加密、认证等安全机制，确保数据传输的安全性和完整性，防止非法访问和数据篡改等安全威胁。

（4）接口协议和文档。在控制系统接口设计完成后，需要编写相应的接口协议和文档，以便其他设备或系统开发人员能够理解和使用控制系统的接口。接口协议和文档包括接口的功能说明、数据格式、通信协议等方面的内容，以及接口使用的注意事项和限制。

（5）接口测试和验证。在控制系统接口设计完成后，需要进行接口测试和验证，以确保控制系统与其他设备或系统之间的通信正常。通过模拟实际的数据交换和通信场景，对接口进行测试和验证，发现和解决问题，以确保控制系统接口的稳定性和可靠性。

控制系统接口设计需要综合考虑硬件和软件等方面的因素，确保控制系统与其他设备或系统之间的正常通信，同时保证数据传输的安全性和完整性。通过合理的接口设计，可以提高控制系统的集成能力和扩展性，实现更加高效、稳定的控制系统。其中，OPC 是一种用于数据通信和互操作性的标准协议，可以使不同厂商和平台的软件系统之间进行可靠的数据交换。OPC 接口通过 COM 技术实现，采用了客户端 / 服务器模型。OPC 服务器通常位于生产现场的数据采集设备或控制设备上，其作用是将设备采集到的数据存储在内存中等待客户端软件的请求，一旦收到客户端请求，OPC 服务器就将数据发送给客户端，实现数据交互。客户端软件可以是任何 OPC 客户端，其具有实时性好、兼容性和扩展性高的优点，减少了数据采集的成本，提高了生产率，目

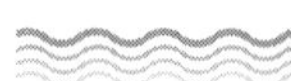

前在工业领域得到了广泛的应用。特别是在应用层软件（如 MES、数字孪生）与设备层各个设备之间通信以及数据采集上得到广泛应用。

4. 控制系统交互设计

控制系统交互设计是指设计控制系统的用户界面和交互流程，使用户能够方便操作和监控控制系统，并及时获取系统状态和运行数据。一个好的交互设计能够提高用户的工作效率和工作质量，减少错误和损失。

控制系统交互设计主要包括以下内容：

（1）用户界面。用户界面应该设计得简洁明了，符合用户习惯和操作习惯，避免过于烦琐复杂的操作。可以采用图形化界面、菜单、按键等方式进行用户界面设计，使用户能够快速掌握操作方法。

（2）交互流程。交互流程的设计合理，能够实现用户的工作流程，避免过多的操作步骤和冗余的信息。在设计交互流程时，需要考虑用户的操作环境、使用场景和使用目的，以提高交互的效率和便利性。

（3）数据可视化。控制系统的数据应该能够直观地展示在用户界面上，使用户能够清楚地掌握系统状态和运行情况。可以采用表格、图表、曲线图等方式进行数据可视化设计，以提高用户的数据分析能力和决策能力。

（4）报警与提示。控制系统中可能会出现一些异常情况和故障，需要及时向用户进行报警和提示。报警和提示应该具有明确的信息和操作指引，以便用户能够快速处理问题。

（5）多语言支持。对于国际化的控制系统，需要支持多种语言的界面和操作，以便不同国家和地区的用户能够方便地使用控制系统。

控制系统交互设计需要充分考虑用户需求和使用习惯，使用户能够快速掌握操作方法，减少出错，提高工作效率和工作质量。

四、智能传感设备和工业物联网

（一）智能传感设备

智能传感设备是指集传感器、信号处理、通信、计算和控制于一体的智能化设备。

智能传感设备可以感知环境中的物理量、化学量、生物量等参数，将感知到的信息通过内置的处理器和通信模块进行处理和传输，最终将数据发送给上层的系统或者云平台，用于数据分析、决策和控制。

智能传感设备的主要特点有：

（1）多样性。智能传感设备可以感知各种不同类型的物理量，例如温度、湿度、压力、速度、加速度、光强度等。

（2）精度高。智能传感设备可以实现高精度的数据采集和处理，确保数据的准确性和可靠性。

（3）可编程性。智能传感设备可以进行编程和配置，可以适应不同的工作场景和使用需求。

（4）自适应性。智能传感设备可以自动适应环境的变化，例如温度、湿度、光照等的变化。

（5）通信能力强。智能传感设备可以通过多种通信方式与上层系统进行数据传输和控制。

智能传感设备广泛应用于工业自动化、智能家居、环境监测、医疗健康等领域。例如，智能温湿度传感器作为一个智能传感器，可以测量环境中的温度和湿度，并将测量结果通过内置的通信模块发送到上层系统或者云平台，实现环境监测和控制。其相对于传统传感器的特点包括：高精度的测量标准，可以满足工业生产和科学研究的需求；多样化接口可以实现与不同设备的通信以及信息交互；多样的形式，可以是单体设备，也可以是组合设备；良好的可编程特性，能够适应不同的工作场景和需求等。基于这些特点，智能温湿度传感器广泛应用于工业生产、智能家居、气象监测、医疗健康等领域。例如，在智能家居中，智能温湿度传感器可以实现房间温湿度的监测和控制，从而提高居住舒适度；在工业生产中，智能温湿度传感器可以实现车间温湿度的监测和控制，从而提高生产率和产品质量。

随着物联网、云计算和人工智能技术的发展，智能传感设备的应用范围和规模将进一步扩大。

（二）工业物联网

1. 工业物联网设备

工业物联网设备是指在工业生产环境中应用的物联网设备，主要包括传感器、智能终端设备、控制器、通信模块等。这些设备可以感知、收集、传输和处理各种类型的数据，从而实现对生产过程的实时监测、控制和优化。

工业物联网设备的主要特点有：

（1）实时性。工业物联网设备可以实现实时数据采集和传输，能够及时反馈生产过程中的状态和异常情况。

（2）高可靠性。工业物联网设备具备高可靠性和稳定性，能够适应恶劣的工业环境和高强度的工作条件。

（3）互联互通。工业物联网设备可以通过各种通信方式，如以太网、无线网络、蓝牙等，进行互联互通。

工业物联网设备在工业生产中发挥着越来越重要的作用，可以实现生产过程的数字化、智能化和网络化。这些设备的应用可以提高生产率、降低生产成本、提高产品质量和生产安全性，同时也可以提高企业的生产管理水平和竞争力。

工业物联网中有一种典型的应用是 RFID。它是一种无线通信技术，通过射频信号对物品进行识别和追踪。RFID 设备包括 RFID 标签、RFID 读写器和 RFID 中间件等。RFID 技术在工业物联网中的应用非常广泛。例如，RFID 技术可以用于实现物料跟踪和管理，通过在物料上贴上 RFID 标签，可以实现对物料的实时追踪和管理，从而提高生产率和物流效率；另外，RFID 技术也可以用于实现车辆和设备的管理和追踪，通过在车辆和设备上安装 RFID 标签，可以实时监测车辆和设备的位置和状态，从而提高生产管理水平和安全性。RFID 技术具有快速、准确、高效等优点，能够满足工业物联网中对物品识别、跟踪和管理的需求。

2. 智能产线安全保障

智能产线安全保障的重要性不可忽视。因为智能产线在生产过程中涉及大量的数据和设备，一旦发生安全问题，不仅会给企业带来巨大的经济损失，还可能对生产环境和生产线上的工人造成严重威胁。

智能产线中的数据涉及企业的机密和知识产权，一旦泄露将会给企业带来巨大的经济损失。智能产线中的数据安全涉及数据采集、传输、存储和处理等环节。为了确保数据安全，可以采用数据加密和安全传输技术，以及防火墙和入侵检测等网络安全技术。此外，还需要建立完善的数据备份和恢复机制，以应对数据丢失或损坏等情况。

智能产线的网络架构是一个复杂的系统，一旦网络被攻击或者感染病毒，就会对整个生产环境造成影响，导致生产停滞、设备损坏等。因此，需要采取多层次的安全防护措施，保证网络的安全性。智能产线中的网络安全包括工控网络和企业网络两个层面。为了确保网络安全，可以采用网络隔离、网络防火墙、网络监测和入侵检测等技术，以防止网络攻击和恶意软件等威胁。此外，还需要对网络设备进行定期升级和漏洞修复，以保持网络设备的安全性。

智能产线中的生产设备涉及生产线的稳定运行，一旦发生设备故障或者被恶意攻击，就会影响整个生产线的正常运行。因此，智能产线中的设备安全也非常重要。智能产线中的设备安全包括工业设备和物联网设备两个方面。为了确保设备安全，可以采用设备隔离、设备加密和安全认证等技术，以防止设备被非法访问和控制。此外，还需要对设备进行定期维护和检查，以保持设备的正常运行和安全性。

智能产线生产过程中，人员在接触设备和生产线时，可能会遇到危险和意外，因此，需要采取相应的安全措施保证人员的生命安全。智能产线中的人员安全包括工人和技术人员。为了确保人员安全，可以采用视频监控、生产现场安全培训和紧急处理计划等技术和措施。此外，还需要对人员进行身份验证和权限管理，以保证只有被授权人员才能进入生产现场。

综上所述，智能产线的安全保障需要综合考虑数据安全、网络安全、设备安全和人员安全等多个方面，采取多层次的技术和措施，以确保智能产线的安全可靠。

第四节　基于数字孪生的智能产线虚拟调试

考核知识点及能力要求：

- 掌握智能产线数字孪生系统架构组成。
- 掌握数字孪生在装备生命周期各阶段的作用。
- 掌握产线数字孪生建模与虚拟调试系统架构。

一、信息物理系统

（一）信息物理系统的定义及其本质

信息物理系统（CPS）构建了物理空间与信息空间中人、机、物、环境、信息等要素相互映射、适时交互、高效协同的复杂系统，实现系统内资源配置和运行的按需响应、快速迭代、动态优化。

信息物理系统的本质就是构建一套信息空间与物理空间之间基于数据自动流动的状态感知、实时分析、科学决策、精准执行的闭环赋能体系，解决生产制造、应用服务过程中的复杂性和不确定性问题，提高资源配置效率，实现资源优化。

（二）信息物理系统与数字孪生

数字孪生与 CPS 都是利用数字化手段构建系统为现实服务的。其中，CPS 属于系统实现，数字孪生侧重于模型的构建等技术实现。CPS 是通过集成先进的感知、计算、通信和控制等信息技术和自动控制技术，构建了物理空间与虚拟空间中人、机、物、环境和信息等要素相互映射、适时交互、高效协同的复杂系统，实现系统内资源配置和运行的按需响应、快速迭代和动态优化。

相比于综合了计算、网络、物理环境的多维复杂系统 CPS，数字孪生的构建作为建设 CPS 系统的使能技术基础，是 CPS 具体的物化体现。数字孪生的应用既有产品，也有产线、工厂和车间，直接对应 CPS 所面对的产品、装备和系统等对象。数字孪生在出现伊始就明确了以数据、模型为主要元素构建的基于模型的系统工程，更适合采用人工智能或大数据等新的计算能力进行数据处理任务。

二、智能产线数字孪生系统架构

智能产线数字孪生的智能系统强调的是物理系统与虚拟系统的协调感知统一，所以基于数字孪生的智能系统有两个重要功能：一是数字化的物理系统与虚拟系统的实时连接；二是实现数字孪生系统的智能计算模块。数字孪生系统的通用参考架构包括物理实体、虚拟实体、数字孪生引擎和数字孪生服务四个部分。

（一）物理实体

物理实体（physical entity）是数字孪生所要映射的在物理空间实际存在的一个系统。数字孪生系统所包括的物理实体需要有数字化接口，能进行数据采集和信息映射。物理实体中的各个部分，通过物理连接或活动关系结合起来，其本身可以是一个 CPS 单元、CPS 系统或 CPS 体系。

物理实体中各异构要素的全面互联感知是构建数字孪生系统的前提和关键，智能感知的基础在于泛在的数据采集，常见的数据来源包括各类声光热电力传感器、条形码、计算机 / 手机 / 平板电脑 / 手环等智能终端、系统固有的机器 / 设备或者智能仪表、系统人员数据、企业的管理数据、本地 / 云端存储的历史可追溯数据等，数据传输方式通常有现场总线和工业以太网技术、RFID 技术、无线蓝牙技术、工业互联网技术等。

借助互联网、云计算、边云协同等技术，各物理实体可远距离分布式协同控制。物理实体具有分散化、社会化、协同化的特点。

简言之，为了支撑数字孪生系统的实施，物理实体需要具备数字化接入能力。从角色来看，物理实体是数字孪生系统的实现基础，同时也是数字孪生系统最终所要优化的目标对象。

（二）虚拟实体

虚拟实体（virtual entity）是物理实体对应在信息空间的数字模型，以及物理实体运行过程的相关信息系统。信息系统是物理对象的信息模型抽象，并且包括了一些物理实体运行过程的管理、控制等逻辑。

虚拟实体的模型是指在物理实体设计和运行过程中所构建的几何模型、机理模型以及数据模型。这些模型可以看作对物理实体的一个定义。对于一个工业产品来说，模型包括三维设计模型、有限元分析模型、制造工艺模型、运行过程的数据模型等。

在数字孪生系统里面的虚拟实体，可以看成物理实体在信息空间的一个数字化映射。在数字孪生技术出现之前，这些虚拟实体的组成部分就已经存在，并且在仿真分析、系统运行管控等方面已经开展了丰富的应用。但是这些应用没有充分发挥实时数据的作用，模型之间也没有构建系统化的联系，因此是局部的、非系统化的浅层数字映射。

（三）数字孪生引擎

数字孪生引擎（digital twin engine）一方面是实现物理系统和虚拟系统实时连接同步的驱动引擎，另一方面是数字孪生系统智能算法和智能计算引擎核心，为用户提供高级智能化服务。在数字孪生引擎的支持下，数字孪生系统才能真正形成，实现虚实交互驱动以及提供各类数字孪生智能化服务，所以数字孪生引擎即数字孪生系统的“心脏和大脑”。

数字孪生引擎从功能上来说主要包括交互驱动和智能计算。数字孪生应用通过构建拟实的界面，充分利用三维模型等形象地展示计算和分析的结果，提高人机交互的水平。其智能计算是利用数据驱动模型进行仿真分析与预测，提供传统虚拟实体应用所没有的智能计算结果。

在数字孪生系统出现之前，虚拟实体已经包含了很多反映物理实体运行规律的模型，用来对物理实体进行模拟仿真，同时，虚拟实体中的信息系统也包括了很多物理实体运行过程所采集的数据；但是，这些模型和数据分别因不同的应用目的而开发，没有很好地融合起来，不能充分发挥作用。数字孪生就是解决传统应用模型和数据分离的“各自为政”的问题，通过两者的融合充分发挥协同作用。数字孪生引擎的另外一个重要功能，就是完成模型和数据融合，包括相关的数据管理和模型管理功能。

（四）数字孪生服务

数字孪生服务（digital twin service）是指数字孪生系统向用户各类应用系统提供的各类服务接口，是物理实体、虚拟实体在数字孪生引擎支持下提供的新一代应用服务，是数字孪生系统功能的体现。

物理实体和虚拟实体在没有数字孪生引擎的支持下，能进行传统意义上的系统运行，完成各自预定的功能。但是，数字孪生引擎能让物理实体、虚拟实体融合在一起，形成数字孪生系统，具有原来物理实体和虚拟实体独立运行所没有的新功能。一个完整的数字孪生系统包括服务接口支持，也就是功能接口，能让数字孪生系统真正地为用户所用。

数字孪生服务包括仿真服务、监控服务、分析服务和预测服务，同时，由于人机交互要求更高，虚拟现实（VR）、增强现实（AR）和混合现实（MR）是数字孪生应用的重要形式，因此，数字孪生服务也包括对这些应用的服务接口支持。

综合上述内容，一个数字孪生系统各部分的组成结构如图 4–46 所示。

三、基于数字孪生的智能装备及产线开发

（一）智能装备的数字孪生

智能装备开发包括需求调研、装备设计、装备制造和装备运维服务四个主要过程。从需求调研到装备运维是一个递进的过程。信息技术的发展让信息闭环成为可能。通过这个闭环，可以及时响应市场对装备的反馈，提升装备的质量和潜在价值。数字孪生技术可以帮助和促进这一信息闭环的实现。

数字孪生在装备生命周期各个阶段的作用如下：

1. 产品设计阶段

数字样机技术可以提供产品的虚拟仿真，但是产品数字孪生体可以包含设计之后的制造和产品运行过程的数据，这些数据的采集可以为产品的仿真和验证提供真实的数据，为类似产品的开发提供有益的参考。利用大量的数据，可以挖掘产生新颖、独特、具有新价值的产品概念，将其转换为产品设计方案。

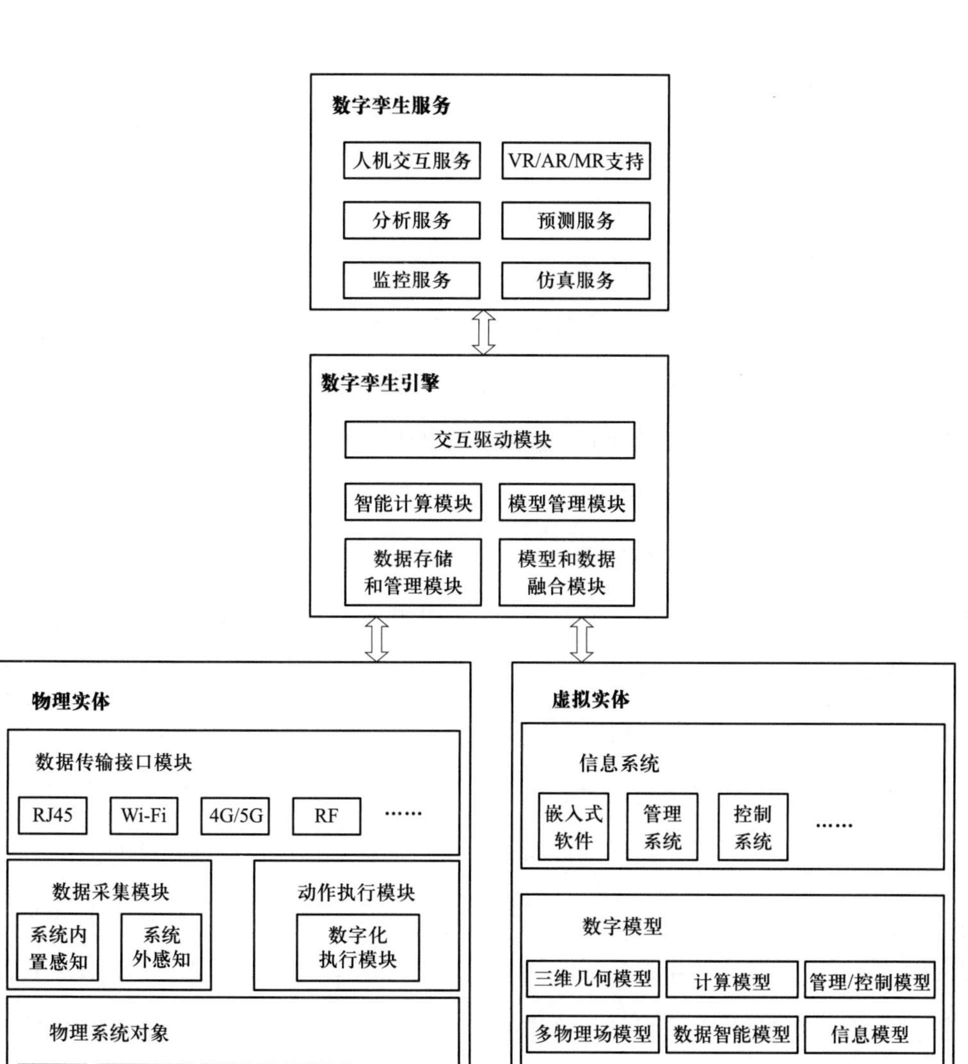

图 4–46　数字孪生系统组成结构

同时，产品的可制造性分析也不只是通过虚拟假设的生产系统模型来验证，而是结合工厂数字孪生体，利用生产系统实时数据，对产品加工时间、加工质量以及可能的风险进行评估，进一步缩短产品设计完成后实现量产的时间间隔。

2. 产品制造阶段

利用产品数字孪生体，可以指导产品制造、装配过程的工作，降低工人技术要求，减少生产过程的错误。一些在线质量检测数据也能被记录，可以指导产品装配以及产品后续安装运行过程的参数调整。

利用产品数字孪生体所记录的运行过程数据，可以分析挖掘制造过程的质量缺陷，进一步提高生产制造过程的制造参数，改进质量，提高产品价值。

通过产品运行过程的数据采集和分析，提升用户对产品运行过程的感知程度，而制造企业利用大量数据进行数据挖掘和分析，提供产品健康管理、设备优化运行、远程维护指导、备品备件调配等增值服务，提升服务水平。

在高端装备、大型装备制造领域，产品数字孪生的应用已经逐渐普及。例如，波音 787、空客 A380 飞机的设计制造，就利用数字样机和数字孪生技术缩短了设计时间。

（二）产线开发阶段数字孪生

1. 产线开发阶段数字孪生应用

智能产线作为典型的机电一体化系统，是集机械、电气、自动化等多学科、多领域技术为一体的综合系统，其开发过程通常需要多个学科的工程师合作进行。三子系统论是从机电系统的学科属性和系统功能实现角度出发，将机电系统分为三个子系统，如图 4–47 所示。在传统的智能产线开发设计中，仍然采用基于物理样机的串行式的开发方式，跨学科的设计工作虽然都面向同一个系统和目标，但各领域的工作相互独立，对模型的验证也都是在各自专业领域的软件平台上单独进行的，直到子系统均达到设计目标后，再建立跨学科集成的物理样机进行调试，如果发现设计缺陷，又需要在各学科领域单独进行改进设计。这样的产品开发方式不仅需要耗费大量的时间，也会大大增加系统研发成本，且在智能产线的开发中，通常将实际系统作为样机进行测试，现场调试也存在较高的风险。

虚拟调试是数字孪生在产品开发阶段应用实施的关键技术。基于数字孪生技术进行机电产品的设计，在设计过程中建立跨学科融合的设备数字孪生模型。在机电设备进行加工制造阶段之前，就能利用虚拟调试技术完成控制系统与产品数字孪生模型之间的数据连接，从而对产品在未来环境中的工作状态进行仿真模拟，通过虚拟调试在第一时间发现并优化设计问题，从而降低现场调试风险，减少产

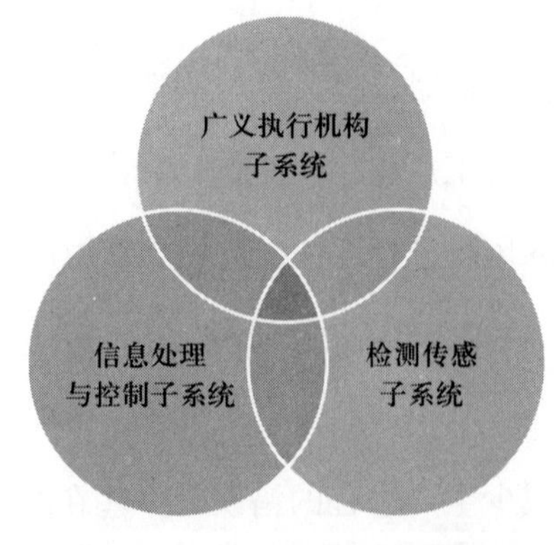

图 4–47　三子系统论的机电系统组成

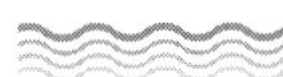

品现场调试工作量，缩短产品开发周期。

数字孪生是虚拟调试应用的核心技术。产品数字孪生体作为数字孪生的基础，研究适用于智能产线的虚拟调试解决方案的首要任务就是如何创建出契合智能产线物流实体特性的数字孪生模型。

根据智能产线学科属性和系统功能实现的特征，将面向虚拟调试的智能产线数字孪生模型划分为三个部分：机械和运动模型、电气和行为模型以及自动化模型，如图 4–48 所示。

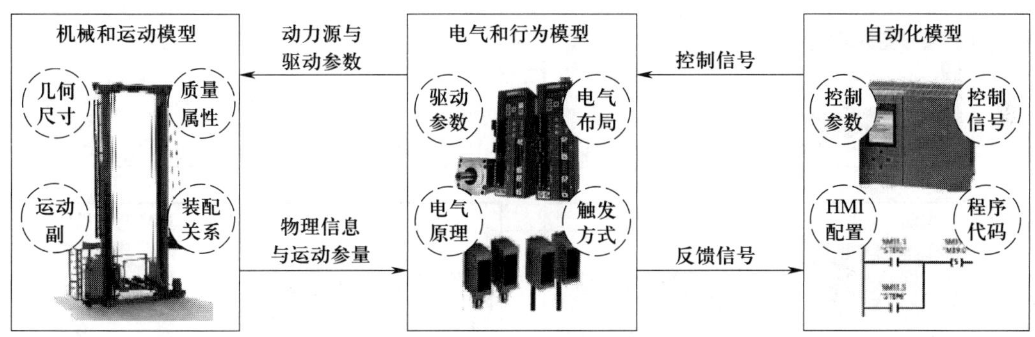

图 4–48　面向虚拟调试的智能产线数字孪生模型组成

（1）机械和运动模型包含几何机械模型和物理机械模型两部分。几何机械模型是包含产品机械 CAD 参数信息在内的产品三维实体，如设备主体、传动机构、执行机构等；物理机械模型是指零部件在物理环境下的运动属性，包括基本物理属性和运动物理属性，基本物理属性指零件材料、质心、表面模型系数等产品物理参数信息，运动物理属性是指零部件间的装配位置关系、运动副、耦合副以及驱动机构的类型等信息。

（2）电气和行为模型包含驱动器、传感器等活动部件。电气和行为模型的构建在电气元件三维几何模型的基础上对电气元件的工作原理、运行机制、驱动报文等进行建模，实现物理产品在真实环境下运行行为的模拟。通过电气元件符号表与三维元件模型关联对应，建立电气元件与控制系统信号交互的接口。

（3）自动化模型主要是指控制智能产线自动运行的自动控制系统，包括自动控制器、自动控制程序、人机界面设计等。自动控制器接收传感器和驱动器等电气元件提供的信号，通过自动控制程序实现生成控制信号并在电气元件的驱动下实现对机械模型的控制。在虚拟运行过程中，可以通过设计的人机界面实现人与数字孪生模型的人机交互。

2. 产线开发虚拟调试环境

根据应用场景和应用需求的不同，将虚拟调试环境分为两类：软件在环（SIL）和硬件在环（HIL）。软件在环是把设备完全虚拟化，即采用虚拟的人机界面、虚拟控制器、仿真输入 / 输出（I/O）信号及行为模型与虚拟设备模型搭建虚拟调试环境。硬件在环是把设备主要的硬件虚拟化，使用实际的人机界面、物理控制器、I/O 仿真硬件设备及其仿真行为模型、虚拟设备模型搭建虚拟调试环境，如图 4–49 所示。

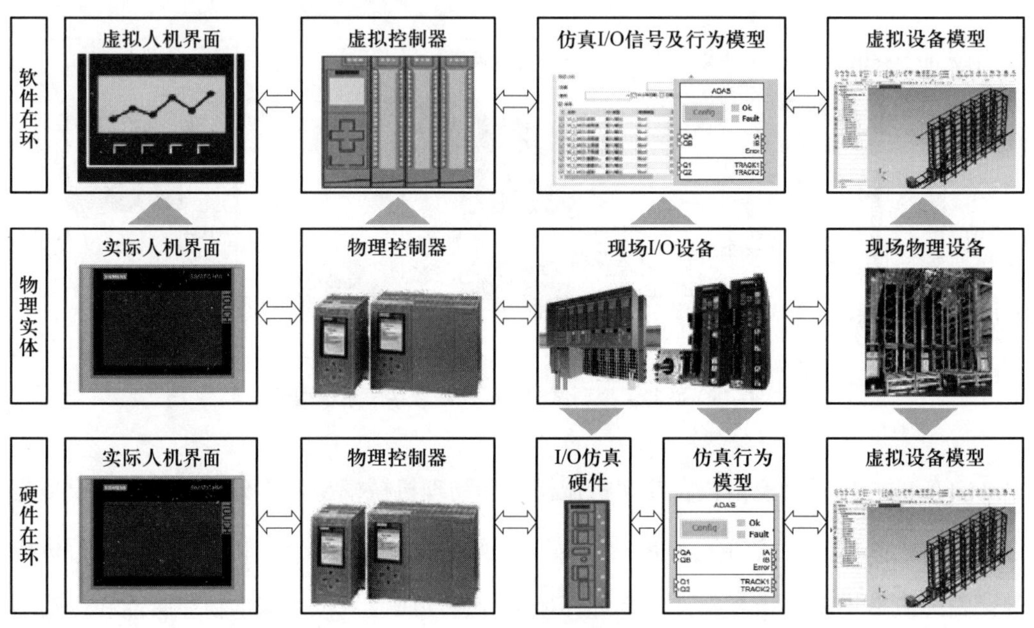

图 4–49　虚拟调试环境

（1）软件在环。软件在环虚拟调试主要应用在开发前期的设计阶段，对机械结构、电气行为和控制逻辑进行设计和测试。在软件在环虚拟调试环境下，将机械结构、电气元件、I/O 信号和控制系统的设备数字孪生模型集成到虚拟调试平台下，通过数字孪生建模和基于物理场的多学科协同仿真，使各学科设计工作能够同时进行，实现开发过程的并行协同设计：机械工程师可以根据设备三维形状和运动学特性创建数字模型；电气工程师可以根据电气元件工作原理进行传感器和驱动器的行为建模；自动化工程师可以进行自动控制程序和人机界面的开发，并通过控制系统与数字孪生模型的数据连接，进行设计结果的跨学科集成验证。

（2）硬件在环。硬件在环虚拟调试主要应用在开发后期的调试阶段，对控制系统硬件组态、驱动器配置等硬件参数进行调试和优化。在硬件在环虚拟调试环境下，通过现场的物理控制系统和驱动器与数字孪生模型建立数据连接实现信号交互，从而在物理设备调试运行前对控制系统配置和控制参数进行调试和优化：将开发的控制系统组态下载到实际控制系统中，对物理硬件参数进行检查；通过物理控制系统驱动数字孪生模型运行，对物理控制系统的参数设计进行优化和验证。

3. 产线数字孪生建模与虚拟调试系统架构

本书提及的数字孪生技术是在产品开发的早期阶段，实际设备加工或现场安装之前，对智能产线进行数字孪生建模，通过数字孪生的关键技术虚拟调试进行设备参数和控制程序的调试和优化，从而推动智能产线开发从串行的、基于物理样机测试的开发方式向并行的、基于数字化模型虚拟验证的开发方式转变。

通过对数字孪生技术的研究确定数字孪生模型是对智能产线物理属性和设计数据在虚拟空间中的全面映射。在孪生精度方面，需要通过设计建模完成物理实体在虚拟空间中的特征描述，利用虚拟调试完成虚拟模型与控制系统的数据连接，进而实现物理实体在真实世界的运行状态预测。

通过对虚拟调试技术的研究确定应用于智能产线开发阶段的数字孪生模型应包含机械、电气和自动化等学科的设计模型，虚拟调试系统环境应包含数字孪生模型和控制系统等仿真平台以及各平台间的数据连接。

在以上技术研究的基础上，针对智能产线的设计开发、调试和验证过程设计了一套数字孪生建模与虚拟调试系统架构，如图 4–50 所示。整个框架包含四个层面：数据层、模型开发层、连接层和仿真层。

（1）数据层。数据是数字孪生的核心，设计阶段的数据包括产品设计知识和产品设计模型，设计知识主要是在产品方案设计阶段形成的需求—配置映射、功能—结构配置等信息，设计模型是指在详细设计阶段获得的、实现产品功能的产品设计模型；基于模型的设计知识管理为设计经验和知识的可表示和可传承提供了新的思路，基于功能的产品标准模型库建立为缩短产品设计周期、提高设计效率提供了途径。

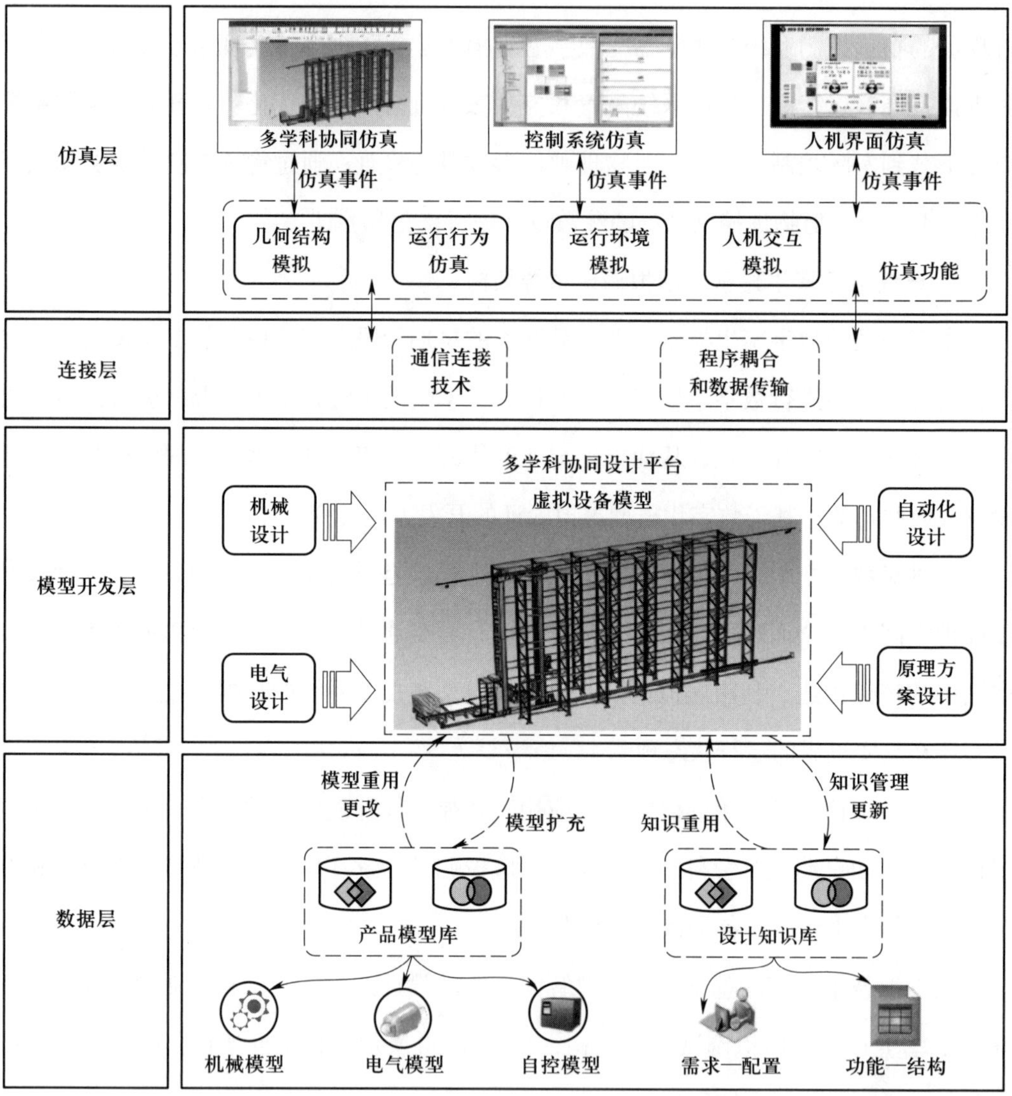

仿真层
多学科协同仿真
控制系统仿真
人机界面仿真
仿真事件
几何结构模拟
运行行为仿真
运行环境模拟
人机交互模拟
仿真功能

连接层
通信连接技术
程序耦合和数据传输

模型开发层
多学科协同设计平台
虚拟设备模型
机械设计
电气设计
自动化设计
原理方案设计

数据层
模型重用更改
模型扩充
知识重用
知识管理更新
产品模型库
设计知识库
机械模型
电气模型
自控模型
需求—配置
功能—结构

图 4–50　数字孪生建模与虚拟调试系统框架

（2）模型开发层。模型是数字孪生的基础，模型设计开发层包括产品原理方案设计和机械、电气、自动化等学科的子模型设计，通过多学科协同设计平台提供集成开发环境对虚拟模型的几何模型、物理模型、行为模型、自动化模型进行建模和集成构建设备数字孪生模型。

（3）连接层。连接层是指数字孪生模型和各仿真软件平台间的通信连接以及程序

耦合和数据传输。为了实现物流装备的虚拟调试，需要完成产品数字孪生模型、控制系统模型和人机交互系统等多个平台间的连接和耦合。

（4）仿真层。仿真层包括多学科协同仿真平台、控制系统仿真平台和人机界面仿真平台等，通过不同平台的仿真功能实现对物理实体的几何模型、物理模型、行为模型、自动化模型及运行环境的模拟仿真，利用控制程序驱动数字孪生模型虚拟运行完成设计结果的测试和验证。

第五节 实 验

实验一：智能产线布局规划与仿真

1. 实验目的

利用 Plant Simulation 进行智能产线仿真，规划智能产线布局，分析工作节拍并找出瓶颈工位；根据 OEE（综合设备利用率）数据分析，最终提出产线优化方案。

2. 实验相关知识点

（1）布局规划。

（2）智能产线仿真。

（3）瓶颈工位分析。

（4）OEE 计算。

3. 实验设备

Plant Simulation 软件，计算机。

4. 实验内容

（1）实验内容一：产线布局初始方案。

1）确定工位数量。

2）确定产线类型。

3）确定产线产能。

（2）实验内容二：工作节拍和瓶颈工位分析。

1）瓶颈工位的确定。

2）工作节拍对产能的影响。

（3）实验内容三：OEE 计算。

1）与 OEE 相关数据的收集。

2）OEE 计算。

（4）实验内容四：产线布局方案的优化。

根据产能要求，优化布局设计及其结果分析。

5. 实验步骤

（1）产线布局方式与工位数量的确定。根据实际的生产方式特点和车间布局情况，确定产线的布局方式和工位数量。

（2）产线产能的确定。依照生产计划完成产线的工位模块设计，运行仿真确定产线产能和生产节拍。

（3）瓶颈工位的确定。编写程序，记录每个工位加工（装配）任务的开始时间和完成时间。根据实际生产情况，通过对故障率和维修时间设置，最终确定产线瓶颈工位。

（4）工作节拍对产能的影响分析。设置工作节拍，进行多因子水平的实验，根据实验结果对产线进行优化。

（5）收集、记录数据，提交数据管理系统，计算 OEE 数据，最后给出生产数据报告。

（6）产线布局方案的优化。经过工作节拍和瓶颈工位分析，采用算法工具包进行优化，确定最终方案。

实验二：智能工厂网络配置与安全防护

1. 实验目的

（1）熟悉 VLAN（虚拟局域网）、直连路由、Turbo Ring、Turbo Chain 的应用场景。

（2）掌握 VLAN、直连路由、Turbo Ring、Turbo Chain 的技术原理。

（3）掌握基于 MOXA 设备的 VLAN、直连路由、Turbo Ring、Turbo Chain 的配置方法。

2. 实验设备

硬件	数量	单位
MOXA EDS–510 A	3	台
MOXA EDS–810 A	2	台
60 W 电源线	2	台
个人计算机	2	台

注：可使用 MOXA EDS–810 A 作为二层交换机使用。

3. 实验内容

根据可靠性安全性要求自主设计出二期工厂网络拓扑，并进行相关网络及安全防护策略的配置。具体要求如下：

MES 工业网络用于承载 MES 系统与车间设备的数据通信，主要包含 MES 服务器、工业机器人、PLC、远程采集网关等现场设备。智能工厂分为两期建设：一期建设核心机房、车间 1、车间 2；二期建设车间 3、车间 4。MES 服务器部署在核心机房，车间 1、车间 2 设备全部为 PLC 和工业机器人，车间 3、车间 4 设备全部为远程采集网关。要求 MES 服务器和不同类型的现场设备之间进行隔离，并且设备能够与 MES 服务器进行通信，工厂一期网络拓扑如图 4–51 所示。

在该智能工厂中，不同类型设备之间需要进行 VLAN 隔离，同类型设备中 PLC、工业机器人、数据采集网关也需要进行 VLAN 隔离；一期网络具有容错能力，不会因单点故障造成大面积网络中断，且网络收敛时间小于 50 ms；二期网络在一期网络的基础上扩展，能实现在原有网络架构上直接挂载。

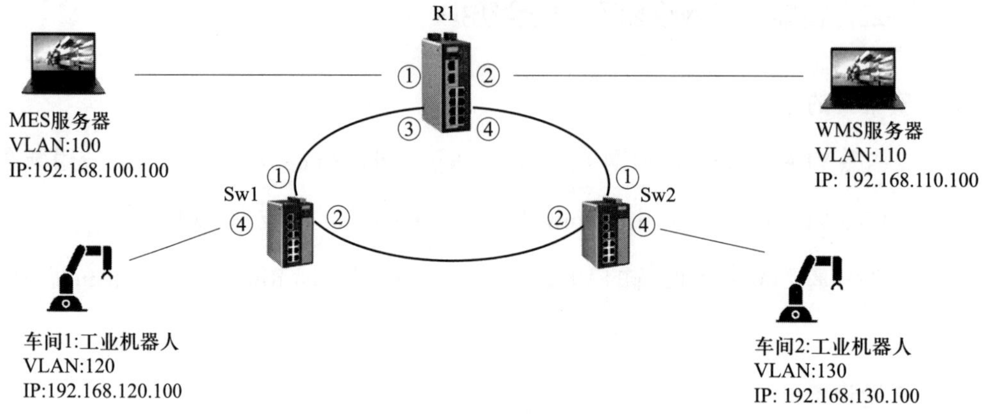

图 4–51　工厂一期网络拓扑

为确保采集数据的安全，在满足上述网络整体通信畅通的前提下，将 WMS 服务器与两台数据采集网关进行限制，仅允许 HTTP、Ping 数据通信，防止核心数据泄露。工厂二期网络拓扑如图 4–52 所示。

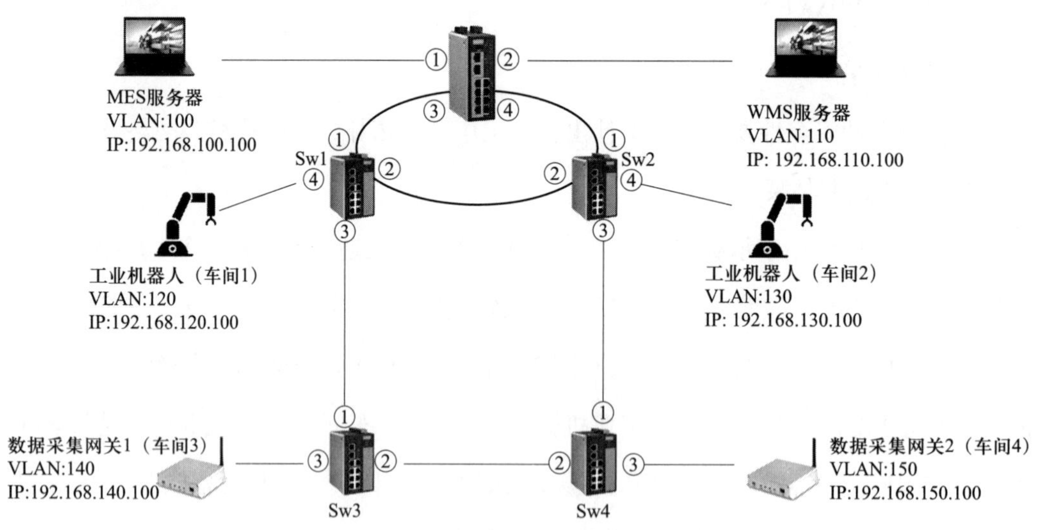

图 4–52　工厂二期网络拓扑

4. 实验步骤

（1）设置 VLAN。

（2）开启 Turbo RingV2 解决环网问题。

（3）开启 Turbo Chain 挂载 Sw3/4。

（4）设置路由器三层防火墙。

实验三：旋转堆垛机设计

1. 实验目的

（1）掌握旋转堆垛机设计方法。

（2）掌握关键结构的受力分析方法。

（3）掌握零件装配和机构运动仿真技术。

2. 实验相关知识点

（1）旋转堆垛机的结构组成和工作原理。

（2）结构强度和刚度分析。

（3）运动仿真原理。

（4）零部件装配技术。

3. 实验设备

（1）CAD/CAE 软件。

（2）Plant Simulation 软件。

（3）计算机。

4. 实验内容及主要步骤

完成旋转堆垛机的结构设计，分析结构的强度刚度，并组装生成装配体，通过运动仿真，实现物品的堆垛和取放操作。

（1）确定堆垛机的设计要求和应用场景。

（2）设计参数计算：根据实验目标和要求，进行设计参数的计算。

（3）选型：根据设计要求和应用场景，选择合适的导轨、滑块、驱动电机等零部件。依据选型部件和设计参数，设计旋转堆垛机的结构。

（4）进行结构强度和刚度分析：利用受力分析软件对设计的结构进行强度和刚度分析，对结构或材质进行调整，确保满足预期的工作负荷和运动要求。

（5）设计旋转堆垛机的控制系统和安全系统。

（6）在虚拟环境中将零件组装在一起形成堆垛机的装配体。

（7）根据仿真结果进行设计改进和优化，调整设计参数或重新进行选型设计，以提高堆垛机的性能。

实验四：智能产线单元的系统集成

1. 实验目的

掌握智能产线单元的系统集成能力。

2. 实验相关知识点

（1）西门子 PLC 编程。

（2）KUKA 机器人编程和示教。

（3）CNC 编程。

（4）HMI 人机交互。

（5）RFID。

3. 实验设备

（1）智能产线设备，包含智能仓储单元、智能装配单元及智能检测单元。

（2）MES。

4. 实验内容及主要步骤

（1）实验内容一：智能加工产线单元的机器人加工程序调用。

智能加工产线单元由一台加工中心和一台 KUKA 六轴机器人并配套夹具、抓手及其附件等组成。其主要根据订单需求，对齿轮毛坯件和印章孔加工，并采用机器人进行上下料，针对不同的工件配置对应的抓手和多适应型机床夹具，该产线单元与其他单元协同运行。智能加工产线单元不仅能够独立运行，还能与其他产线单元、上位机及 MES 进行集成。

使用 WorkVisual 配置机器人与 PLC 的交互信号。

编写机器人的外部自动调用程序。

配置机器人的程序调用信号。

（2）实验内容二：智能加工产线单元机器人轨迹编程。

1）使用 WorkVisual 软件进行程序整体框架的编写。

2）根据工艺流程，编写对应的控制逻辑。

3）在示教器中进行精确点位的示教。

（3）实验内容三：机床加工程序调用。

1）通过 S7 协议建立与数控机床的通信。

2）读取机床内的状态数据，根据要求编写机床与 PLC 的交互程序。

3）实现通过 PLC 调用数控机床的加工程序和启动数控机床。

（4）实验内容四：智能加工产线单元机床加工程序生成。

1）使用 CAD 等软件绘制零件的三维实体模型。

2）导出实体模型为 STEP、IGES 或其他格式的文件。

3）使用 CAM 软件导入实体模型文件，并设置加工参数和工艺路线。

4）在 CAM 软件中生成数控代码。

5）导出数控代码文件。

6）将数控代码文件上传到数控机床的控制系统中，进行加工。

（5）实验内容五：智能产线的系统集成。

方式一：采用 PLC 进行智能产线的系统集成。

使用 RFID 技术，设计 RFID 交互信息的内容，完成程序的编写，实现智能加工产线单元与产线中的其他产线单元进行集成，如图 4–53 所示。

图 4–53　采用 PLC 进行智能产线的系统集成

方式二：采用 MES 进行智能产线的系统集成。

设计 PLC 与 MES 交互信息的内容，完成中间件的开发，实现智能加工产线单元与产线中的其他产线单元进行集成，如图 4–54 所示。

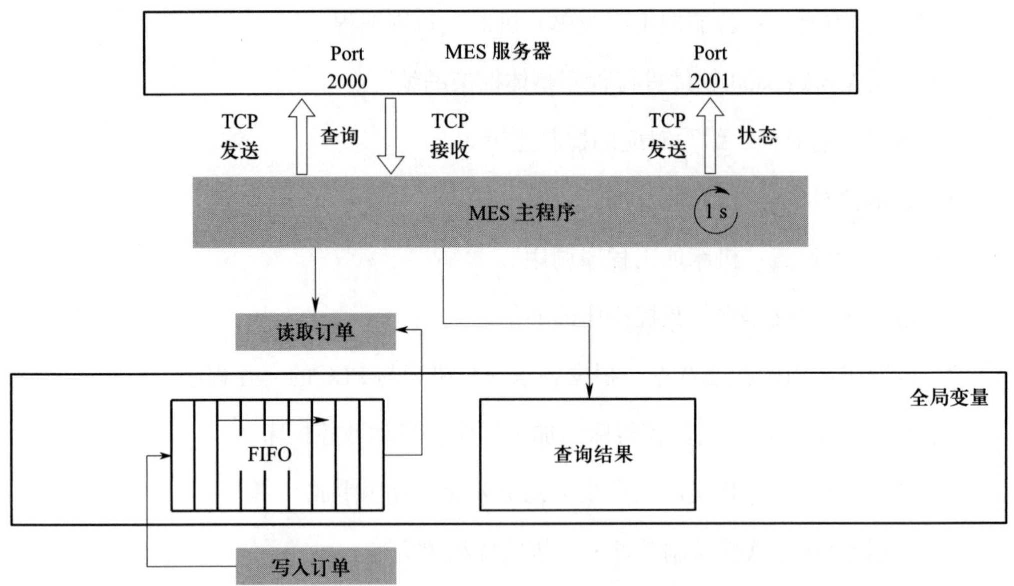

图 4-54　采用 MES 进行智能产线的系统集成

思考题：

1. 设备布局包含哪些基本要素？
2. 生产线布局有哪些常见原则？
3. 智能产线单元有哪几种典型类型？
4. 基于 PLC、SCADA 和 MES 的产线管控有什么区别？
5. 控制系统硬件架构设计通常包括哪几个方面？

第五章
智能产线测试、运行与优化

通过本章学习，熟悉智能装备与产线常用的测试方法，能对智能装备与产线的功能、性能进行测试和验证。了解信息物理系统在实现生产互联互通中的作用和典型应用场景，能进行智能装备与产线测试结果的分析和优化。

- **职业功能：**智能装备与产线开发。
- **工作内容：**进行智能产线测试、运行与优化。
- **专业能力要求：**能对智能装备与产线的功能、性能进行测试与验证；能进行智能装备与产线测试结果的分析与优化。
- **相关知识要求：**虚拟测试分析技术；工业大数据挖掘、分析与处理技术；决策与优化技术。

第一节　智能产线测试方法

考核知识点及能力要求：

- 熟悉智能装备与产线常用的测试方法。
- 能对智能装备与产线的功能、性能进行测试和验证。

智能产线测试是确保其正常运行和达到预期目标的关键步骤。以下是一些常用的方法来测试产线的功能和性能。

一、功能测试

功能测试方式是指通过执行一系列测试用例，验证产线的各项功能是否按照规格和设计要求正常工作，包括检查产线的输入 / 输出、功能交互、任务执行等方面的正确性。测试用例应覆盖各种典型和边界情况，以确保产线在各种条件下都能正常运行。主要测试方法有以下几种：

（1）单元测试。对产线中的各个单元模块进行独立测试，以验证其功能的正确性。单元测试通常由开发人员编写和执行，用于检测和修复模块级别的问题。

（2）集成测试。在产线的不同模块之间进行测试，以验证它们在集成后的相互作用和功能，包括测试模块之间的接口、数据传递和协调。

（3）系统测试。对整个产线系统进行综合测试，以验证其整体功能是否符合规格和用户需求。系统测试涵盖产线的所有组件和功能，以及模拟的实际使用场景。

（4）冒烟测试。冒烟测试也称为验证测试或功能验证测试，用于验证产线的基本功能是否正常工作。这是一个简单的、高层次的测试，旨在快速确认系统是否能够启动并执行基本功能。

（5）边界测试。在产线的输入参数的边界条件上进行测试，以验证产线在边界条件下的行为，包括测试参数的最小值、最大值、边缘情况和异常情况。

（6）正常工作流程测试。测试产线在正常操作流程下的功能是否按预期工作，包括模拟标准操作流程和常见使用场景，验证产线是否能够正确执行所需的功能。

（7）异常情况测试。测试产线在面对异常情况时的功能和反应能力，包括模拟错误输入、异常条件、故障情况等，验证产线能否正确处理这些异常情况，并提供适当的错误处理和恢复机制。

二、性能测试

性能测试旨在评估产线在给定工作负载和资源限制下的性能表现，包括以下几种常见的性能测试方法。

（1）压力测试。在高负载条件下测试产线的性能，以评估其在压力下的稳定性和吞吐量，以及确定其在负载增加时的性能表现。

（2）并发测试。模拟多个并发用户或任务，测试产线在多任务同时执行时的性能和资源管理能力。

（3）可扩展性测试。通过增加资源（如服务器、网络带宽等）来测试产线的可扩展性，以确定其能否应对未来增长的需求。

（4）重复性测试。通过多次重复执行相同的测试用例，以验证系统在相同输入条件下的可靠性和稳定性。这有助于确定产线是否能够连续运行并产生一致的结果。

（5）兼容性测试。验证系统在不同操作系统、硬件配置、网络环境等条件下的兼容性和稳定性。这有助于确保产线在不同环境中的可靠运行。

（6）容错和恢复测试。测试产线在出现错误、故障或异常条件时的容错和恢复能力，包括模拟错误情况、断电恢复、系统崩溃、网络中断等，以验证产线的鲁棒性。

（7）安全性和完整性测试。测试系统在面对安全威胁、恶意攻击或数据完整性问题时的可靠性和稳定性，包括安全漏洞测试、数据保护测试、身份验证测试等。

三、可用性测试

可用性测试是软件测试中的一项重要活动，旨在评估系统或软件的用户界面和用户体验方面的可用性。它关注系统是否易于使用、用户界面是否直观、系统响应时间是否合理等，以确保用户能够轻松、高效地使用系统。以下是可用性测试的主要内容和考虑因素。

（1）用户界面测试。验证用户界面的布局、设计和外观是否符合用户期望和标准，包括界面的易用性、一致性、可读性、导航和操作的直观性等方面的测试。

（2）导航界面测试。测试用户在系统的导航过程中是否能够轻松地浏览和操作系统的各个功能和页面，包括测试菜单、链接、按钮、标签等导航元素的功能和可用性。

（3）用户反馈测试。通过模拟用户行为、操作和输入，评估系统对用户操作的反馈和提示信息是否清晰、及时、准确，包括测试系统对用户输入的响应、错误消息和警告提示等。

（4）响应时间测试。测试系统的响应时间是否在用户可接受的范围内，包括评估系统在不同操作和负载条件下的响应速度，确保系统能够在合理时间内提供结果和反馈。

（5）错误处理测试。测试系统在面对用户错误输入、异常条件或无效操作时的反应和错误处理能力，包括验证系统是否能够正确地识别和处理错误，并向用户提供相关的错误消息和建议。

第二节　基于信息物理系统的产线运行与优化

考核知识点及能力要求：

- 了解信息物理系统（CPS）在实现生产互联互通中的作用和典型应用场景。
- 能进行智能装备与产线测试结果的分析和优化。

传统生产制造模式中的产线单元分散，而且特殊设备处于高危环境中，所以造成产线单元的操作、监测、管理等极为不便。此外，因产线单元之间不能通信而造成生产制造过程缺乏协同性，从而出现设备闲置或设备不足的现象，造成生产资源浪费及生产能力分配不合理。

此外，由于产线缺乏数据传导渠道和工具，对生产制造过程中的状态、数据、信息很难进行传输和分析。因此，生产过程的管理和控制缺乏数据信息等决策依据的支撑，管理者的意图难以准确传递和执行。这样会造成资源调度和生产规划的不合理，并阻碍产线效率和产品质量的提高。为解决以上问题，亟须利用 CPS 打破生产过程中的信息孤岛现象，实现产线单元的互联互通，实现生产过程监控，合理管理和调度各种生产资源，优化生产计划，达到资源和制造协同，实现由“制造”到“智造”的升级。

CPS 通过软硬件配合，可以完成物理实体与环境、物理实体之间（包括设备、人等）的感知、分析、决策和执行。设备将在统一的接口协议或者接口转换标准下连接，形成具有通信、精确控制、远程协调能力的网络。通过实时感知分析数据信息，并将分析结果固化为知识、规则保存到知识库、规则库中。知识库和规则库中的内容，一

方面帮助企业建立精准、全面的生产图景，企业根据所呈现的信息可以在最短时间内掌握生产现场的变化，从而作出准确判断和快速应对，在出现问题时进行快速合理的解决；另一方面也可以在一定的规则约束下，将知识库和规则库中的内容分析转化为信息，通过设备网络进行自主控制，实现资源的合理优化配置与协同制造。

一、产线单元应用场景

CPS 将产线中的传感器、智能硬件、控制系统、计算设施、信息终端、生产装置通过不同的设备接入方式（如串口通信、以太网通信、总线模式等）连接成一个智能网络，构建形成设备网络平台或云平台。在不同的布局和组织方式下，企业、人、产线单元、服务之间能够互联互通，具备了广泛的自组织能力、状态采集和感知能力，数据和信息能够通畅流转，同时也具备了对设备实时监控和模拟仿真能力，通过数据的集成、共享和协同，实现对工序设备的实时优化控制和配置，使各种组成单元能够根据工作任务组成一种柔性组织结构，并最优和最大限度地开发、整合以及利用各类信息资源。

二、产线应用场景

CPS 是实现制造企业中物理空间与信息空间联通的重要手段和有效途径。在生产管理过程中通过集成工业软件、构建工业云平台对生产过程的数据进行管理，实现生产管理人员、产线单元之间无缝信息通信，将产线单元的运行移动、车间人员的现场管理等行为转换为实时数据信息，对这些信息进行实时处理分析，实现对生产制造环节的智能决策，并根据决策信息及时调整制造过程，进一步打通从上游到下游的整个供应链，从资源管理、生产计划与调度等方面对整个生产制造进行管理、控制以及科学决策，使整个生产环节的资源处于有序可控的状态。

三、柔性制造应用场景

CPS 的数据驱动和异构集成特点为应对生产现场的快速变化提供了可能，而柔性制造的要求就是能够根据快速变化的需求变更生产，因此，CPS 契合了柔性制造的要求，为柔性制造提供了可行的实施方案。CPS 对整个制造过程进行数据采集并存储，对各种加工程序和参数配置进行监控，为生产人员和管理人员提供可视化的管理指导，方便设备、人员的快速调整，提高了整个制造过程的柔性。同时，CPS 结合 CAX（计算机辅助技术）、MES、自动控制、云计算、数控机床、工业机器人、RFID 等先进技术或设备，实现整个产线信息的整合和业务协同，为产线柔性制造提供了技术支撑。

智能决策是指利用智能技术和算法进行决策过程的自动化和优化。它结合了人工智能、数据分析和决策科学等领域的技术和方法，旨在提供更准确、更有效的决策支持。它的主要目标是利用计算机和智能系统的能力，从大量的数据中提取有用的信息分析结果和预测趋势，以及执行复杂的决策过程。以下是智能决策的一些关键特点和优势。

（一）数据驱动

智能决策依赖于大数据的收集、分析和挖掘，从中发现模式和趋势。通过深入分析数据，决策者可以基于事实和证据进行决策，减少主观性和误判。

（二）自动化和实时性

智能决策利用自动化和实时处理的能力，可以快速地分析数据，生成决策方案，并及时响应变化的环境和情况。这有助于决策者在动态和复杂的情境下迅速作出决策。

（三）优化和效率

智能决策方法可以应用优化算法和技术，帮助决策者在给定的约束条件下找到最优的解决方案。它可以优化资源利用，降低成本，提高效率，从而得到最佳的决策结果。

（四）决策支持

智能决策系统可以提供决策支持工具和平台，为决策者提供准确的信息、可视化的分析结果和交互式的决策界面。这有助于决策者更好地理解决策问题，作出明智的决策。

（五）风险管理

智能决策可以通过模拟和预测风险，并进行决策敏感性分析，辅助决策者更好地管理风险。风险管理可以识别潜在的风险和机会，为决策者提供决策方案的风险评估和管理策略。

智能决策可以应用于各个领域和行业，如金融、物流、制造、医疗等。它可以通过采集大量的产线数据，经过处理分析，帮助智能产线作出合理的决策，提高决策的准确性、效率和可靠性，帮助组织作出更明智的决策，提升竞争力和创新能力。

第三节　实　　验

实验一：MES 与虚拟产线集成

1. 实验目的

利用 Process Simulate、TIA V16、PLCSIM Advanced 以及 MES 软件，进行 MES 控制虚拟产线执行生产的集成实验。

2. 实验相关知识点

（1）智能产线数字孪生建模。

（2）智能产线虚拟调试。

（3）MES 与 Process Simulate 的通信。

3. 实验内容

（1）智能产线数字孪生建模。

（2）虚拟产线程序编写。

（3）MES 集成。

4. 实验步骤

（1）导入产线三维模型，根据机构间运动关系和物理约束进行产线数字孪生建模。

（2）为数字孪生模型中各机构添加运动控制逻辑。

（3）根据产线中物料生命周期变化情况规划物料流，使数字孪生产线进行生产作业时能够正确反映物料状态。

（4）构建虚拟通信环境，搭建 OPC UA 服务器，建立数字孪生模型与 OPC UA 服务器之间的通信。

（5）将 MES 与 OPC UA 服务器建立通信。

（6）明确 MES 所需的虚拟产线运行的关键数据。

（7）明确 MES 采集虚拟产线实时数据。

（8）在 OPC UA 服务器中添加变量，使得数字孪生模型与 MES 系统可以通过上述变量实现交互通信。

（9）根据 MES 提供的接口以及 OPC UA 协议，使用程序或工具编写中间件，实现 MES 和虚拟产线的集成。

实验二：MES 与智能产线单元的集成

1. 实验目的

（1）掌握 MES 与智能产线单元的通信逻辑。

（2）掌握通信程序的开发，实现 MES 驱动产线运行。

2. 实验相关知识点

（1）MES 的使用。

（2）OPC UA 协议、HTTP 协议。

3. 实验设备

（1）智能产线设备，包含智能仓储单元、智能装配单元及智能检测单元。

（2）MES。

4. 实验内容

开发通信程序，实现 MES 驱动智能产线运行。

5. 实验步骤

（1）设计通信程序功能。要求如下：

1）接收 MES 下发的工单信息，转发给智能产线单元。

2）采集智能产线单元的运行数据，上报给 MES。

（2）确定与各智能产线单元的通信参数和逻辑流程。

（3）编写通信程序。

1）MES 下发工单给通信程序。通信程序提供 HTTP 接口供 MES 调用，MES 将工单信息和相关参数下发给通信程序。

2）通信程序下发工单给智能产线单元。通信程序通过 OPC UA 协议将 MES 下发的工单和参数信息，经过转换后发送给产线智能仓储单元。

3）定时监控与上报。通信程序通过 OPC UA 协议定时监控各单元的运行状态，并将状态数据通过 HTTP 协议上报给 MES 系统。

（4）测试及完善通信程序。测试通信程序的功能和性能，并记录测试问题，修复和改进通信程序。

思考题：

1. 智能产线功能测试方法有哪些？
2. 智能产线可用性测试方法有哪些？
3. 智能决策有哪些优势？
4. 相较传统生产制造模式，基于 CPS 的产线运行与优化有什么优势？

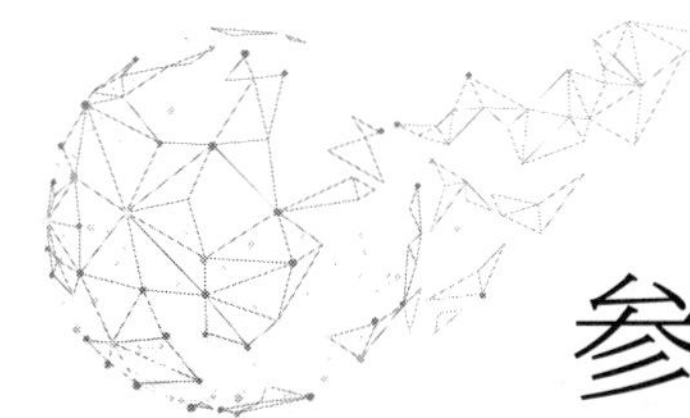

参考文献

［1］张文毓．智能制造装备的现状与发展［J］．装备机械，2021，178（4）．

［2］黄英，钟德强．智能制造下的用户个性化需求分析［J］.价值工程，2018，37(26).

［3］张凤伟，曹国忠，刘帅，等．基于 Web 和专利统计分析的用户需求获取及预测方法研究［J］．机械设计与制造，2020，354（8）．

［4］黄华，邓益民．基于狩野模型和 QFD 的可变功能机械产品需求分析［J］．机械制造，2022，60（8）．

［5］金霄，李淼，刘勋，等．基于质量功能展开与发明问题解决理论的燃气轮机机匣设计研究［J］．热能动力工程，2022，37（5）．

［6］颜名妤．应用 QFD 与 TRIZ 于创新设计方法之研究［D］．哈尔滨：哈尔滨工业大学，2015.

［7］俞书伟，卢瑨威，陆婷燕．基于 DFA 理论的电能计量箱可装配性设计评价方法［J］．包装工程，2022，43（S1）．

［8］蔡萍．基于 WEB 的 DFX 设计方案评价软件的设计与实现［D］．上海：东华大学，2008.

［9］芮延年．自动化装备与生产线设计［M］．北京：科学出版社，2021.

［10］高昀稷．生产线数字孪生仿真技术研究［D］．南京：南京理工大学，2021.

［11］陈浩齐．基于数字化工厂技术的水龙头智能制造产线的设计与优化研究［J］.现代制造技术与装备，2021，57（6）．

［12］陈怡娴．多品种小批量机加车间柔性布局设计与评价［D］．哈尔滨：哈尔滨工业大学，2021.

［13］江海凡．面向数字孪生的离散制造车间建模与仿真方法研究［D］．成都：西南交通大学，2021.

［14］陶飞，张萌，程江峰，等．数字孪生车间——一种未来车间运行新模式［J］．计算机集成制造系统，2017，23（1）．

［15］卢阳光．面向智能制造的数字孪生工厂构建方法与应用［D］．大连：大连理工大学，2020.

［16］孟子博．预制构件厂精益设计与评价研究［D］．天津：天津大学，2019.

［17］王立平，张根保，张开富，等．智能制造装备及系统［M］．北京：清华大学出版社，2020.

［18］徐明刚，张从鹏，等．智能机电装备系统设计与实例［M］．北京：化学工业出版社，2022.

［19］王立平，张根保，等．智能制造装备及系统［M］．北京：清华大学出版社，2020.

［20］孟新宇，郝长中．现代机械设计手册：智能装备系统设计［M］．2 版．北京：化学工业出版社，2020.

［21］吴伟国．工业机器人系统设计［M］．北京：化学工业出版社，2019.

［22］方志刚．复杂装备系统数字孪生——赋能基于模型的正向研发和协同创新［M］．北京：机械工业出版社，2021.

［23］王金敏，王玉新，查建中．布局问题约束的分类及表达［J］．计算机辅助设计与图形学学报，2000（5）．

［24］彭扬，吴承健．物流系统建模与仿真［M］．杭州：浙江大学出版社，2009.

［25］朱卫锋．复杂物流系统仿真及其现状［J］．系统仿真学报，2003，15（3）．

［26］伍正美．基于制造业的物流缓存区布置优化研究［D］．长春：吉林大学：2009.

后　记

随着全球新一轮科技革命和产业变革加速演进，以新一代信息技术与先进制造业深度融合为特征的智能制造已经成为推动新一轮工业革命的核心驱动力。世界各工业强国纷纷将智能制造作为推动制造业创新发展、巩固并重塑制造业竞争优势的战略选择，将发展智能制造作为提升国家竞争力、赢得未来竞争优势的关键举措。

智能制造是基于新一代信息技术与先进制造技术深度融合，贯穿于设计、生产、管理、服务等制造活动各个环节，具有自感知、自决策、自执行、自适应、自学习等特征，旨在提高制造业质量、效益和核心竞争力的先进生产方式。作为“制造强国”战略的主攻方向，智能制造发展水平关乎我国未来制造业的全球地位，对于加快发展现代产业体系，巩固壮大实体经济根基，建设“中国智造”具有重要作用。推进制造业智能化转型和高质量发展是适应我国经济发展阶段变化、认识我国新发展阶段、贯彻新发展理念、推进新发展格局的必然要求。

2020 年 2 月，《人力资源社会保障部办公厅　市场监管总局办公厅　统计局办公室关于发布智能制造工程技术人员等职业信息的通知》（人社厅发〔2020〕17 号）正式将智能制造工程技术人员列为新职业，并对职业定义及主要工作任务进行了系统性描述。为加快建设智能制造高素质专业技术人才队伍，改善智能制造人才供给质量结构，在充分考虑科技进步、社会经济发展和产业结构变化对智能制造工程技术人员要求的基础上，以智能制造工程技术人员专业能力建设为目标，根据《智能制造工程技术人员国家职业技术技能标准（2021 年版）》（以下简称《标准》），人力资源社会保障部专业技术人员管理司指导中国机械工程学会，组织有关专家开展了智能制造工程技术人员（初级）培训教程的编写工作，并于 2021 年出版。5 本智能制造工程技术人员（初级）培训教程一经出版立即获得了广泛的关注与好评，为智能制造工程技术人员提供了全面、实用的学习资料，受到了智能制造工程技术领域从业人员的高度评价。

为加快推进数字技术工程师培育项目，围绕智能制造技术领域，培养一批高水平、创新型数字技术人才，人力资源社会保障部专业技术人员管理司指导中国机械工程学会组织有关专家依据《标准》开展了智能制造工程技术人员（中级）培训教程的编写工作。

智能制造工程技术人员中级专业技术等级分为 4 个职业方向：智能装备与产线开发、智能装备与产线应用、智能生产管控、装备与产线智能运维。中级教程包含《智能制造工程技术人员（中级）——智能制造共性技术》《智能制造工程技术人员（中级）——智能装备与产线开发》《智能制造工程技术人员（中级）——智能装备与产线应用》《智能制造工程技术人员（中级）——智能生产管控》《智能制造工程技术人员（中级）——装备与产线智能运维》，共 5 本教程。

《智能制造工程技术人员（中级）——智能制造共性技术》涵盖《标准》中中级共性职业功能所要求的专业能力和相关知识要求，是每个职业方向培训的必备用书；其他 4 本教程内容涵盖了本职业方向中应具备的专业能力和相关知识要求。

在使用中级系列教程开展培训时，应当结合中级培训目标与受训人员的实际水平和专业方向，选用合适的教程。在智能制造工程技术人员中级专业技术等级的培训中，“智能制造共性技术”是每个职业方向都需要掌握的，在此基础上，可根据培训目标与受训人员实际，选用一种或多种不同职业方向的教程。培训考核合格后，获得相应证书。

本教程适用于大学专科学历（或高等职业学校毕业）及以上，具有机械类、仪器类、电子信息类、自动化类、计算机类、工业工程类等工科专业学习背景，具有较强的学习能力、计算能力、表达能力和空间感，参加全国专业技术人员新职业培训的人员。

本教程是在人力资源社会保障部、工业和信息化部相关部门领导下，由中国机械工程学会组织编写的，来自同济大学、西安交通大学、上海交通大学、华中科技大学、天津大学、上海海事大学、西北工业大学、北京工业大学、东北大学、长安大学、西安工业大学、东华大学、华南理工大学、暨南大学、上海大学、上海电机学院、陆军装甲兵学院、新乡职业技术学院、北京机械工业自动化研究所有限公司、公安部第三研究所、广州明珞装备股份有限公司、青岛海尔电冰箱有限公司、上海飞机客户服务有限公司、上海思普信息技术有限公司、上海天睿物流咨询有限公司、上海犀浦智能系统有限公司、西安东航赛峰起落架系统维修有限公司、西门子工厂自动化工程有限公司、中国科学院沈阳自动化研究所、中国商用飞机有限责任公司等高校及科研院所、企业的智能制造领域的核心及知名专家参与了编写和审定。缪云、张振、丁云飞、宋娜、曾海峰、李晶、孙晓宇、宋威、张德义、兰希、秦戎、马驰、康绍鹏、何恩义、洪悦、李想、高翀、魏江、姚仁和、朱俊臻、胡浩、吴春志、丁闯、王晨希、邵海兵、龙璞、明萱、钱伟、唐堂、王亮、王龙华等专家对教程编写提出了宝贵意见。同时参考了多方面的文献，吸收了许多专家学者的研究成果，在此表示衷心感谢。

由于编者水平、经验与时间所限，本书的不足与疏漏之处在所难免，恳请广大读者批评与指正。

本书编委会